普通高等教育“十四五”规划教材
应用型本科食品科学与工程类专业系列教材

食品标准与法规

宫智勇　张德新　主编
张平平　主审

U0823257

中国农业大学出版社
·北京·

内容简介

本教材紧扣中国食品安全监管体制的新要求，以法规标准的定义、作用和关系为切入点，明确了法规标准在食品安全管理中的作用，阐述了中国食品法律法规和标准的基础知识以及制定、实施和应用，详细解读了中国最新的食品法律法规和食品标准，介绍了国际和部分发达国家的食品法规与标准体系，分析了食品安全管理体系和产品的认证管理。全书共分为食品法律法规的基础知识、中国的食品法律法规、食品标准基础知识、中国的食品标准、国际的食品法规与标准以及食品认证管理等内容。本教材通过全面系统的内容安排，不仅帮助读者理解食品标准和法规的理论基础，还提供了具体的实践操作指南，具有较强的指导性和实用性。

本教材适合作为应用型本科院校食品质量与安全专业的必修课用书，也可作为从事食品安全管理工作的专业人士的参考书和继续教育培训用书。对于希望深入了解食品标准与法规的研究人员、政府监管人员以及相关领域的企业员工而言，本教材也是一份重要的参考资料。

图书在版编目（CIP）数据

食品标准与法规 / 宫智勇，张德新主编. -- 北京 ：中国农业大学出版社，2025. 6. -- ISBN 978-7-5655-3442-3

Ⅰ. TS207. 2；D922. 16

中国国家版本馆 CIP 数据核字第 2025W72D89 号

书　　名　食品标准与法规
Shipin Biaozhun yu Fagui

作　　者　宫智勇　张德新　主编　　　张平平　主审

策划编辑　张　程　李卫峰　　　**责任编辑**　石　华
封面设计　郑　川　李尘工作室
出版发行　中国农业大学出版社
社　　址　北京市海淀区圆明园西路 2 号　　　**邮政编码**　100193
电　　话　发行部 010-62733489，1190　　　读者服务部 010-62732336
　　　　　　编辑部 010-62732617，2618　　　出　版　部 010-62733440
网　　址　http://www.caupress.cn　　　**E-mail**　cbsszs@cau.edu.cn
经　　销　新华书店
印　　刷　河北朗祥印刷有限公司
版　　次　2025 年 6 月第 1 版　　2025 年 6 月第 1 次印刷
规　　格　185 mm×260 mm　　16 开本　　13 印张　　289 千字
定　　价　48.00 元

应用型本科食品科学与工程类专业系列教材
编审指导委员会委员

（按姓氏拼音排序）

编审人员

主　编　宫智勇（武汉轻工大学）

　　　　张德新（湖北中医药大学）

副主编　樊　迎（运城学院）

　　　　柳　鑫（武汉轻工大学）

参　编　（按姓氏笔画排序）

　　　　王立业（洛阳师范学院）

　　　　王　清（信阳农林学院）

　　　　杨　娜（河南牧业经济学院）

　　　　钟　宝（吉林农业科技学院）

主　审　张平平（天津农学院）

出版说明

随着世界人口增长、社会经济发展、生存环境改变，人类对食品供给、营养、健康、安全、美味、方便的关注不断加深。食品消费在现代社会早已成为经济发展、文明程度提高的主要标志。从全球看，食品工业已经超过了汽车、航空、信息等行业成为世界上的第一大产业。预计未来20年里，世界人口每年将增加超过7 300万人，对食品的需求量势必剧增。食品产业已经成为民生产业、健康产业、国民经济支柱产业，在可预期的未来更是朝阳产业。

在中国，食品消费是人生存权的最根本保障，食品工业的发展直接关系到人民生活、社会稳定和国家安全，在国民经济中的地位和作用日益突出。食品工业在发展中国经济、保障人们健康、提高人民生活水平方面发挥着越来越重要的作用。随着新时代中国工业化、城镇化建设和发展特别是全面建成小康社会带来的巨大的消费市场需求，食品产业的发展潜力巨大。

展望未来食品科学技术和相关产业的发展，有专家指出，食品营养健康的突破，将成为食品发展的新引擎；食品物性科学的进展，将成为食品制造的新源泉；食品危害物发现与控制的成果，将成为安全主动保障的新支撑；绿色制造技术的突破，将成为食品工业可持续发展的新驱动；食品加工智能化装备的革命，将成为食品工业升级的新动能；食品全链条技术的融合，将成为食品产业的新模式。

随着工农业的快速发展和环境污染的加剧，食品中各种化学性、生物性、物理性危害的风险不同程度地存在或增大，影响着人民群众的身体健康与生命安全以及国家的经济发展与社会稳定。同时，不断增长的各种与食物有关的慢性疾病对食品的营养、品质和安全提出了更高的要求。

鉴于以上食品科学与行业的发展状况，中国对食品科学与工程类的人才需求量必将不断增加，对食品类人才素质、知识、能力、结构的要求必将不断提高，对食品类人才培养的层次与类型必将发生相应变化。

2015年教育部、国家发展改革委、财政部发布《关于引导部分地方普通本科高校向应用型转变的指导意见》(教育部 国家发展改革委 财政部 2015年10月21日 教发〔2015〕7号。以下简称《转型指导意见》)。《转型指导意见》提出，培养应用型人才，确立应用型的类型定位和培养应用型技术技能型人才的职责使命，根据所服务区域、行业的发展需求，找准切入点、创新点、增长点。抓住新产业、新业态和新技术发展机遇，以服务新产业、新业态、新技术为突破口，形成一批服务产业转型升级和先进技术转移应用特色鲜明的应用技术大学、学院。建立紧密对接产业链、创新链的专业体系。按需重组人才培养结构和流程，围绕产业链、创新链调整专业设置，形成特色专业集群。通过改造传统专业、设立复合型新专业、建立课程超市等方式，大幅度提高复合型技术技能人才培养比重。创新应用型技术技能型人才培养模式，建立以提高实践能力为引领的人才培养流程和产教融合、协同育人的人才培养模式，实现专业链与产业链、课程内容与职业标准、教学过程与生产过程对接。

为了贯彻落实《转型指导意见》精神，更好地推动应用型高校建设进程，充分发挥教材在教育教学中的基础性作用，近年来，中国农业大学出版社就全国高等教育食品科学类专业教材出版和使用情况深入相关院校和教学一线调查研究，先后 3 次召开教学研讨会，总计有 400 余人次近 200 名食品院校专家和老师参加。在深入学习《转型指导意见》《普通高等学校本科专业类教学质量国家标准》（以下简称《标准》）和《工程教育认证标准》（包括《通用标准》和食品科学与工程类专业《补充标准》）的基础上，出版社和相关院校达成高度共识，决定建设一套服务于全国应用型本科院校教学的食品科学与工程类专业系列教材，并拟定了具体建设计划。

历时 4 年，“应用型本科食品科学与工程类专业系列教材”终于与大家见面了。本系列教材具有以下几个特点：

1. 充分体现《转型指导意见》精神。坚持应用型人才的准确类型定位和培养应用型技术技能型人才的职责使命。教材的编写坚持以“四个转变”为指导，即把办学思路真正转到服务地方经济社会发展上来，转到产教融合、校企合作上来，转到培养应用型技术技能型人才上来，转到增强学生就业创业能力上来。强化“一个认识”，即知识是基础、能力是根本、思维是关键。坚持“三个对接”，即专业链与产业链对接、课程内容与职业标准对接、教学过程与生产过程对接，实现教材内容由学科学术体系向生产实际需要的突破和从“重理论、轻实践”向以提高实践能力为主转变。教材出版创新，要做到“两个突破”，即编写队伍突破清一色的院校教师的格局，教材形态突破清一色的文本形式。

2. 以普通高等学校本科专业类教学《教学质量国家标准》为依据。2018 年 1 月《普通高等学校本科专业类教学质量国家标准》正式公布（以下简称《标准》）。此套教材编写团队认真对照《标准》，以教材内容和要求不少于和低于《标准》规定为基本要求，全面体现《标准》提出的“专业培养目标”和“知识体系”，教学学时数适当高于《标准》规定，并在教材中以“学习目的和要求”“学习重点”“学习难点”等专栏标注并细化体现《标准》各项要求。

3. 充分体现《工程教育认证标准》有关精神和要求。整套教材编写融入以学生为中心的理念、教学反向设计的理念、教学质量持续改进的理念，体现以学生为中心，以培养目标和毕业要求为导向，以保证课程教学效果为目标，审核确定每一门课程在整个教学体系中的地位与作用，细化教材内容和教学要求。

4. 整套教材遵循专业教学与思政教学同向同行的原则。坚持以立德树人贯穿教学全过程，结合食品专业特点和课程重点将思想政治教育功能有机融合，通过专业课程教学培养学生树立正确的人生观、世界观和价值观，达到合力培养社会主义事业建设者和接班人的目的。

5. 在新形态教材建设上努力做出探索。按课程内容、教学需要，按有益于学生学习、有益于教师教学的要求，将纸质教材、教学资源、教学形式、在线课程等统筹规划，制定新形态教材建设工作计划，有力推动信息技术与教育教学深度融合，实现从形式的改变转变为方法的变革，从技术辅助手段转变为交织交融，从简单结合物理变化转变为发生化学反应。

6. 系列教材编写体例坚持因课制宜的原则，不做统一要求。与生产实际关系比较密切的课程教材倡导以项目式、案例式为主，坚持问题导向、生产导向、流程导向；基础理论课程教材，提倡紧密联系生产实践并为后续应用型课程打基础。各类教材均在引导式、讨论式教学方面做出新的尝试。

希望“应用型本科食品科学与工程类专业系列教材”的推出对推进全国本科院校应用型转型工作起到积极作用。毕竟是“转型”实践的初次探索，此套系列教材一定会存在许多缺点和不足，恳请广大师生在教材使用过程中及时将有关意见和建议反馈给我们，以便及时修正，并在修订时进一步提高质量。

中国农业大学出版社

2020 年 2 月

前　言

在新时代背景下，为积极响应党的二十大精神对教育、科技与人才培养的战略部署，深入贯彻落实《教育部、国家发展改革委、财政部关于引导部分地方普通本科高校向应用型转变的指导意见》(教发〔2015〕7号)、《工程教育认证标准》和《食品科学与工程类教学质量国家标准(食品科学与工程专业)》等文件精神，全力推进应用型本科食品科学类专业教材建设，我们精心编写《食品标准与法规》。本教材以食品法律法规、食品标准为主线，系统地介绍了食品法律法规基础知识、中国食品法律法规、食品标准基础知识、中国的食品标准、国际的食品法规与标准和食品认证管理等内容。

编写团队秉持严谨的治学态度，深入研究党的二十大报告中关于创新驱动、法治建设、绿色发展等理念与食品标准法规领域的内在联系，广泛收集国内外最新资料与实践案例，结合中国国情与食品行业发展现状，充分发挥各自专业优势，力求教材内容既体现国际视野又扎根本土实际。本教材共分为7个部分，具体编写分工如下：绪论由武汉轻工大学柳鑫和宫智勇编写；第1章由洛阳师范学院王立业编写；第2章由武汉轻工大学宫智勇编写；第3章由吉林农业科技学院钟宝和河南牧业经济学院杨娜编写；第4章由运城学院樊迎编写；第5章由湖北中医药大学张德新编写；第6章由信阳农林学院王清和湖北中医药大学张德新编写。天津农学院张平平对本教材进行主审。

本教材系统地梳理了食品标准与法规领域的知识体系，力求紧密契合新形势下中国食品安全监管体制在新时代发展格局中的新需求，可以满足应用型本科教学要求，促进具备扎实专业知识和强烈社会责任感的应用型人才的培养；还可以作为从事食品安全管理工作相关人员的参考书和继续教育培训的参考教材，助力提升中国食品安全管理的整体水平。

本教材在编写过程中得到武汉轻工大学教务处的大力支持以及各位编委老师的支持，特此致谢！

因中国食品标准与法规不断修订与更新，对新标准与法规理解难免有不足之处，恳请读者批评和指正，以便再版时更正。

宫智勇

2024年6月5日

目 录

绪　论

食品标准与法规是从事食品生产、加工、贮存及运销等必须遵守的行为准则，是食品工业能够持续健康快速发展的根本保障。在市场经济的法规体系中，食品标准与法规具有十分重要的地位，它是规范食品生产与食品经营、实施政府对食品质量与安全的监督与管理、保障食品安全、确保消费者合法权益以及维护社会和谐与可持续发展的重要依据。

0.1　标准与法规的定义

0.1.1　标准

1. 标准的定义

标准是人们在社会活动（包括生产活动）中的行为准则，是一种特殊规范。中国国家标准规定，标准是为了在一定范围内获得最佳秩序、经协商一致制定并由公认机构批准、共同使用和重复使用的一种规范性文件，并将国家标准、行业标准分为强制性标准和推荐性标准。标准宜以科学、技术和经验的综合成果为基础，以促进最佳的共同利益为目的。保障人体健康、人身安全和财产安全并由法律、行政法规规定强制执行的标准是强制性标准，不符合强制性标准的产品禁止生产、销售和进口；其他标准是推荐性标准，国家鼓励企业自愿采用。

1983 年中国颁布的国家标准 GB 3935.1—1983《标准化基本术语第一部分》中对“标准”的定义是：“标准是对重复性事物和概念所做的统一规定。它以科学、技术和实践经验的综合成果为基础，经有关方面协商一致，由主管机构批准，以特定形式发布，作为共同遵守的准则和依据。”2004 年国际标准化组织发布的 ISO/IEC 指南 2:2004《标准化及相关活动—通用词汇》对“标准”的重新定义是：“由有关各方根据科学技术成就与先进经验，共同合作起草，一致或基本上同意的技术规范或其他公开文件，其目的在于促进最佳的公众利益，并由标准化团体批准。”

2000年发布的GB/T 1.1—2000《标准化工作导则　第1部分：标准的结构和编写规则》中将标准定义为：“为在一定的范围内获得最佳秩序，对活动或结果规定共同的和重复使用的规则、导则或特性文件，该文件经协商一致制定并经一个公认机构的批准。标准应以科学、技术和经验的综合成果为基础，以促进最佳社会效益为目的。”

《技术性贸易壁垒协定》(Agreement on Technical Barries to Trade)(以下简称“TBT协定”)中的标准是指为了通用或反复使用的目的，由公认机构批准的非强制性的文件；标准规定了产品或相关加工和生产方法的规则、指南和特性。标准也可以包括专门适用于产品、加工或生产方法的术语、符号、包装标志或标签要求。根据WTO的有关规定和国际惯例，标准是自愿性的，不是法规，但当国家法律赋予它法律效力之后，应视同为法规。而法规或合同是强制性的，标准的内容只有通过法规或合同的引用才能强制执行。

标准是社会和群体共同意识的表现，标准不针对具体个人，而是针对某类人在某种情况下的行为规范，是进行社会调整、建立和维护社会正常秩序的工具。因此，标准不仅要被社会认同，还必须经过公认的权威机构批准。标准的制定应出于保证产品质量、保护生命或健康、保护环境、防止欺诈等合理目标。标准还受社会经济制度的制约，是一定经济要求的体现。这种体现是利益相关方平等协商和协调的产物，同时标准作为社会文化现象也有其继承性，可为不同的社会内容服务。标准的应用非常广泛，涉及各行各业。除大量的产品标准外，食品标准还有生产方法标准、试验方法标准、术语标准、包装标准、标志或标签标准、卫生安全标准、合格评定标准、质量管理标准及制定标准的标准等，广泛涉及人们生产、生活的各个方面。食品安全国家标准是强制执行的标准。

2.标准的特点

(1)科学性　标准的内容并不是由制定者随心所欲决定的，而是根据一定的科学技术理论并经过科学试验制定出来的。它反映了某一时期科学技术发展水平的高低。

(2)统一性　标准的本质反映的是需求的扩大和统一。简化和优化是统一的过程，秩序化是统一的结果。

(3)时效性　标准颁布以后并不是永久有效的。根据中国的相关规定，国家标准的有效期为5年，企业标准的有效期为3年。

(4)非强制性　《技术性贸易壁垒协定》明确规定了标准的非强制性的特征，非强制性也是标准区别于技术法规的一个重要特点。尽管标准是一种规范，但它本身不具有强制力，即使所谓的强制性标准，其强制性质也是法律授予的，如果没有法律支持，它是无法强制执行的。因为标准中不规定行为主体的权利和义务，也不规定不行使义务应承担的法律责任，它与其他规范立法程序完全不同。

大多数国家的标准是由国家授权的民间机构制定的，即使是政府机构颁发的标准，它也不是像法律、法规那样由象征国家的权力机构审议批准，而是由各方利益的代表审议，政府行政主管部门批准。所以标准是通过利益相关方之间的平等协商达成的，是协调的产物，不存在一方强加于另一方的问题，更不具有代表国家意志的属性，它更多的是以科学合理的规定，为人们提供一种适当的选择。

(5)标准的制定出于合理目标　在一般情况下，标准的制定是出于保证产品质量、保护人类(或动物、植物)的生命或健康、保护环境、防止欺诈行为等合理目标。

(6)应用广泛性和通用性　标准应用非常广泛，影响面大，涉及行业和领域的方方面面。食品标准中除了大量的产品标准以外，还有术语标准、生产方法标准、试验方法标准、包装标准、标志或标签标准、卫生安全标准以及合格评定标准、质量管理标准、制定标准的标准等，广泛涉及人类生产、生活及消费的各个方面。

(7)标准对贸易的双向作用　对市场贸易而言标准是把双刃剑，良好的标准可以提高生产效率、确保产品质量、促进国际贸易、规范市场秩序，但人们也可以利用标准技术水平的差异设置国际贸易壁垒，保护本国市场利益。

标准对产品本身及生产过程的技术要求是明确的、具体的，一般都是量化的。因此，其对进入国际贸易产品的影响也是显而易见的，即显性的贸易壁垒。与之比较，技术法规的技术要求虽然明确，但通常是非量化的，有很大的演变和延伸的余地。所以其对进入国际贸易的产品的壁垒作用是隐性的。

(8)标准对贸易的壁垒作用可以跨越　标准对国际贸易的壁垒作用主要是由于各国经济技术发展水平的差异造成的，甚至可以认为是一种“客观”的壁垒。这种壁垒由于其制定初衷的合理性不能“打破”，而只能通过提高产品生产的技术水平、增加产品的技术含量、改善产品的质量以达到标准的要求等方式予以“跨越”。

0.1.2　法规

1. 法规的定义

法规泛指由国家制定和发布的规范性法律文件的总称，是法律、法令、条例、规则和章程等的总称。其中宪法是国家的根本法，具有综合性、全面性和根本性；法律是由立法机关制定，体现国家意志和利益的，必须依靠国家政权保证执行的强制全社会成员共同遵守的行为准则，地位仅次于宪法。

食品法律法规是指由国家制定或认可，以法律或政令形式颁布的，以加强食品监督管理、保证食品卫生、防止食品污染和有害因素对人体的危害，保障人民身体健康、增强人民体质为目的的，通过国家强制力保证实施的法律规范的总和。食品法律法规既包括法律规范，也包括以技术规范为基础所形成的各种食品法规。如食品安全法、标准化法、产品质量法、各类食品生产加工技术规范等。

2. 技术法规的特点

技术法规是 TBT 协定使用的概念，用以界定对国际货物贸易产生壁垒作用的一类技术性贸易措施。TBT 协定对技术法规给出了明确的定义。规定强制执行的产品特性或其相关工艺和生产方法，包括适用的行政和管理规定在内的文件。该文件还可包括或专门关于适用于产品、工艺或生产方法的专门术语、符号、包装、标志和标签要求。技术法规必须符合三条标准才能属于 TBT 协定中技术法规的范畴，即文件必须适用于某个可确认的产品或某类可确认的产品；文件必须制定产品的一个或多个特性；文件必须是强制性的。

（1）强制性　技术法规是由政府部门或政府部门授权的其他部门制定的、强制执行的法规，世界贸易组织各成员国投放市场及自由流通的任何产品都必须遵守相应的技术法规。

（2）约束范围广　技术法规规定了产品的具体特性，诸如产品的大小、形状、功效和性能甚至是其在出售之前加注标签、标志的样式和包装的方式等多方面的内容。由于产品的生产方式在很大程度上影响了上述几个方面的特性，技术法规的文件中还可以对适用于产品的工艺或生产方法、管理规定进行约束。

（3）表现形式多样　根据技术法规的定义，技术法规具有多种表现形式，包括国家法律、部门规章条例、政府法令以及强制性标准等。

（4）对贸易的影响最大　由于技术法规的强制性属性、广泛适用性以及在一定时期内的延续性，技术法规对国际货物贸易产生的影响最大。

（5）壁垒作用隐蔽性强　有时，技术法规对贸易的壁垒作用不像标准那样明确和直截了当，但其壁垒作用更为深远。受其影响的往往不仅是一种产品，而是一个行业或多个行业。

3. 技术法规的类型

（1）规定性技术法规　规定性技术法规是指一类确定了达到特定结果方法的技术法规。规定性技术法规确定了要达到特定结果的方法，其焦点集中在达到目标的唯一途径上。因此，规定性技术法规的最大特点是具有确定性。

由于规定性技术法规为被约束者和约束者提供了确定性，所以很容易将执行者拘泥在单一解决方案上而没有机会采取其他既可以达到目标又具有经济性的方案，从而成为抑制创新和采纳新技术的障碍，对贸易和经济发展产生不利影响。

在实现目标的途径非常有限或要处理的问题处于静止的情况下，采用规定性技术法规又会具有很多优点。如具有相同的法规评价标准等的确定性要优于灵活性。

（2）功能导向型技术法规　功能导向型技术法规是指以精确的术语规定要达到的目标，允许通过对实体本身进行调控来确定其达到结果的方法。

功能导向型技术法规允许为被调控的实体设计最有效率和效果最佳的达标方法。只要最终结果相同，就可以采用多种技术途径。因此，功能导向型技术法规的最大特点是具有灵活性。

4. 技术法规与标准的区别

（1）制定主体不同　技术法规由国家立法机关、政府部门或其授权的机构制定。标准则是由标准化机构制定的。

（2）法律效力不同　技术法规是强制性的，是一种由政府控制市场的严厉措施。标准是自愿性的，非强制执行（强制性标准的强制性由法律赋予）。

（3）制定目的不同　技术法规的制定主要出于人本主义，标准的制定出于物本主义。

（4）内容不同　技术法规一般多侧重于规定产品的基本要求，而标准大多规定的是技术细节。

(5)对国际贸易影响不同　技术法规对国际贸易影响更大、更直接，成为最重要的技术性贸易措施之一。标准在国际贸易中的壁垒作用逐渐弱化。

(6)可协调性不同　标准可协调，不同国家之间的质检技术法规协调难度极大。

(7)知识产权不同　技术法规作为官方文件是没有版权的，而标准则受到版权保护。

0.1.3　标准与法规的作用

1. 获得最佳秩序

标准的基础是科学性和先进性，标准的制定过程就是将科学技术成果与实践积累的先进经验相结合，经过分析、比较、选择并加以综合，这是一个归纳和提炼的优化过程。由于其代表着最佳秩序，人们无须任何强制力而自愿遵守。

2. 促进技术创新

标准是以科学技术的综合成果为基础而建立的，其制定过程就是将其与实践积累的先进经验相结合，经过分析比较，加以选择，并归纳提炼，以获得最佳秩序。遵循标准化原则不仅可将小范围内应用的新产品、新工艺、新材料和新技术纳入标准进行推广与应用，还能促进技术创新。

一项科研成果，如新技术、新材料、新工艺和新产品，开始只能在较小的范围内得到应用。然而，一旦这些成果被纳入标准，它们就能迅速地得以推广与应用。

3. 确保产品的兼容性，实现规模化、系统化和专业化

标准的制定可减少产品种类，促进产品品种的系列化、专业化和规模化，进而降低生产成本并提高生产效率。同时，标准还可确保由不同生产商生产的相关产品与部件的兼容性和匹配性。

许多产品如果单独使用将没有任何价值。如一台电脑仅有主机，没有显示器、软件、键盘或鼠标等与之匹配的产品将毫无用处。而这些相关产品一般由不同的生产商生产，标准在此起到了确保产品与部件的兼容与匹配的关键作用，从而消费者能享用更多的可用产品。

4. 保证产品质量安全

产品的技术标准不仅对产品性能提出具体要求，还对产品的规格、卫生安全、检验方法、包装和储运条件等做出明确规定。严格按照标准组织生产，并进行检验，产品的质量安全就能得到可靠的保障。法规以国家强制力为后盾，可保证标准的实施，确保产品质量安全。

标准是生产需求的正确反映。只有将消费者的功能诉求转化为标准中的质量安全特性，再通过执行标准将质量安全特性转化为产品的固有特性，才能保证产品的质量符合消费者的需求。

5. 减少市场信息不对称，为消费者提供必要的信息

对于产品的属性和质量而言，消费者所掌握的信息远不如生产者全面，这导致了信息不对称的情况，从而使消费者难以在交易前正确判断产品的质量。借助于标准，消费者既可以正确认识产品的质量，又可提高消费者对产品的信任度。消费者还可通过国家颁布的相关法律法规作为有效保护自己的依据。

6. 降低生产对环境的负面影响

人们对环境的过度开发会导致环境污染日益严重。尽管人们已认识到良好环境对提高生存质量和保证可持续发展极其重要，各国政府也纷纷加强对环境的监管力度，而在法律法规和标准规范下进行生产是降低生产对环境负面影响的有效手段之一。

0.1.4 标准与法规的关系

标准属于技术规范，是人们在处理客观事物时必须遵循的行为规则，重点调整人与自然规律的关系，规范人们的行为，使之尽量符合客观的自然规律和技术法则，从而构建有利于社会发展的技术秩序。法律、规章属于社会规范，是人们在处理社会生活中相互关系时应遵循的具有普遍约束力的行为规则。在科技和社会生产力高度发展的现代社会，越来越多的立法把遵守技术规范确定为法律义务，实现了社会规范与技术规范的紧密结合。

标准和法规有密切的内在联系。要维持市场经济的良好秩序，必须要有完善的标准体系来支撑法规体系的实施。标准为法规提供技术支撑，两者互相配合，共同保障市场经济的正常运行和公平竞争。值得注意的是，在中国，只有强制性标准属于技术法规的范畴。

1. 标准与法规的相同之处

①标准与法规都是现代社会和经济活动必不可少的规则，具有一般性，在相同情况下应同等适用。

②标准与法规在制定和实施过程中应公开透明，具有公开性。

③标准与法规都是由权威机关按照法定的职权和程序制定、修改或废止，并以严谨的文字表述，具有明确性和严肃性。

④标准与法规在社会调控方面具有权威性，得到广泛的认同和遵守。

⑤标准与法规均要求社会各组织和个人遵从，并作为行为的准则，具有约束性和强制性。

⑥标准与法规不允许擅自变更和随意修改，具有稳定性和连续性。

2. 标准与法规的不同之处

①标准必须有法律依据，必须严格遵守有关的法律法规，内容不得与法律法规相抵触或冲突；法规则具有至高无上的地位，具有基础性和本源性的特点。

②标准主要聚集于技术层面，而法律法规则涉及社会生活的方方面面，调整包括政治、经济、社会、民事和刑事等法律关系。

③标准较为客观和具体；法规则较为宏观和具有原则性。

④法规的范围比较宽泛，标准的范围较具体。

⑤标准会随着科学技术和社会生产力的发展而修改和补充；法规则较为稳定。

⑥标准强调多方参与、协商一致，尽可能照顾多方利益，注意民主性。

⑦标准本身并不具有强制力，即便被称作强制性标准，其强制性也是由法律授予的。

⑧标准和法规都是规范性文件，但标准在形式上既有文字表述，又有实物形态。

3. 标准与技术法规的关系

中国在加入 WTO 议定书中做出承诺，“标准”和“技术法规”两个术语的使用遵照《技术性贸易壁垒协定》的相关含义。具体而言，标准是经公认机构批准的，规定非强制执行的、可共同使用或反复使用的产品或相关工艺和生产方法的规则、指南或特性的文件。技术法规是为强制执行而制定的，涵盖产品特性或相应加工和生产方法，包括可适用的行政管理规定的文件。各国制定的技术法规多以法律、法规、规章、指令或强制性标准文件的形式发布和实施。

标准与技术法规的共同点是覆盖所有的产品，对产品的特性、加工或生产方法做出规定，并且都包括专门针对产品、加工或生产方法的术语、符号、包装、标志或标签要求。

(1)在形式上　标准是一定范围内协商一致并由公认机构核准颁布供共同使用和反复使用的协调性准则或指南；技术法规则是通过法律或规定程序制定的法规文本，由政府行政部门监督强制执行。由于技术法规具有较强的技术性，这类法规通常是由法律授权政府部门制定的规章类法规。

(2)在法律属性上　技术法规是强制执行的文件，以法律、法案、法令、法规、规章、条例等形式发布；强制性标准属于技术法规范畴，并由国家执法部门监督执行，如中国的《食品召回管理规定》、美国的《美国消费品安全法案》及欧盟的《欧盟化学品注册评估许可与限制法规》等均属于技术法规文件，对贸易有着重大影响。而标准是自愿执行文件，不属于国家立法体系的组成部分。在生产和贸易活动中，对于同一产品，生产者、消费者和买卖双方可以在国际标准、区域标准、国家标准和行业标准中自主选择。一旦选择了某项标准，就应按该标准的规定执行，不能随意更改标准的技术内容。

(3)在内容上　技术法规与标准均对产品的性能、安全、环境保护、标签标志和注册代号等做出规定。在需要制定技术法规的领域中，技术法规除包含法律形式上的内容外，需要强制执行的技术措施要求应该与标准一致。《技术性贸易壁垒协定》的 2.4 条款规定，如需制定技术法规，而有关国际标准已经存在或即将拟就，则各成员应使用这些国际标准或其中的相应部分作为其技术法规的基础。技术法规除规定技术要求外，还可以做出行政管理规定；有些技术法规仅列出基本要求，而将具体的技术指标列入标准，将标准作为法规的引用文件，如欧盟的一系列新方法指令，这有利于保持技术法规的稳定性和标准的时效性。

(4)在范围上　标准涉及人类生活的各个方面；而技术法规仅包含政府需要通过技术手段进行行政管理的国家安全、人身安全和环境安全等领域。

(5)在制定原则上　技术法规和标准的制定都要遵循国际标准原则，避免不必要的贸易障碍原则、非歧视原则、透明度原则和等效与相互承认原则。技术法规制定的前提是实现政府的合法政策目标，包括保护国家安全、防止欺诈行为，保护人的安全健康、保护生命与健康以及保护环境，特别是在环境要求方面，对于环境影响严重的企业，若不对排污进行处理，其产品不准出厂，即局部利益应服从国家的全局利益。而标准的制定是采取协商一致的原则，即制定标准至少应有生产者、消费者和政府等各利益相关方参与并达成一致意见，即标准是各方利益协调的结果。技术指标的确定要有科学依据，要基于风险分析来开展。

(6)在制定机构与版权保护上　技术法规作为具有强制执行效力的文件，只能由被法律授权的政府机构制定和发布。这些机构依据法律授权来制定技术法规文件，授权依据通常为《中华人民共和国立法法》和《中华人民共和国行政许可法》等法律。如美国制定技术法规的机构有美国国会、联邦政府机构和州政府机构，同时还涉及欧洲议会、欧盟理事会、欧盟委员会及欧盟成员国政府；在中国，制定技术法规的机构有全国人民代表大会、地方人民代表大会、国务院、国务院直属机构及各部门以及各省、自治区和直辖市等。技术法规作为一种法律法规性文件，根据《保护文学和艺术作品伯尔尼公约》中关于保护知识产权的规定，不受版权法约束。其全文应在媒体上公布，以便生产商、进出口商和消费者广泛了解、遵守和执行。《技术性贸易壁垒协定》规定，标准发布的公认机构可以是国际组织，如国际标准化委员会、国际电工委员会和国际电信联盟等；也可以是区域组织，如欧洲标准化组织、欧洲电工标准化委员会和欧洲通信标准学会等；也可以是国家团体，如英国标准学会、加拿大标准理事会和德国检验测试公司等。标准制定程序、编写方法和表述模式具有鲜明的技术特点、具有广泛的适用性并可随时修订，以反映当代科技水平。标准是技术和智慧的结晶，属于享有知识产权的出版物，受版权法保护。

0.2　标准法规在食品安全体系中的作用

食品安全涵盖食品供给与消费的可靠性，具有包括两方面的含义：一是指一个国家或社会的食物保障，即是否具有足够的食物供应，这关乎食品数量的安全；二是涉及食品中有毒有害物质对人体健康影响的公共卫生问题，也就是食品质量的安全。食品质量安全主要聚焦于食品卫生，即食品应该无毒无害，能够保障人类健康和生命安全，维持身体健康，即狭义的食品安全。而广义的食品安全则包括食品数量安全、食品质量安全、食品卫生安全、食品营养安全和食品生物安全等多个方面，目的是持续提高人们的生活水平，不断改善环境生态质量，使人类社会得到可持续发展。

人们对环境的过度开发导致了环境污染日益严重，各种污染物不断向人类的生存发起挑战。在诸多污染物中，除食源性疾病不断上升外，食品生产环境污染和人为向食物链中添加有害化学物已成为当今最严重的食品污染问题。自 20 世纪 90 年代以来，全球范围内发生了一系列重大的食品生产与安全事件，如 1996 年英国的牛海绵状脑病事件，1999 年比利时二噁英污染鸡事件，2000 年日本大阪雪印牛奶厂生产的低脂高钙牛奶被金黄色葡萄球菌毒素污染事件，2003 年美国牛海绵状脑病事件，2005 年英国“孔雀石绿”鲑鱼事件，2024 年日本小林制药红曲事件等。

这些食品安全事件影响了人们的健康。即使在工业发达国家，每年也有约 30%的人口感染食源性疾病。在市场经济大潮中，食品企业的产品若要具备竞争力，就必须在消费者心目中建立安全感和信任感。一旦食品安全出现问题,不仅对企业造成致命打击,还会对一个国家的经济、政治和社会产生深刻的负面影响。此外,食品高新技术、新资源的应用也给食品安全带来了新的挑战,特别是转基因食品的安全问题受到了各国政府、学者和公众的普遍关注。

0.2.1 标准法规与质量管理体系的关系

食品安全问题涉及食品的生产者、经营者、消费者和市场管理者(包括政府)等各个层面,贯穿于食品原料的生产、采集、加工、包装、储运和食用等各个环节,每个环节都可能存在安全隐患。因此,健全的食品质量管理体系构成了食品安全的基础。

食品安全的质量管理体系可分为食品安全监管体系、食品安全支持体系、食品安全过程控制体系、转基因食品安全及技术性贸易壁垒与食品安全等。食品安全监管体系包括机构设置、安全性评价、安全风险分析、质量安全体系和标签管理等;食品安全支持体系包括食品安全法律法规体系、科技支持体系、危险性评估体系、安全标准体系、检验检测体系、认证体系、信息服务体系及突发事件应急反应机制等;食品安全过程控制体系包括产地环境监测、动物防疫与植物检疫体系、投入品(含农药、兽药、饲料和肥料等)管理、食品加工储运、食品供应组织体系、市场准入等;转基因食品安全包括技术标准、标识制度和消费者教育等;技术性贸易壁垒与食品安全包括预警体系与快速反应机制、协议与争端解决机制以及进出口食品安全监管体系等。

食品安全问题往往与消费时食品中食源性危害的存在和水平紧密相关。由于食品安全危害在食品链的任何阶段(从"农场到餐桌")都可能引入,食品安全的质量管理体系成为整个食品链全程安全监控的依据。该体系又可分为生产体系、市场体系、监控体系和评估体系,这些体系的运作依赖于一系列的标准与法规的支持,以保障食品市场的安全运作。构成食品生产体系安全的因素包括国家产业政策、农资使用标准、生产操作规程、食品原料与加工标准等;构成食品市场体系安全的因素包括国家有关供销储备政策、市场准入标准、标签管理规定和食品销售规定等;构成食品监控体系的因素有市场执法机构及执法规范、认证机构与认证规范、检测机构与检测规范等;构成食品安全评估体系的因素有残留物最高限量标准、产品质量标准及取样检测方法标准等。

0.2.2 标准法规与产品质量的关系

产品质量不仅关系到消费者的利益,也关系到一个企业、一个地区乃至一个民族的兴衰。许多企业视质量为生命,把质量工作摆到企业管理的首位。然而,时至今日,仍有一些企业对标准比较生疏,一些企业忽视标准化工作,不注重提高产品标准水平,进而影响了产品质量。事实上,产品标准与质量是密切相关、互相依存的关系。没有标准就没有质量,抓质量必须先抓标准。

1. 标准是产品质量的基础

产品质量即产品的固有特性满足要求的程度。它反映了产品在使用过程中的各种自然属性,其中包括产品的性能、效率、可靠性等综合指标,具体涵盖物理性能、化学性能、机械性能、使用性能、安全环保要求,外观质量、质量等级等。这些性能可概括为三个方面,即通用性、可靠性和经济性。产品标准是对产品上述质量特性做出的明确和具体定量的技术规定。质量与标准是密不可分的。产品标准是规范企业经营行为和指导生产的技术文件,标准是产品的规矩,产品质量由标准和执行标准的状况决定。产品合格与不合格,所谓"格"就是"标准"。符合标准要求的产品称为合格,反之为不合格。标准与质量如同源与流,标准是质量的依据,质量是执行标准的结果。标准化实际上是确保质量的过程,而质量管理则可理解为贯彻标准的实践。标准的社会作用和经济效益通过质量来体现,而质量水平的评定则必须有标准作依据。质量离开标准就是无源之水、无本之木;标准为质量而制定,离开质量也就无的放矢。从一定意义上来说,标准就是质量,没有标准就没有质量。

2. 标准是商品判定的基准

市场经济是法治经济,要使市场经济正常运行,必须构建完整的市场法律法规体系,用它来规范市场主体的行为。没有一系列维护市场秩序和保护市场主体权益的法律法规,市场经济将无法正常运转。市场经济行为的主体由法律法规来规范,市场经济行为的客体就用成千上万个标准来规范,即市场主体在市场上用以交换的商品必须是符合某种标准的产品。由于标准作为产品(商品)判定的准则、质量检验的依据,生产和贸易中的产(商)品就有了用以评判的"基准"。因此,没有标准来规范市场客体——商品,市场经济活动也无法正常开展。

3. 只有高标准才有高质量

标准既然是质量的依据,那么标准水平自然就决定了质量的高低。当前,大多数企业的产品质量只讲合格率多少,按产品合格率的高低来评价产品质量的高低,但产品合格率的高低无法全面反映产品质量的优劣程度。一般来说,标准水平分为国际先进水平、国际水平和国内先进水平三个等级。产品质量达到国际先进水平标准的产品为优等品,达到国际水平的产品为一等品,达到标准要求的产品为合格品。产品合格只是达到了标准规定的最低要求,而不能等同于质量优的产品。讲质量,优先要讲标准水平,要提高产品质量,就要提高标准水平。没有高标准,就没有高质量。国际标准和国外先进标准反映了当今世界上较先进的标准水平,采用国际标准和国外先进标准就能提高中国的标准水平,按这样的标准组织生产,可使中国产品质量达到国际先进水平。

4. 高标准能促进技术进步和产品质量的提高

采用国际标准和国外先进标准,不仅是技术引进的重要组成部分,还是中国对外开放政策的组成部分。国际标准和国外先进标准是当今世界生产和科学实践的成果,是科学技术的结晶。采用国际标准要有先进的生产工艺技术和工艺装备来保障,因此采用国际标准也促进了企业的技术进步。

5. 抓标准不能忘记标准化

抓质量优先要抓标准,有了标准更要抓实施,要按标准组织生产,产品质量才有保证,否则，再先进的标准，不执行也等于零。所谓标准化，就是制定标准、实施标准和对实施标准进行监督的一个不断循环螺旋上升的往复过程或称为活动，通过这个活动达到最佳秩序和最佳效益。这里所指的标准不仅是产品标准，还包括了技术标准、管理标准和工作标准以及各种规范性文件。开展现代质量管理，建立健全质量体系，实施质量控制、质量保证和质量策划以及质量改进等活动都是按照 ISO 9000 族国际标准（GB/T 19000 族国家标准）进行的，而 ISO 9000 族标准本身是标准化的成果，是关于质量管理、质量保证方面的标准。贯彻实施好该族标准就能搞好企业的质量管理。标准化是进行质量管理的依据和基础，标准化活动贯穿于质量管理的始终。现代质量管理和质量控制其实质是一种标准化管理，标准化使质量管理工作有章可循，是实施标准化操作的前提，也是提高产品竞争力的核心要素。

6. 严格标准，提高产品质量

产品标准既是衡量产品质量的依据，又是企业管理的目标。通过这个标准，能够揭示质量的差距，鞭策企业提高产品质量。为保证并提高产品质量，要积极采用国际标准，制定高于国家、行业标准的内控标准。若没有国家标准和行业标准，则应认真组织制定企业标准，并按有关规定进行备案，不允许随意降低标准要求，更不能无标准生产。不仅重视产品质量标准，还要注意工艺、工装、原材料等制造过程的一系列标准，建立以产品标准为龙头、以技术标准为主体，包括管理标准和工作标准的企业标准体系。同时，抓好各类标准的贯彻实施及实施情况的监督，利用管理标准和工作质量来确保技术标准的有效实施。

0.2.3 标准法规与食品安全的关系

食品质量安全问题是全球性的公共安全问题，直接关系到人们的健康。因此，以控制有毒有害物质、提高食品质量安全为特征的食品安全控制体系正在逐步完善，相关的标准与法规的建设也取得了积极的进展。根据《中华人民共和国标准化法》，食品应按食品质量标准进行生产和质量控制，食品质量安全监管工作也应依照相关食品标准规定的质量技术指标进行监督和检查。食品质量安全是食品标准规定的各项质量技术指标的总体反映，食品质量安全监督也应该是食品整体质量安全的监督。

食品安全的法律法规体系和标准体系等共同构成了食品质量安全支持体系。以欧盟的食品安全法规体系为例，主要从四个方面来实现食品质量安全：一是引入风险分析的方法，包括风险评估、风险管理和风险交流，将其作为基本原则融入欧盟法律，并成为各成员国食品安全体系的法律基础；二是明确从业者负有遵守法律规定、自主将风险最小化的责任；三是通过建立统一的数据库（包括识别系统、代码系统），详细记录生产链中被监控对象移动的轨迹，建立食品及其原料的可追溯机制；四是制定《食品安全基本法》，使利益相关方能够在所有阶段参与食品法律制定的框架，通过立法的透明度和有效的公众评议，增强消费者对食品法律的信心。

食品加工的原料来自农畜产品，农牧业是食品工业的食品质量安全的第一道关卡。标准化、规范化的种植/养殖体系有利于保证食品原料的质量；建立良好农业规范（good agricultural practice，GAP）及良好操作规范（good manufacturing practice，GMP），加强和完善食品加工过程中产品的质量控制，是促进农畜产品增值、保证食品质量安全的重要手段；标准化的食品储运体系可保证食品原料、中间产品和产成品在储运过程中的质量安全；建立食品召回制度则可通过召回出现问题的产品，最大限度地减少危害。而食品生产的标准化是实现食品质量安全的重要途径，通过认证作为标志的食品质量控制体系的标准化是保证食品质量安全的关键。

0.3 食品标准与法规的研究对象和研究内容

0.3.1 食品标准与法规的研究对象

食品标准与法规是研究食品的生产、加工、包装、贮存、储运、销售和配送等全过程相关的法律法规、标准及合格评定程序的一门综合性学科。食品标准的研究必须考虑食品加工门类（粮油、果蔬、畜产、水产及茶叶加工品等）和食品加工过程要素（如食品加工原料、加工设施与加工工艺、包装标识，产成品检验、贮藏运输及销售等）等重要内容。构建食品标准体系，旨在构建和完善食品基础标准、通用标准和专用标准。食品法规则是专门研究与食品有关的法律法规和管理制度，包括法规的产生、规定要求、实施以及变化的规律等，如《中华人民共和国食品安全法》《中华人民共和国标准化法》《中华人民共和国产品质量法》及各类食品生产加工技术规范等。

食品标准与法规的研究对象是"从农场到餐桌"的农产品加工相关产业链的全过程的质量安全有关法律法规和标准。从标准与法规的制定与完善层面来看，将有助于提高中国食品质量安全水平、保护自然环境、促进市场贸易和规范企业生产。

0.3.2 食品标准与法规的研究内容

食品标准与法规主要研究内容包括对中国现有食品标准与法规体系的研究和分析。通过对国际和发达国家的食品标准与法规体系的学习和借鉴，探索构建中国食品安全标准与法规体系的有效途径，以完善中国食品安全标准与法规体系。其具体研究内容体现在标准与法规的概念、功能及相互关系；标准与法规对市场和贸易的影响；食品法律法规的基础知识，中国的食品法律法规以及国际、部分发达国家的食品法规；食品标准的基础知识，中国的食品标准以及食品国际标准及采用国际标准；食品企业标准体系及认证管理等方面。

0.3.3 食品标准与法规的研究意义

自改革开放以来，中国食品工业得到了快速发展，各种食品日益丰富。然而，由于产地存在环境污染问题、食品加工水平较低以及滥用农药、滥用兽药、滥用添加剂和掺杂使假等违法犯罪活动，中国的食品安全形势非常严峻。有毒或有质量问题的食品不仅严重危害了人们的身体健康，还造成了很大的心理恐惧，也在拷问着我们的食品安全监管和立法部门。食品标准体系的完善和食品安全立法是一个直接关乎国家利益、人们健康的根本问题。

随着中国国民经济的快速发展和人们物质生活水平的提高，对食品质量安全也提出了越来越高的要求。同时，食品质量安全还事关食品产业的发展和市场竞争能力，特别是中国加入 WTO 后，贸易伙伴的绿色壁垒迫使中国的食品标准与食品安全体系必须尽快与国际接轨，努力缩小与联合国粮食及农业组织(Food and Agriculture Organization of the United Nations，FAO)/世界卫生组织(Word Health Organization，WHO)等国际组织的差距。食品标准与食品质量安全的法律法规体系在人们的社会生活和经济生活中将发挥着重要作用。

0.3.4 食品标准与法规的学习方法

食品标准与法规是一门综合性管理学科，涉及食品与农畜产品的各个门类，并贯穿于食品与农畜产品生产及经营全流程，即“从农田到餐桌”：既包括法律法规与标准的制定与实施，又涵盖监督检测和评定认证体系的建设；既要规范协调企业与消费者之间的关系，又涉及政府、行业组织等管理机构的监管职责，还与监督检测和合格评定等第三方中立机构的工作密切相关。因此，在学习食品标准与法规时，特别要考虑到该学科的综合性、系统性和动态发展性。

1. 综合性

综合性是指食品标准与法规的研究对象、研究主体和过程涉及食品与农畜产品“从农田到餐桌”的全过程，包括农畜产品的种植、养殖、食品加工、保藏、流通和消费全过程的食品质量管理与安全控制，还涉及食品分析与监督检测、资源与环境、贸易和法学等众多学科。因此，在编制产品全寿命过程的标准化规划和计划时，要根据总的标准体系，分期、分批建立专业标准分系统，即标准综合体，再根据所需的综合标准体系编制相应的标准制定和修订计划并组织实施。而对相关学科进行系统、先期的学习，有助于理解和掌握食品标准与法规的基础。

2. 系统性

系统性是指食品标准与法规是以相互联系、相互影响的系统性形式存在的。无论是企业的法规标准，还是地方的法规标准，都是国家和国际性的标准法规的细化和延伸。为实现整体的最佳要求，确立最佳的标准化目标，产品应作为一个系统来考虑，做好系统分析，研究产品原料、设计、工艺、校验、测试、使用、维护、运输、贮存和管理等环节的标准问题。那些对最终产品质量起保障作用的生产环境、原辅材料、工艺设备、加工工艺、包装、物流和监督检验等标准法规都是产品质量保证系统的要素。因此，食品标准与法规的作用体现为一个系统作用效应，是一个系统工程。

3. 动态发展性

动态发展性是指食品标准与法规会随着科学技术的进步与现实社会经济的不断发展而变化，使原有的标准法规不能适用，自愿性标准会失效，强制性标准与法规会产生负效应。此时就必须依据环境的要求及时应变，立即组织标准与法规的修订或对标准与法规系统进行调整，即标准与法规的动态发展性。如《中华人民共和国食品安全法》的制定与修订、《中华人民共和国农产品质量安全法》的制定和出台等使中国的食品标准由原来的单纯质量和卫生安全标准扩展到农畜产品的生产、加工、包装、物流等全过程的安全质量管理与认证的标准化体系，因此，应该以发展的眼光来学习。食品标准与法规的发展包括产生（调查研究、形成草案和批准发布）、实施（宣传普及、监督和咨询）以及反馈与更新（信息反馈、评估评价和重新制定或修订）三个阶段。每一项新标准、新法规的产生都标志着某一领域或某项活动的经验和成果的规范化，标准与法规的制定过程实质就是积累和总结人类社会实践经验和科学技术成果的过程；标准与法规的实施过程即是推广和普及以规范化的实践经验和科技成果的过程；反馈与更新则通过实施过程中出现的新情况、新问题进行调整，以新经验和新成果适时更新或取代原有法规标准，是自然科学和社会经济发展的不断深化与提高的过程。

思考题

1. 简述标准与法规的概念、特点及相互关系。
2. 简述标准与法规在市场竞争及市场经济中的作用。
3. 简述 WTO/TBT 在国际贸易中的作用。
4. 简述标准、法规与食品质量安全的关系。
5. 食品标准与法规主要研究内容有哪些？

第 1 章

食品法律法规的基础知识

1.1 食品法律法规体系

1.1.1 食品法律法规的概念

食品法律法规是指由国家制定或认可，旨在加强食品监督管理、保证食品卫生、防止食品污染和有害因素对人体的危害、保障人民身体健康、增强人民体质，通过国家强制力保证实施的法律规范的总和。

食品法律法规是法律规范中的一种类型，由国家认可或制定，具有普遍约束力，以国家强制力为后盾，保证其实施。食品法律法规制定的目的是保证食品的安全，防止食品污染和有害因素对人体的危害，保障人民身体健康，增强人民体质。

食品法律法规体系是指以法律或政令形式颁布的、对全社会有约束力的权威性规定。它既包括法律规范，又包含以技术规范为基础所形成的各种法规。

依据食品法律规范的具体表现形式及其法律效力层级，中国的食品法律法规体系由以下不同法律效力层级的规范性文件构成。

1. 法律

《中华人民共和国食品安全法》是中国食品法律体系中法律效力层级最高的规范性文件，是制定从属性食品安全卫生法规、规章及其他规范性文件的依据。

2009 年 2 月 28 日第十一届全国人民代表大会常务委员会第七次会议通过《中华人民共和国食品安全法》，2015 年 4 月 24 日，第十二届全国人民代表大会常务委员会第十四次会议通过修订《中华人民共和国食品安全法》，此次修改食品安全法采用的是全面修订的方式，修改的力度比较大，修改后该法从原来的 104 条，增加到 154 条。根据 2018 年 12 月 29 日第十三届全国人民代表大会常务委员会第七次会议《关于修改〈中华人民共和国产品质量法〉等五部法律的决定》第一次修正，根据 2021 年 4 月 29 日第十三届全国人民代表大会常务委员会第二十八次会议《关于修改〈中华人民共和国道路交通安全法〉等八部法律的决定》第二次修正。

现已颁布且实施的与食品相关的法律包括《中华人民共和国农产品质量安全法》《中华人民共和国产品质量法》《中华人民共和国标准化法》《中华人民共和国农业法》《中华人民共和国进出口商品检验法》《中华人民共和国进出境动植物检疫法》《中华人民共和国广告法》《中华人民共和国消费者权益保护法》《中华人民共和国反不正当竞争法》《中华人民共和国商标法》等。

2. 行政法规

行政法规分为国务院制定的行政法规和地方性的行政法规两类，其法律效力仅次于法律。食品行业管理行政法规是指国务院各部委依法制定的规范性文件。行政法规的名称包括条例、规定和办法。地方性法规是指省、自治区、直辖市和较大的市的人民代表大会及其常务委员会依照法定职权和程序制定的地方性法规，经济特区所在地的省、市的人民代表大会及其常务委员会依照法定职权和程序制定的经济特区法规，以及自治州、自治县的人民代表大会依照法定职权和程序制定的自治条例和单行条例。

国务院发布的行政法规包括《中华人民共和国食品安全法实施条例》《中华人民共和国工业产品生产许可证管理条例》《中华人民共和国认证认可条例》《中华人民共和国进出口商品检验法实施条例》《中华人民共和国进出境动植物检疫法实施条例》《兽药管理条例》《农药管理条例》《中华人民共和国出口货物原产地规则》《中华人民共和国标准化法实施条例》《无照经营查处取缔办法》《饲料和饲料添加剂管理条例》《农业转基因生物安全管理条例》《中华人民共和国濒危野生动植物进出口管理条例》《中华人民共和国种畜禽管理条例》和《生猪屠宰管理条例》等约 40 部。地方性食品行政法规是指省、自治区、直辖市人民代表大会及其常务委员会依法制定的规范性文件，这种法规只在本辖区内有效，且不得与宪法、法律和行政法规等相抵触，并需报全国人民代表大会常务委员会备案，才可生效。

3. 规章

食品安全规章包括部门规章和地方规章。

(1)部门规章　是指国务院各部门根据法律和行政法规，在本部门的权限内制定的规定、办法、实施细则、规则等规范性文件。如《食品安全事故流行病学调查工作规范》《无公害农产品管理办法》《生鲜乳生产收购管理办法》《食品生产经营监督检查管理办法》《食品经营许可管理办法》《餐饮服务食品安全操作规范》等。

(2)地方规章　是指省、自治区、直辖市、省会城市和"计划单列市"人民政府根据法律和行政法规制定的适用于本地区行政管理工作的规定、办法、实施细则、规则等规范性文件，如《上海市集体用餐配送监督管理办法》《江苏省食品安全信息公开暂行办法》等。食品安全规章的法律效力低于食品安全法律和食品安全法规，但也是食品安全法律体系的重要组成部分。人民法院在审理食品安全行政诉讼案件过程中，规章可以起到参照作用。

4. 其他规范性文件

在食品安全法律体系中，还有一类既不属于食品安全法律、法规和规章，又不属于食品安全标准的规范性文件。如省、自治区、直辖市人民政府食品安全监督管理部门制定的食品安全相关的管理办法、规定等。该类规范性文件属委托性规范性文件，也是食品安全法律体系的一部分。

5. 食品标准

食品标准是指食品工业领域各类标准的总称，包括食品产品标准、食品安全标准、食品分析方法标准、食品管理标准、食品添加剂标准和食品术语标准等。

1.1.2 食品法律的适用范围

法律的适用范围，也称法律的效力范围，由法律的空间效力、时间效力和对人的效力三个部分组成。法律的适用范围由国家主权及立法体制确定。关于食品相关法律的适用范围应当从以下三个方面来理解。

1. 空间效力

法律的空间效力，即法律适用的地域范围。法律的空间效力的一般原则是适用于制定它的机关所管辖的全部领域(法律本身对其空间效力做出限制性规定的除外)。在中国，全国人民代表大会常务委员会作为中国最高权力机关的常设机构，其制定的法律，效力及于中华人民共和国的全部领域。而有立法权的各级地方人民代表大会及其常务委员会制定的地方性法规，仅能在该行政区划内适用，且不得与国家法律规定相抵触。如《中华人民共和国食品安全法》是由全国人民代表大会常务委员会制定的，在全国范围内适用。

2. 时间效力

法律的时间效力，即法律何时生效、何时失效以及对生效前发生的行为有无溯及力。法律的时间效力由国家立法机关根据实施国家管理的需要，通过立法决定。

①中国已制定的法律关于生效时间的规定主要有 3 种形式。第一，规定自法律公布之日起生效，通常在该法律中明确表述:“本法自公布之日起施行”。第二，规定自法律公布后，经过一段法定期间后生效，目的是在该法律生效前，有充足的时间开展法治教育，做好实施准备工作。第三，以另一部法律的实施为本法生效的前提。

②终止法律效力的做法主要有以下几种情况。第一，法律规定自新法生效之日起旧法即废止。第二，由国家立法机关决定批准公布失效的法律目录。第三，遵循新法优于旧法的原则，新法颁布后，旧法规定与新法相抵触的部分自行失效。法律溯及力是指新的法律颁布后，对其生效前的法律事实、法律事件和法律行为是否适用。如果适用，该法就有溯及力；如果不适用，该法就没有溯及力。

3. 对人的效力

法律对人的效力，即法律对哪些主体适用，包括具有法律关系主体资格的自然人、法人和其他组织。对此，各国法律确定的原则不同。概括起来，其主要有以下几种：一是属地原则，即以地域为标准，不管当事人是本国人还是外国人，只要其行为发生在本国领域内，均适用本国法；二是属人原则，即以当事人国籍为标准，凡属本国人，不论其行为发生在国内还是国外，均适用本国法。三是保护主义原则，即以国家利益为标准，不论当事人是本国人还是外国人，也不论当事人的行为发生在国内还是国外，只要其行为损害了本国利益，均适用本国法。

1.2 食品法律法规制定的原则与依据

1.2.1 食品法律法规制定的原则

食品法律法规制定的基本原则是指食品立法主体进行食品立法活动所必须遵循的基本行为准则，是立法指导思想在立法实践中的重要体现。《中华人民共和国立法法》的规定，食品立法活动必须遵循以下基本原则。

1. 遵循《中华人民共和国宪法》的基本原则

遵循《中华人民共和国宪法》的基本原则，以经济建设为中心，坚持四项基本原则，坚持改革开放，即“一个中心、两个基本点”，这是党在社会主义初级阶段的基本路线，是实现国家长治久安的根本保证，是我们的立国之本，为中国所有立法的最根本的指导思想，也是食品立法遵循的原则。

2. 依照法定的权限和程序的原则

国家机关应当在《中华人民共和国宪法》和其他法律规定的范围内行使职权，立法活动也不例外，这是社会主义法治的一项重要原则。依法进行立法，即立法应当遵循法定权限和法定程序进行，不得随意立法。

3. 从国家整体利益出发，维护社会主义法制的统一和尊严的原则

中国是统一的多民族国家，食品立法活动应站在国家和全局利益的高度，从国家整体利益出发、人民长远根本利益出发，防止出现部门利益、地方保护主义的倾向，维护国家整体利益，维护社会主义法制的统一和尊严，这是依法治国、建设社会主义法治国家的必然要求。

4. 坚持民主立法的原则

制定食品法律法规，要坚持群众路线，采取各种行之有效的措施，广泛听取人民群众的意见，群策群力，在高度民主的基础上高度集中，增强食品立法的民主性、科学性。广泛吸收广大人民群众参与食品立法工作，调动其积极性和主动性，不仅有利于体现食品立法的民主性，而且有利于食品法律在现实生活中得到切实遵守。

5. 从实际出发的原则

制定食品法律法规，最根本的就是坚持从实际出发，充分考虑中国的基本国情、饮食习惯、人员素质等状况，科学、合理地规定公民、法人和其他组织的权利与义务。在体现中国特色的前提下，适当借鉴、吸收国外及本国历史上食品立法的有益经验，与国际接轨。

6. 对人民健康高度负责的原则

健康是一项基本人权，保障食品质量与安全，防止食品污染和有害因素对人体健康的影响，是判定和执行各项食品标准、管理办法的出发点，也充分体现了宪法的基本精神。食品安全性是实现人的健康权利的保障，也是食品质量安全制度的重要基础。虽然在不同的经济发展阶段，食品安全的内容和水平有所差别，但食品安全所体现的精神实质始终一致。概括地说，食品安全有两方面的内容。第一，人人享有获得食品安全性保护的权利，任何人不分民族种族、性别、职业、社会出身、宗教信仰、受教育程度、财产状况等都有权获得食品安全性保护，且依法所取得的食品安全性保护权益受同等法律保护。第二，人人享有获得优质食品安全性保护的权利，这要求食品安全性保护的质量水平应达到一定的专业标准。食品安全性保护的质量是每一个人关心的问题。一般来说，消费者难以全部判断食品安全性保护质量的高低优劣，因此需要政府加以监督。

7. 预防为主的原则

食品污染和有害因素对人体所造成的危害，有急性的，如食物中毒等，也有慢性的，甚至潜在的，如致畸、致癌、致突变等。急性的疾病可以通过急救和治疗使患者痊愈，而慢性的疾病则很难治愈，甚至可以延及子孙后代，后果不堪设想。因此，必须防患于未然，把食品的立法放到以预防为主的方针上。实践证明，预防为主不仅费用低、效果好，而且能更好地体现党和政府对人民群众的关心和爱护。

预防为主的原则有几个基本含义：①所有食品工作者都必须严格按照相应的规范标准组织生产，采取严格的生产程序，使生产的食品达到质量和卫生安全的标准；②强调预防并不是忽视监督，两者并不是矛盾的，也不是分散的、互不通联的、彼此独立的系统，而是相辅相成的有机整体；③预防和监督都是保护健康的方法和手段。

8. 发挥中央和地方两方面积极性的原则

中国地域辽阔、民族众多，各地区、各民族的饮食习惯有很大的不同，且食品生产、经营范围广，涉及面宽。因此，既不能强求一致性的规定，又要坚决制止直接危害人民健康的因素。既要有中央的统一法制管理，又需要省、直辖市依据本地区特点和各民族风俗习惯制定具体办法，加强管理。总之，要充分调动中央和地方两方面的积极性。

1.2.2　食品法律法规制定的依据

1.《中华人民共和国宪法》是食品立法的法律依据

《中华人民共和国宪法》是国家的根本大法，具有最高法律效力，是其他法律法规的立法依据。《中华人民共和国宪法》中有关保护人们健康的规定，是食品法律法规制定的来源和法律依据。

2. 保护人们健康是食品立法的思想依据

健康是人类生存与发展的基本条件，人们健康状况是衡量一个国家或地区的发展水平和文明程度的重要标志。国家的富强和民族的进步，蕴含着健康素质的提升。促进人们健康，提高全民族的健康素质，是社会经济发展和精神文明建设的重要目标，是人民生活达到小康水平的重要标志，也是促进经济发展和社会可持续发展的重要保障。

食品是指各种供人食用或者饮用的成品和原料以及按照传统既是食品又是药品的物品，但是不包括以治疗为目的的物品。食品是人类生存和发展最重要的物质基础，安全、卫生和必要的营养是食品的基本要求。防止食品污染和有害因素对人体的危害，做好食品安全是预防疾病、保障人民生命安全与健康的重要举措。以食品生产经营和食品安全监督管理活动中产生的各种社会关系为调整对象的食品法律法规，必然要把保护和增进人体健康作为其立法的思想依据、立法工作的出发点和落脚点。以保障人体健康为中心内容的食品法律法规，无论其以什么形式呈现，也无论其调整的是哪一特定方面的社会关系，都必须坚持保护和增进人体健康这一思想依据。

3. 食品科学是食品立法的自然科学依据

食品行业是以生物学、化学、工程学、农学、畜牧学等为核心的科技密集型行业，现代食品行业是在现代自然科学及其应用工程技术高度发展的基础上展开的。因此食品立法工作在遵循法律科学的基础上，必须遵循食品工作的客观规律，也就是必须将化学、生物学、食品工程和食品技术知识等自然科学的基本规律作为食品法律法规制定的科学依据，将法学与食品科学紧密联系在一起，科学立法，促进食品科技进步。只有这样，才能达到有效保护人体健康的立法目的。

4. 社会经济条件是食品立法的物质依据

社会经济条件是食品法律法规制定的重要物质基础。自改革开放以来，中国特色社会主义建设取得了巨大成就。但中国的综合国力、生产力和人们生活水平都不高，地区发展又不平衡，这些都是食品立法工作的制约因素。因此食品法律法规的制定必须着眼于中国的实际，正确处理好食品立法与现实条件、经济发展之间的关系，以适应社会主义市场经济的需要，达到满足人民群众不断增长的多层次需求、保护人们身体健康、保障经济和社会可持续发展的目的。

5. 食品政策是食品立法的政策依据

食品政策是党领导国家食品工作的基本方法和手段，以科学的世界观、方法论为理论基础，正确反映了食品科学的客观规律和社会经济与食品发展的客观要求，是对人们共同意志的高度概括和集中体现。食品立法以食品政策为指导，有助于食品法律法规反映客观规律和社会发展要求，充分体现人们意志，确保食品法律法规能够在现实生活中得到普遍遵守和贯彻，最终形成良好的食品法律秩序。因此，党的食品政策是食品法律法规的灵魂和依据，食品立法要体现党的政策的精神和内涵。

此外，在食品立法过程中，我们应当体现和履行中国已参加的国际食品条约、惯例的有关规定。同时对外国食品法律、立法经验及立法技术加以研究、分析，对有益的地方进行借鉴，以利于食品法律法规适应中国与国际交流的需要。

1.3 食品法律法规的制定程序

1.3.1 食品法律的制定程序

全国人民代表大会常务委员会制定食品法律，遵循的程序如下。

1. 食品立法的准备

食品立法的准备主要包括编制食品立法规划、做出食品立法决策、起草草案等内容。

2. 食品法律案的提出和审议

食品法律案的提出和审议主要包括食品法律草案的提出和列入议程、听取食品法律草案说明、常务委员会会议审议或全国人民代表大会教育科学文化卫生委员会（以下简称教科文卫委员会）、宪法和法律委员会审议等。对于列入常务委员会会议议程的食品法律案，教科文卫委员会、宪法和法律委员会以及常务委员会工作机构应当听取各方面的意见。对于重要的食品法律草案，经委员长会议决定，可以将其向社会公布，征求意见。

3. 食品法律草案的表决、通过与公布

食品法律草案提请全国人民代表大会常务委员会审议后，由常务委员会全体会议进行投票表决，以全体组成人员的过半数通过后，由国家主席以主席令的形式公布食品法律草案。

1.3.2 食品法规的制定程序

1. 立项

国务院食品安全监督管理部门根据社会发展状况，若认为需要制定食品行政法规，则应当向国务院报请立项，由国务院法制局编制立法计划，再报请国务院批准。

2. 起草

起草工作由国务院组织，一般由业务主管部门具体承担起草任务。在起草过程中，应当广泛听取有关机关、组织和公民的意见。

3. 审查

业务主管部门有权向国务院提出食品行政法规草案，之后将草案送交国务院法制局进行审查。

4. 通过

国务院法制局对食品行政法规草案审查完毕后，向国务院提出审查报告和草案修改稿，提请国务院审议，由国务院常务会议或全体会议讨论通过或者由总理批准。

5. 公布

食品行政法规由国务院总理签署国务院令并予以公布。

6. 备案

食品行政法规应由制定机关在公布后 30 日内报全国人民代表大会常务委员会备案。

1.3.3 地方性食品法规、食品自治条例和单行条例的制定程序

1. 地方性食品立法规划和计划的编制

省、自治区、直辖市和较大的市的人民代表大会及其常务委员会根据本地具体情况和实际需要，依照法定职权和程序编制地方性食品法规、食品自治条例和单行条例的立法规划。

2. 地方性食品法规草案的起草

享有地方立法权的地方人民代表大会常务委员会、教科文卫委员会或业务主管厅(局)负责起草地方性食品法规草案。

3. 地方性食品法规草案的提出

在人民代表大会召开期间，地方人民代表大会主席团、常务委员会、教科文卫委员会、本级人民政府以及10人以上代表联名，可向本级人民代表大会提出地方性食品法规草案。在人民代表大会闭会期间，常务委员会主任会议、教科文卫委员会、本级人民政府以及常务委员会组成人员5人以上联名，可向本级人民代表大会常务委员会提出地方性食品法规草案。

4. 地方性食品法规草案的审议

向地方人民代表大会提出的地方性食品法规草案由人民代表大会会议审议，或者先交教科文卫委员会审议后提请人民代表大会会议审议；向地方人民代表大会常务委员会提出的地方性食品法规草案由常务委员会会议审议，或者先交教科文卫委员会审议后提请常务委员会会议审议。

5. 地方性食品法规草案的表决通过、批准公布与备案

地方性食品法规草案经地方人民代表大会或常务委员会表决，需全体代表、常务委员会全体组成人员过半数通过，由本级人民代表大会或其常务委员会依法公布，并于30日内报上级有关机关备案。

1.3.4 食品部门规章的制定程序

1. 立项

食品部门根据法律、行政法规和国务院决定，在职责和权限范围内依照一定的程序制定规章立项计划。

2. 起草

食品部门规章草案的起草工作以国务院食品管理部门的职能司为主，卫生法制与监督司或政策法规司参与配合，并可邀请食品专家、法律专家参与论证。

3. 审查

食品部门规章草案一般由管理部门下属的业务主管司(局)在其职责范围内提出，送卫生法制与监督司或政策法规司审核。

4. 决定

食品部门规章草案经审核后，提交部(局)务会议讨论，决定通过。

5. 公布

食品部门规章由部门首长签署命令予以公布。

6. 备案

食品部门规章公布后30日内报国务院备案。

1.3.5 地方政府食品规章的制定程序

1. 起草

地方政府食品规章草案由享有政府食品卫生规章制定权的地方食品行政部门负责起草。

2. 审查

地方政府食品规章草案由地方食品行政部门在其职责范围内提出，报送地方人民政府法制局审核。

3. 决定

地方政府食品规章草案经法制局审核后，提交政府常务会议或者全体会议讨论，决定通过。

4. 公布

地方政府食品规章由省长、自治区主席或者直辖市市长签署命令予以公布，并在30日内报国务院备案。

1.4 食品法律法规的实施过程

1.4.1 食品法律法规的实施

食品法律法规的实施是指通过一定的方式将食品法律规范在社会生活中得到贯彻和实现的活动。食品法律法规的实施过程是把食品法的规定转化为主体行为的过程，是食品法律法规作用于社会关系的特殊形式。食品法律法规的实施主要有食品法律法规的遵守和食品法律法规的适用两种方式。

1.4.2 食品法律法规的适用

食品法律法规的适用有广义和狭义之分。广义的食品法律法规的适用是指国家机关和法律法规授权的社会组织依照法定的职权和程序，行使国家权力，将食品法律法规创造性地运用到具体的人或组织，用来解决具体问题的一种专门活动。它包括食品行政管理部门以及食品法律、法规授权的组织依法进行的食品质量安全执法活动和司法机关依法处理犯罪案件的司法活动。狭义的食品法律法规的适用仅指司法活动。这里指的是广义的食品法律法规的适用。

食品法律法规的适用属于国家活动，不同于一般公民、法人和其他组织实施食品法律法规的活动，具有以下特点。

(1)权威性　享有法定职权的国家机关以及法律、法规授权的组织，在其法定的或授予的权限范围内，依法开展食品法律法规适用活动，其他任何国家机关、社会组织和公民个人都不得擅自从事该项活动。

(2)目的的特定性　食品法律法规适用的根本目的是保护公民的生命健康权。这是由食品法律法规保护人体健康的宗旨所决定的。

(3)合法性　有关机关及授权组织在处理食品安全管理事务或案件时，必须有相应的法律依据，否则行为无效，甚至还须承担相应的法律责任。

(4)程序性　食品法律法规的适用是有关机关及授权组织依照法定程序所进行的活动。

(5)国家强制性　以国家强制力为后盾实施食品法律法规的活动，有关机关及授权组织依法做出的决定，任何当事人都必须执行，不得违抗。

(6)适用性　食品法律法规的适用必须有表明适用结果的法律文书，如食品经营许可证、罚款决定书、判决书等。

1.4.3　食品法律法规的效力范围

1. 食品法律法规的效力范围

食品法律法规的效力范围是指食品法范围或适用范围，即食品法律法规何时、何地和对何人适用，包括时间效力、空间效力和对人的效力三个方面。

(1)食品法律法规的时间效力　时间效力是指食品法律法规何时生效、何时失效以及对其生效前所发生的行为和事件是否具有溯及力。

食品法律法规的生效时间通常有下列情况：在食品法律法规文件中明确规定从法律法规文件颁布之日起施行；在食品法律法规文件中明确规定由其颁布后的某一具体时间生效；食品法律法规公布后先予以试行或者暂行，随后由立法机关补充修改，再通过成为正式法律法规并公布施行，试行期间也具有法律效力；若食品法律法规中没有规定生效时间，则实践中均以该法公布的时间为其生效时间。

食品法律法规的失效时间通常有下列情况：从新法颁布施行之日起，相应的旧法自行废止；新法代替了内容基本相同的旧法，并在新法中明文宣布旧法废止。如第十一届全国人民代表大会常务委员会于 2009 年 2 月 28 日颁布的《中华人民共和国食品安全法》规定，本法自 2009 年 6 月 1 日起施行。《中华人民共和国食品卫生法》同时废止。因形势发展变化，当某项法律法规所调整的社会关系不复存在或已完成历史任务时，该法自行失效。有的法律规定了生效期限，期满该法即效力终止；有关国家机关发布专门的决议、命令，宣布废止的，该法也会失效。

食品法律法规的溯及力，也称食品法律法规溯及既往的效力，是指新法颁布施行后，对其生效前所发生的事件和行为是否适用的问题。若适用，该食品法律法规就具有溯及力，若不适用，该食品法律法规就不具有溯及力。中国食品法律法规一般不溯及既往，不过为更好地保护公民、法人和其他组织的权利和利益而作的特别规定除外。

(2)食品法律法规的空间效力　空间效力是指食品法律法规生效的地域范围，即食品法律法规在哪些地方具有约束力。食品法律法规的空间效力有以下几种情况：全国人民代表大会常务委员会制定的食品法律，国务院及其各部门发布的食品行政法规、规章等规范性文件，在全国范围内有效；地方人民代表大会及其常务委员会、民族自治机关颁布的地方性食品法规、自治条例、单行条例，以及地方人民政府制定的食品规章，只在其行政管辖区域范围内有效；中央国家机关制定的食品法规、规范，若明确规定了特定适用范围的，即在其规定的范围内有效；某些食品法律、法规还有域外效力。

(3)食品法律法规对人的效力　食品法律法规对人的效力有以下几种情况：中国公民在中国领域内，一律适用中国食品法律法规；外国人、无国籍人在中国领域内，也都适用中国食品法律法规，一律不享有食品特权或豁免权；中国公民在中国领域以外，原则上适用中国食品法律法规；法律有特别规定的，按特别规定执行；外国人、无国籍人在中国领域外，如果侵害了中国国家权益或公民、法人的权益，或者与中国公民、法人发生食品法律关系，也可以适用中国食品法律。

2. 食品法律法规的适用规则

食品法律法规的适用规则是指食品法律法规之间发生冲突时，如何选择适用食品法律法规的问题。食品法律法规的适用规则主要有以下五方面。

(1)上位法优于下位法　法的位阶是指法的效力等级，效力等级高的法是上位法，效力等级低的法就是下位法。当不同位阶的食品法律法规发生冲突时，应当选择适用位阶高的食品法律法规。

(2)同位阶的食品法律法规具有同等法律效力　在各自权限范围内适用食品部门的同位阶食品法律法规具有同等效力，并在各自的权限范围内施行。

(3)特别规定优于一般规定　即“特别法优于一般法”。同一机关制定的食品法律、食品行政法规、地方性食品法规、食品自治条例和单行条例、食品规章，特别规定与一般规定不一致的适用特别规定。

(4)新的规定优于旧的规定　即“新法优于旧法”。同一机关制定的食品法律、食品行政法规、地方性食品法规、食品自治条例和单行条例、食品规章，新的规定与旧的规定不一致的，适用新的规定。适用这条规则的前提是新旧规定都是现行有效的，该适用哪个规定，采取从新原则。与法的溯及力所遵循的从旧原则不同，法的溯及力解决的是新法对其生效前发生的事件和行为是否适用的问题。

(5)不溯及既往原则　一般情况下，任何食品法律法规都没有溯及既往的效力，不过，为更好地保护公民、法人和其他组织的权利和利益而作的特别规定除外。

3. 食品法律法规效力冲突的裁决制度

①食品法律之间对同一事项新的一般规定与旧的特别规定不一致，不能确定如何适用时，由全国人民代表大会常务委员会裁决。

②食品行政法规之间对同一事项新的一般规定与旧的特别规定不一致，不能确定如何适用时，由国务院裁决。

③当地方性食品法规、食品规章之间不一致时，有关机关依照下列规定的权限进行裁决：同一机关制定的新的一般规定与旧的特别规定不一致时，由制定机关裁决；地方性食品法规与食品部门规章之间对同一事项的规定不一致，不能确定如何适用时，由国务院提出意见，国务院认为应当适用地方性食品法规的，应当决定在该地方适用地方性食品法规的规定；认为应当适用食品部门规章的，应当提请全国人民代表大会常务委员会裁决；食品部门规章之间对同一事项的规定不一致时，由国务院裁决；根据授权制定的食品法规规定不一致，不能确定如何适用时，由全国人民代表大会常务委员会裁决。

1.4.4 食品法律法规的解释

食品法律法规的解释是指有关国家机关、组织或个人为适用或遵守食品法规，根据立法原意对食品法律法规的含义、内容、概念、术语以及适用条件等所做的分析、说明和解答。食品法律法规的解释是完善食品立法和正确实施食品法所必需的。按照解释的主体和解释的法律效力的不同，食品法律法规的解释可以分为正式解释和非正式解释。

1. 正式解释

正式解释又称有权解释、法定解释、官方解释，是指有解释权的国家机关按照宪法和法律所赋予的权限，对食品法律法规所做的具有法律效力的解释。正式解释是一种创造性的活动，是立法活动的继续，是对立法意图的进一步说明，具有填补法律漏洞的作用，通常分为立法解释、司法解释和行政解释。

(1)立法解释　是指享有食品立法权的国家机关对有关食品法律文件所做的解释。它包括全国人民代表大会常务委员会对《中华人民共和国宪法》和食品法律的解释；国务院对其制定的食品行政法规的解释；地方人民代表大会及其常务委员会对地方性食品法规的解释；国家授权其他国家机关的解释。

(2)司法解释　是指最高人民法院和最高人民检察院在审判和检察工作中对具体应用食品法律的问题所进行的解释。它包括最高人民法院做出的审判解释，最高人民检察院做出的检察解释，以及最高人民法院和最高人民检察院联合做出的解释。

(3)行政解释　是指有解释权的行政机关在依法处理食品行政管理事务时，对食品法律、法规的适用问题所做的解释。它包括国务院及其所属各部门、地方人民政府行使职权时，对如何具体应用食品法律的问题所做的解释。

2. 非正式解释

非正式解释又称作非法定解释、无权解释。学者、专业工作者和报刊等对食品法律法规所进行的理论性、知识性和常识性解释。任意解释是指一般公民、当事人、辩护人对食品法律法规所做的理解和说明。非正式解释虽然不具有法律效力，但具有参考价值，对食品法律法规的遵守具有指导意义。

1.4.5 食品法律法规的遵守

食品法律法规的遵守，又称食品守法，是指一切国家机关和武装力量、各政党和各社会团体、各企业事业组织和全体公民都必须恪守食品法律法规的规定，依法办事。食品法律法规的遵守是食品法律法规实施的重要形式，也是法治的基本要求和内容。

1. 食品法律法规遵守的主体

食品守法的主体既包括一切国家机关、社会组织和全体中国公民，又包括在中国领域内活动的国际组织、外国组织、外国公民和无国籍人。

2. 食品法律法规的遵守范围

食品守法的范围极其广泛，主要包括《中华人民共和国宪法》、食品法律、食品行政法规、地方性食品法规、食品自治条例和单行条例、食品规章、食品标准、特别行政区的食品法、中国参加的世界食品组织的章程、中国参与缔结或加入的国际食品条约、协定等。对于在食品法律法规适用过程中，有关国家机关依法做出的具有法律效力的决定书，如人民法院的判决书、调解书、食品行政管理部门的食品行政处罚决定书等非规范性文件，也在食品法律法规的遵守范围之内。

3. 食品法律法规的遵守内容

食品法律法规的遵守不是消极被动的，它不仅要求国家机关、社会组织和公民依法承担和履行食品质量安全义务（职责），更包含国家机关、社会组织和公民依法享有权利、行使权利。其内容包括依法行使权利和履行义务两个方面。

1.5 食品行政执法与监督

1.5.1 食品行政执法的概念

食品行政执法是指国家食品行政机关、法律法规授权的组织依法执行适用法律，实现国家食品管理的活动。食品行政执法是食品行政机关进行食品管理、适用食品法律法规的最主要手段和途径。

国家行政机关在行使职权、实施行政管理时依法所做的直接或间接产生行政法律后果的行为，称为行政行为。行政行为可以分为抽象行政行为和具体行政行为。抽象行政行为是指行政机关针对不特定的行政相对人制定或发布的具有普遍约束力的规范性文件的行政行为。如卫生和计划生育委员会根据法律法规的规定，在本部门的权限内，发布命令、指示和规章的行为。具体行政行为是指行政机关对特定的具体的公民、法人或者其他组织，就特定的具体事项，做出有关该公民、法人或者组织权利义务的单方行为。食品行政执法即指具体食品行政行为。

1.5.1.1 食品行政执法的特征

(1)执法主体特定　食品行政执法的主体只能是食品行政管理机关，以及法律、法规授权的组织。非食品行政主体或者未依法取得执法权的组织,不得从事食品行政执法。

(2)职务性行为　食品行政执法是执法主体代表国家进行食品管理的活动,是行使职权的行为,即行政主体在行政管理过程中处理行政事务的职责权力。因此,执法主体只能在法律规定的职权范围内履行其职责,不得越权或者滥用职权。

(3)执法对象特定　食品行政执法行为针对的对象是特定的、具体的公民、法人或其他组织。特定的、具体的公民、法人或其他组织称为食品行政相对人。

(4)执法依据法定　食品行政机关做出具体行政行为的过程,实际上也是适用食品法律法规的过程。食品行政执法的依据只能是国家现行有效的食品法律、法规、规章以及上级食品行政机关的措施,发布的决定、命令、指示等。

(5)单方法律行为　在食品行政执法过程中,执法主体与相对人之间所形成的行政法律关系,是领导与被领导、管理与被管理的行政隶属关系。食品行政执法主体仅依自己一方的意思表示,无须征得相对人的同意,就可以做出具有一定法律后果的行为。行为成立的唯一条件是其合法性。

(6)必然产生的法律后果　食品行政执法行为是确定特定人某种权利或义务,剥夺、限制其某种权利,拒绝或拖延其要求或促使行政执法主体履行某种法定职责等。因此必然会直接或者间接地产生相关的权利与义务关系,产生相应的、现实的法律后果。

1.5.1.2　食品行政执法的主体

食品行政执法活动是食品行政机关依法对食品生产、食品经营活动进行管理,贯彻落实法律、法规等规范性文件的具体方式和手段。因此,食品行政执法的依据主要是现行有效的有关食品方面的规范性文件。《中华人民共和国行政诉讼法》规定:"人民法院审理行政案件,以法律和行政法规、地方性法规为依据。地方性法规适用于本行政区域内发生的行政案件。人民法院审理民族自治地方的行政案件,并以该民族自治地方的自治条例和单行条例为依据。"人民法院认为地方人民政府制定、发布的规章与国务院部委制定、发布的规章不一致的,以及国务院部委制定、发布的规章之间不一致的,由最高人民法院送国务院做出解释或者裁决。职权性执法主体资格的获得,依据《中华人民共和国宪法》和有关的组织法,是国家设立的专门履行行政职能的国家行政组织。职权性执法主体只能是国家行政机关,包括各级人民政府及其职能部门以及县级以上地方政府的派出机关。

授权性执法主体是指根据宪法和行政组织法以外的单行法律、法规的授权规定而获得行政执法资格的组织。授权性执法资格的获得依据的是宪法和行政组织法以外的单行法律、法规。其职权的内容、范围和方式具有专项、单一、具体的特点,必须按照授权规范所规定的职权标准来行使。中国食品行政执法主体主要有以下单位和机构。

根据党的十九届三中全会审议通过的《中共中央关于深化党和国家机构改革的决定》《深化党和国家机构改革方案》和第十三届全国人民代表大会第一次会议批准的《国务院机构改革方案》,发布了《国家市场监督管理总局职能配置、内设机构和人员编制规定》,该规定自 2018 年 7 月 30 日起施行。

1.国家市场监督管理总局的主要职责

①负责市场综合监督管理。起草市场监督管理有关法律法规草案，制定有关规章、政策、标准；组织实施质量强国战略、食品安全战略和标准化战略，拟订并组织实施有关规划，规范和维护市场秩序，营造诚实守信、公平竞争的市场环境。

②负责市场主体统一登记注册。指导各类企业、农民专业合作社和从事经营活动的单位、个体工商户以及外国（地区）企业常驻代表机构等市场主体的登记注册工作；建立市场主体信息公示和共享机制，依法公示和共享有关信息，加强信用监管，推动市场主体信用体系建设。

③负责组织和指导市场监管综合执法工作。指导地方市场监管综合执法队伍整合和建设，推动实行统一的市场监管；组织查处重大违法案件；规范市场监管行政执法行为。

④负责反垄断统一执法。统筹推进竞争政策实施，指导实施公平竞争审查制度；依法对经营者集中行为进行反垄断审查，负责垄断协议、滥用市场支配地位和滥用行政权力排除、限制竞争等反垄断执法工作；指导企业在国外的反垄断应诉工作。承担国务院反垄断委员会日常工作。

⑤负责监督管理市场秩序。依法监督管理市场交易、网络商品交易及有关服务的行为；组织指导查处价格收费违法违规、不正当竞争、违法直销、传销、侵犯商标专利等知识产权和制售假冒伪劣行为；指导广告业发展，监督管理广告活动；指导查处无照生产经营行为和相关无证生产经营行为；指导中国消费者协会开展消费维权工作。

⑥负责宏观质量管理。拟订并实施推动高质量发展的制度措施；统筹国家质量基础设施建设与应用，会同有关部门组织实施重大工程设备质量监理制度，组织重大质量事故调查，建立并统一实施缺陷产品召回制度，监督管理产品防伪工作。

⑦负责产品质量安全监督管理。负责产品质量安全风险监控、国家监督抽查工作；建立并组织实施质量分级制度、质量安全追溯制度；指导工业产品生产许可管理。

⑧负责特种设备安全监督管理。综合管理特种设备安全监察、监督等工作，监督检查高耗能特种设备节能标准和锅炉环境保护标准的执行情况。

⑨负责食品安全监督管理综合协调工作。组织制定食品安全重大政策并组织实施；负责食品安全应急体系建设，组织指导重大食品安全事件应急处置和调查处理工作；建立健全食品安全重要信息直报制度；承担国务院食品安全委员会的日常工作。

⑩负责食品安全监督管理。建立覆盖食品生产、流通、消费全过程的监督检查制度和隐患排查治理机制并组织实施，防范区域性、系统性食品安全风险。推动建立食品生产经营者落实主体责任的机制，健全食品安全追溯体系；组织实施食品安全监督抽检、风险监测、核查处置和风险预警、风险交流等工作；组织实施特殊食品注册、备案和监督管理。

⑪负责统一管理计量工作。推行法定计量单位和国家计量制度，管理计量器具及量值传递和比对工作；规范、监督商品量和市场计量行为。

⑫负责统一管理标准化工作。依法承担强制性国家标准的立项、编号、对外通报和授权

批准发布工作；制定推荐性国家标准；依法协调指导和监督行业标准、地方标准、团体标准等制定工作；组织开展标准化国际合作，参与制定、采用国际标准工作。

⑬负责统一管理检验检测工作。推进检验检测机构改革，规范检验检测市场，完善检验检测体系，指导协调检验检测行业发展。

⑭负责统一管理、监督和综合协调全国认证认可工作；建立并组织实施国家统一的认证认可和合格评定监督管理制度。

⑮负责市场监督管理、科技和信息化建设、新闻宣传、国际交流与合作。按规定承担技术性贸易措施有关工作。

⑯管理国家药品监督管理局、国家知识产权局。

⑰完成党中央、国务院交办的其他任务。

⑱职能转变。

A. 大力推进质量提升。加强全面质量管理和国家质量基础设施体系建设，完善质量激励制度，推进品牌建设。加快建立企业产品质量安全事故强制报告制度及经营者首问和赔偿先付制度，创新第三方质量评价，强化生产经营者主体责任，推广先进的质量管理方法。全面实施企业产品与服务标准自我声明公开和监督制度，培育发展技术先进的团体标准，对标国际提高国内标准整体水平，以标准化促进质量强国建设。

B. 深入推进简政放权。深化商事制度改革，改革企业名称核准、市场主体退出等制度，深化"证照分离"改革，推动"照后减证"，压缩企业开办时间。加快检验检测机构市场化社会化改革。进一步减少评比达标、认定奖励、示范创建等活动，减少行政审批事项，大幅度压减工业产品生产许可证，促进优化营商环境。

C. 严守安全底线。遵循"最严谨的标准、最严格的监管、最严厉的处罚、最严肃的问责"要求，依法加强食品安全、工业产品质量安全、特种设备安全监管，强化现场检查，严惩违法违规行为，有效防范系统性风险，让人民群众买得放心、用得放心、吃得放心。

D. 加强事中事后监管。加快清理废除妨碍全国统一市场和公平竞争的各种规定和做法，加强反垄断、反不正当竞争统一执法。强化标准监管和风险管理，全面推行"双随机、一公开"和"互联网＋监管"，加快推进监管信息共享，构建以信息公示为手段、以信用监管为核心的新型市场监管体系。

E. 提高服务水平。加快整合消费者投诉、质量监督举报、食品药品投诉、知识产权投诉、价格举报等专项。推进市场主体从准入到退出全过程便利化，主动服务新技术、新产业、新业态新模式发展，运用大数据加强对市场主体服务，积极服务个体工商户、私营企业和办事群众，促进大众创业、万众创新。

2. 农业农村部的主要职责

农业农村部负责食用农产品从种植养殖环节到进入批发、零售市场或者生产加工企业前的质量安全监督管理。食用农产品进入批发、零售市场或者生产加工企业后，由国家市场监督管理总局监督管理。农业农村部还负责动植物疫病防控、畜禽屠宰环节、生鲜乳收购环节质量安全的监督管理。农业农村部和国家市场监督管理总局要建立食品安全产地准出、市场准入和追溯机制，加强协调配合和工作衔接，形成监管合力。

3. 国家卫生健康委员会的主要职责

国家卫生健康委员会负责食品安全风险评估工作，会同国家市场监督管理总局等部门制定、实施食品安全风险监测计划。国家卫生健康委员会对通过食品安全风险监测或接到举报，发现食品可能存在安全隐患时，应当立即组织进行检验和食品安全风险评估，并及时向国家市场监督管理总局通报食品安全风险评估结果。对于得出不安全结论的食品，国家市场监督管理总局应当立即采取措施。国家市场监督管理总局在监督管理工作中，若发现需要进行食品安全风险评估的情况，应当及时向国家卫生健康委员会提出建议。

4. 海关总署的主要职责

海关总署负责进口食品安全监督管理。进口的食品以及食品相关产品应当符合中国食品安全国家标准。境外发生的食品安全事件可能对中国境内造成影响，或者在进口食品中发现严重食品安全问题时，海关总署应当及时采取风险预警或者控制措施，并向国家市场监督管理总局通报，国家市场监督管理总局应当及时采取相应措施。海关总署和国家市场监督管理总局要建立进口产品缺陷信息通报和协作机制。海关总署在口岸检验监管中发现不合格或存在安全隐患的进口产品，应依法实施技术处理、退运、销毁，并向国家市场监督管理总局通报。国家市场监督管理总局统一管理缺陷产品召回工作，通过消费者报告、事故调查、伤害监测等获知进口产品存在缺陷的，依法实施召回措施；对拒不履行召回义务的，国家市场监督管理总局向海关总署通报，由海关总署依法采取相应措施。

5. 县级以上地方人民政府的主要职责

县级以上地方人民政府依照食品安全法和国务院的规定，确定本级市场监督管理局、卫生行政部门和其他有关部门的职责。有关部门在各自职责范围内负责本行政区域的食品安全监督管理工作。县级以上地方人民政府实行食品安全监督管理责任制。上级人民政府负责对下一级人民政府的食品安全监督管理工作进行评议、考核。县级以上地方人民政府负责对本级食品安全监督管理部门和其他有关部门的食品安全监督管理工作进行评议、考核。县级以上人民政府应当将食品安全工作纳入本级国民经济和社会发展规划，将食品安全工作经费列入本级政府财政预算，加强食品安全监督管理能力建设，为食品安全工作提供保障。

1.5.2 食品行政执法监督

1. 食品行政执法监督的概念

食品行政执法监督是指有权机关、社会团体和公民个人等，依法对食品行政机关及其执法人员的行政执法活动是否合法、合理进行监督的法律制度。

《中华人民共和国宪法》明确规定，国家的一切权力属于人民。人民并不直接进行国家事务的管理，而是通过人民代表大会等形式和途径，授权国家机关或组织行使管理国家事务和社会事务的权力。因此，国家机关及其工作人员的行政活动必须依法而行，并且受到有关机关和广大人民群众的监督。食品行政执法是否公正、合理、合法，关系到食品法律法规的贯彻执行，关系到整个食品行业能否健康发展。对食品行政执法活动进行监督，是提高执法主体工作效率、克服官僚主义、防止腐败的有力武器，也是保护公民、法人和其他组织的合法权益，实行人民当家作主权利的重要保证。

2. 食品行政执法监督的特征

(1)监督主体的广泛性　广义上的执法监督是指全社会的监督。它既包括特定的国家权力机关、行政机关、司法机关等直接产生法律效力的监督，又包括社会团体和公民个人等不直接产生法律效力的民主监督。因此享有监督权的监督主体相当广泛。

(2)监督的对象是确定的　食品行政执法监督的对象是食品行政执法机关和执法人员。

(3)监督的内容完整　法定监督主体对食品执法主体及执法人员行使职权，履行职责的一切执法活动都实行监督，对执法行为的合法性、合理性、公正性等都进行监督。

3. 食品行政执法监督的种类

(1)权力机关的监督　也称为代表机关的监督或立法监督。《中华人民共和国宪法》规定国家的一切权力属于人民，人民行使国家权力的机关是全国人民代表大会和地方各级人民代表大会。国家行政机关由人民代表大会产生，对它负责，受它监督。

权力机关对食品行政机关的监督，属于全面性的监督，不仅监督食品行政行为是否合法，而且监督其工作是否有成效。监督的方式有听取和审议工作报告，审查和批准财政预决算，质询和询问，视察和检查，调查、受理申诉、控告和检举，罢免和撤职等。

(2)司法机关的监督　是指人民检察院和人民法院依法对食品行政行为实施的监督。检察机关的监督主要是对食品行政机关的工作人员职务违法犯罪行为进行监督。人民法院的监督主要是通过对行政诉讼案件的审判，对食品行政机关的执法活动进行监督。

(3)食品行政机关的监督　是指食品行政机关内部、上级行政机关对下级行政机关的监督。食品行政机关内部的监督是经常、直接的监督。监督的方式包括：工作报告、调查和检查、审查和审批、考核、批评和处置等。

(4)非国家监督　上述三种情况下的监督一般称为国家监督。非国家监督包括执政党的监督、社会团体和组织的监督、社会舆论监督、公民个人的监督等。

4. 食品行政执法监督的内容

食品行政执法监督的内容主要有以下两个方面。

(1)对实施宪法、法律和行政法规等情况进行监督　监督主体对各级食品行政执法机关的执法活动是否合法、适当进行监督。

(2)对执法人员的执法活动等情况进行监督　监督主体对食品行政执法人员在执法过程中，是否存在行政失职、行政越权和滥用职权等行为进行监督。

思考题

1.何为食品法律法规？中国主要的食品法律法规有哪些？

2.简述中国的法律法规与食品法律法规的联系与区别。

3.构成中国食品安全法律法规体系的规范性文件有哪些？

4.中国食品法律的适用范围是什么？

5.简述食品法律法规制定的原则和程序。

第2章

中国的食品法律法规

2.1 中国的食品安全监管体制概况

2.1.1 中国的食品安全法律法规历史

1982年11月19日，第五届全国人民代表大会常务委员会第二十五次会议审议通过了《中华人民共和国食品卫生法(试行)》。这是中国食品卫生领域的第一部法律，该法对食品、食品添加剂、食品容器、包装材料、食品用工具、设备等方面卫生要求，食品卫生标准和管理办法的制定，食品卫生许可、管理和监督，从业人员健康检查以及法律责任等方面都做了具体规定，初步建立了中国现代食品卫生法治的基本框架。

1992年10月，党的十四大确立了社会主义市场经济体制，提出“实行政企分开，逐步扩大企业生产经营自主权”。食品企业正式与轻工业主管部门分离，各类市场主体发展食品产业的积极性被激发，食品产业获得前所未有的发展。1995年10月，随着中国改革开放进一步深入，中国食品行业规模已达20世纪80年代的几十倍，产品竞争日趋激烈，消费者选择范围变大，新型食品、保健食品大量涌现，政府对食品卫生的重视程度也不断提升。

1995年10月30日，第八届全国人民代表大会常务委员会第十六次会议审议通过了《中华人民共和国食品卫生法》，标志着中国食品卫生管理工作正式进入法治化阶段，确定了卫生行政部门作为食品卫生执法主体的地位。该法继承了《中华人民共和国食品卫生法(试行)》的总体框架、主要制度和条款内容，增加了保健食品相关规定，细化了行政处罚条款，强化了对街头食品和进口食品的管理。1997年3月，卫生部颁布了更为细化的《食品卫生监督程序》，进一步加强食品卫生监督执法工作，严格食品生产经营卫生准入制度，规范食品添加剂、新资源食品和保健食品等产品的行政许可。

2000年，世界卫生大会通过了《食品安全决议》，制定了全球食品安全战略，将食品安全列为公共卫生的优先领域。《中华人民共和国食品卫生法》在中国食品卫生监管中没有规定食品安全风险监测与评估、食品下架和召回制度、保健食品和食品添加剂监管、食品广告监管、民事赔偿责任、行政执法与刑事司法衔接等符合中国市场经济条件的现代监管手段。社会各界对于制定更高层次《中华人民共和国食品安全法》的呼声越来越高。《中华人民共和国食品安全法(草案)》于 2006 年提交国务院常务会议讨论,2007 年该法草案提交全国人民代表大会常务委员会讨论。2008 年"三鹿婴幼儿奶粉事件"暴发后,各界对于食品安全监管的争议日趋激烈。经过前后长达近三年的审议,2009 年 2 月 28 日,第十一届全国人民代表大会常务委员会第七次会议通过了《中华人民共和国食品安全法》,明确提出"地方政府负总责,监管部门各负其责,企业是第一责任人"的食品安全责任体系,《中华人民共和国食品卫生法》同时废止。

随着中国经济社会进一步发展,具有现代特点的食品安全风险不断出现,暴发了上海"福喜过期肉"事件、饿了么餐饮平台"黑作坊"等新型食品安全风险事件,给食品安全监管带来了全新挑战。为适应食品安全监管新体制,2015 年 4 月 24 日,第十二届全国人民代表大会常务委员会第十四次会议修订通过《中华人民共和国食品安全法》。该次修订明确了食品安全工作实行预防为主、风险管理、全程控制、社会共治,建立科学、严格的监督管理制度。该法要用最严谨的标准、最严格的监管、最严厉的处罚、最严肃的问责,确保人民群众"舌尖上的安全"。

伴随中国经济高速发展,食品产业也稳步发展。根据国家统计局数据,2016 年规模以上食品工业企业主营业务收入接近 12 万亿元,占全国工业总产值比例达 10% 以上,成为中国第一大工业行业和国民经济重要支柱产业。与此同时,中国特色社会主义进入新时代,中国社会主要矛盾已经转化为人民日益增长的美好生活需要和不平衡不充分的发展之间的矛盾,食品安全监管工作也面临新挑战。2018 年 3 月 17 日,第十三届全国人民代表大会第一次会议通过了《国务院机构改革方案》,组建国家市场监督管理总局负责食品安全监督管理。2018 年 12 月 29 日,第十三届全国人民代表大会常务委员会第七次会议再次修订通过《中华人民共和国食品安全法》,本决定自公布之日起施行。

2.1.2　中国食品安全监管体制的变迁

食品是人类赖以生存和发展的物质基础,食品安全关系到国计民生,与人类健康、经济发展和社会稳定息息相关。自 2003 年的阜阳"大头娃娃"奶粉事件以来,中国的食品安全事故呈逐年上升趋势,"苏丹红"事件 、"地沟油"事件、"三聚氰胺奶粉"事件等不断发生,食品安全逐渐成为公众关注的焦点。食品安全事件的接连发生表明中国食品安全监管体制存在缺失和不到位的情况,食品安全监管机构还有待完善。

新中国食品安全监管体制和机构经历了多次变迁,从改革开放前的中国食品卫生管理到 2018 年国务院机构改革,由新组建的国家市场监督管理总局作为国务院直属机构,负责市场综合监督管理,承担食品安全、检验检测、认证认可工作。中国食品安全监管体制大体上呈现由集中到分散,又由分散到协调、再集中的过程。按照中国食品安全监管体制的变化,中国食品安全监管体制可以划分为集中监管、分散监管、协调监管、新集中监管四个阶段。

2.1.2.1 第一阶段:集中监管阶段

在中华人民共和国成立初期,社会生产力水平较低,连温饱问题都难以解决,当时食品生产并非以营利为主要目的。在政府的指导监督下,食品安全问题很少出现,政府主要精力放在食品卫生方面。因此,该阶段食品安全监管体制发展十分缓慢,还没有形成对食品安全的全面监管,食品零售行业也比较分散。

1956 年,中央机关进行精简整合后,初步建立了以各主管部门负责、卫生行政部门进行监管的机制。1979 年正式颁布了《食品卫生管理条例》,1982 年 11 月 19 日第五届全国人民代表大会常务委员会第二十五次会议通过《中华人民共和国食品卫生法(试行)》,将食品卫生监督职责授予各级卫生防疫站。1983—1995 年,卫生防疫站为法定执法主体,履行食品卫生监督职责。在这十二年间,各级卫生防疫站依法监督,保证中国食品安全,为促进中国社会经济的发展做出了不可估量的贡献。

1995 年 10 月 30 日,第八届全国人民代表大会常务委员会第十六次会议审议通过了修订的《中华人民共和国食品卫生法》,自颁布之日起,各级卫生行政部门是食品卫生监督的执法主体,全面履行食品卫生监督职责。为解决食品卫生监督执法主体与监督队伍分离的问题,1996 年卫生部决定,在各级卫生防疫站建制的基础上,加挂卫生监督所牌子,将卫生监督工作与卫生防病工作相对分离。2000 年经国务院批准,全国全面启动了卫生监督体制改革,成立独立的卫生监督机构,作为卫生行政部门的执法机构,专司卫生监督职责,其中,食品卫生监督是重中之重。1995—2004 年,卫生行政部门作为法定执法主体,全面行使食品卫生监督职权。

2.1.2.2 第二阶段:分散监管阶段

2004 年,国务院发布《关于进一步加强食品安全工作的决定》(下称《决定》),对中国食品安全监管体制再次做出重大调整,实行"分段管理"体制,将"从农田到餐桌"的食物生产链分为 4 段,由 4 个部门负责食品安全监管。农业部门负责初级农产品生产环节的监管;质检部门负责食品生产加工环节的监管,将原卫生部门承担的食品生产加工环节的卫生监管职责划归质检部门;工商部门负责食品流通环节的监管;卫生部门负责餐饮业和食堂等消费环节的监管。为了解决多部门监管之间的协调问题,2007 年 8 月决定成立国务院产品质量和食品安全领导小组,吴仪副总理任组长,办公室设在国家质检总局。领导小组的主要职责是统筹协调产品质量和食品安全重大问题,统一部署有关重大行动;督促检查产品质量和食品安全有关政策的贯彻落实和工作进展情况。对各类食品产品实行"质量安全"准入,即 QS 认证,无 QS 标识的产品不能上市销售。

2.1.2.3 第三阶段:协调监管阶段

2009 年,第十一届全国人民代表大会常务委员会通过了《中华人民共和国食品安全法》,对中国食品安全监管的内容做出了更为具体、更符合现实发展条件的规定。在机构设置上,2010 年 2 月,国务院正式成立食品安全委员会,由国务院规定其工作职责,并以法律形式明确了各食品监管部门的具体职能,确定了食品安全分段监管方式,并相互协调。"分段监管为主、品种监管为辅”的“综合监督与具体监管相结合”的食品安全监管体制初步建立。

在实际工作中，由于食品安全监管各环节之间的职责难以彻底划分清晰，“从农田到餐桌”整条食物链的无缝连接难以形成。农业、质检、工商、卫生、食品、商务、环保等十多个部门对食品链的不同环节和不同方面进行监管，形成了“多头分散、齐抓共管”和“多头有责、无人负责”的局面。各部门之间协调效率低，食品药品监督管理部门或卫生部门作为协调部门，缺乏权威的协调手段。具体工作中经常出现许多新情况、新事项需要协调部门，甚至政府进行协调，导致反复协调，协调成本居高不下，造成大量行政资源浪费，行政效率降低，形成“龙多不治水”的监管困境。

2.1.2.4 第四阶段:新集中监管阶段

在国家治理现代化的新背景下，中国食品安全监管进入新阶段，也面临新挑战。体制改革的目标是构建统一、权威、专业的食品安全监管体制。统一、权威、专业要求政策目标和机构职能具有统一性，监管人员专业，监督执法具有权威性，其内在逻辑是以统一性提升专业性，以专业性保障权威性。

食品安全既取决于“产”，又取决于“管”。这一论述表明食品安全状况受多元因素影响，因此食品安全治理现代化要改变政府过去“单打独斗”的局面，重构监管部门、企业、行业协会、媒体和消费者等主体的角色以及权利与义务关系。当这种关系以法律、政策等制度形式固定下来时，食品安全治理体系便得以形成。在现代社会，任何主体都无法单独应对日益复杂的安全问题。食品安全成因的复杂性决定了其解决途径的综合性。除政府监管外，企业自治、行业自律、媒体监督、消费者参与、司法裁判等同样是纠正市场失灵和保障食品安全的手段。

2015 年 4 月 24 日，第十二届全国人民代表大会常务委员会第十四次会议修订通过《中华人民共和国食品安全法》，明确食品安全工作实行预防为主、风险管理、全程控制、社会共治，建立科学、严格的监督管理制度，特别强调并细化社会共治和市场机制。随着中国改革开放进一步深入，政府结构改革也提上日程。

新时期食品药品监管机构改革注重顶层设计，跳出部门局限，超越监管看安全，形成“大市场-专药品”模式，抓住当前食品药品安全治理的两大关键，即食品安全监管的协调力和综合性，以及药品监管的特殊性和专业性。总体来说，在市、县普遍采取市场监管综合执法的前提下，用“小折腾”获取“大红利”的方案在一定程度上有利于监管统一性，但食品药品安全监管的专业性如何保障可能面临新挑战。

2.2 《中华人民共和国食品安全法》

2.2.1 《中华人民共和国食品安全法》概述

2.2.1.1 《中华人民共和国食品安全法》修订的必要性

党中央、国务院进一步改革完善中国食品安全监管体制，着力建立最严格的食品安全监管制度，积极推进构建食品安全社会共治格局。为以法律形式固定监管体制改革成果、完善监管制度机制，解决当前食品安全领域存在的突出问题，以法治方式维护食品安全，为最严格的食品安全监管提供制度保障。2015 年 4 月 24 日修订的《中华人民共和国食品安全法》明确食品安全工作实行预防为主、风险管理、全程控制、社会共治，建立科学、严格的监督管理制度，用“四个最严”保障人民群众“舌尖上的安全”。根据 2018 年 12 月 29 日第十三届全国人民代表大会常务委员会第七次会议《关于修改〈中华人民共和国产品质量法〉等五部法律的决定》进行第一次修正，根据 2021 年 4 月 29 日第十三届全国人民代表大会常务委员会第二十八次会议《关于修改〈中华人民共和国道路交通安全法〉等八部法律的决定》进行第二次修正，完善为现行的《中华人民共和国食品安全法》。

2.2.1.2 《中华人民共和国食品安全法》修订的主要内容

修订后的《中华人民共和国食品安全法》法律条文内容由原来的 104 条增加到 154 条。法律条款的内容已发生显著改变，突出体现在建立最严格的食品安全监管制度这一总体要求上。具体修订的主要内容如下。

(1)强化预防为主、风险防范的法律制度　一是完善基础性制度。增加风险监测计划调整、监测行为规范、监测结果通报等规定，明确应当开展风险评估的情形，补充风险信息交流制度，提出加快标准整合、跟踪评价标准实施情况等。二是增设生产经营者自查制度。要求其定期自查食品安全状况，发现食品安全事故潜在风险的，立即停止生产经营并向食品安全监管部门报告。三是增设责任约谈制度。规定食品生产经营者未及时采取措施消除食品安全隐患的，食品安全监管部门可对其负责人进行责任约谈；食品安全监管部门未及时发现系统性风险、未及时消除监管区域内的食品安全隐患的，本级政府可对其主要负责人进行责任约谈。四是增设风险分级管理要求。规定食品安全监管部门根据食品安全风险监测、评估结果、消费者举报信息等确定监管重点、方式和频次，实现风险分级管理；建立食品安全违法信息库，向社会公布并实时更新。

(2)建立最严格的全过程监管法律制度　一是在食品生产环节，增加原料、半成品及产品的检验检测，并对相关凭证保存做出法律要求。特别是对婴幼儿配方食品的配方备案和出厂逐批检验做出法律规定，并明确规定不得以委托、贴牌、分装等方式生产婴幼儿配方乳粉。二是在食品流通环节，增设食品及相关食品产品批发企业的销售记录制度和网络食品交易相关主体的食品安全责任。三是在餐饮服务环节，增设餐饮服务提供者的原料控制义务以及学校、企业等集中用餐单位的食品安全管理规范。四是完善食品追溯制度，细化生产经营者索证索票、进货查验记录等制度，增加规定食品和食用农产品全程追溯协作机制。五是补充规定保健食品的产品注册和备案制度以及广告审批制度，规范保健食品原料使用和功能声称；补充食品添加剂的经营规范和食品相关产品生产管理制度。六是进一步明确进出口食品管理制度，重在把好进口食品的口岸管理关。七是完善食品安全监管体制，将分段监管体制改为由食品安全监督管理部门统一负责食品生产、流通和餐饮服务监管的相对集中的体制。

(3)建立最严格的法律责任制度　一是突出民事赔偿责任。规定实行首负责任制，要求接到消费者赔偿请求的生产经营者应当先行赔付，不得推诿；完善了消费者在法定情形下可以要求十倍价款或者三倍损失的惩罚性赔偿金制度。二是加大行政处罚力度。对在食品中添加有毒有害物质等性质恶劣的违法行为，规定直接吊销许可证，并处最高为货值金额三十倍的罚款；对明知从事上述严重违法行为、仍为其提供生产场所或者向其销售违禁物质的主体，规定了最高二十万元的罚款；对因食品安全违法行为受到刑事处罚或者出具虚假检验报告受到开除处分的食品检验机构人员，规定终身禁止从事食品检验工作。三是细化并加重对失职的地方政府负责人和食品安全监管人员的处分。依照规定的职责逐项设定相应的法律责任，细化处分规定；增设地方政府主要负责人应当引咎辞职的情形；设置监管“高压线”，对有瞒报、谎报重大食品安全事故等三种行为的，直接给予开除处分。四是做好与刑事责任的衔接。分别规定生产经营者、监管人员、检验人员等主体有违法行为构成犯罪的，依法追究刑事责任。

(4)实行社会共治　一是规定食品安全有奖举报制度。明确对查证属实的举报，应给予举报人奖励。二是规范食品安全信息发布。强调监管部门应当准确、及时、客观公布食品安全信息，鼓励新闻媒体对食品安全违法行为进行舆论监督，同时规定有关食品安全的宣传报道应当客观、真实、公正，任何单位和个人不得编造、散布虚假食品安全信息。三是县级以上人民政府食品安全监督管理部门应当建立食品生产经营者食品安全信用档案。四是增设食品安全责任保险制度。规定国家鼓励建立食品安全责任保险制度，支持食品生产经营企业参加食品安全责任保险。

2.2.2 《中华人民共和国食品安全法》解读

2021 年 4 月 29 日修正后的《中华人民共和国食品安全法》共分 10 章 154 条，主要内容包括总则、食品安全风险监测和评估、食品安全标准、食品生产经营、食品检验、食品进出口、食品安全事故处置、监督管理、法律责任和附则。

第一章　总则。

第一条：关于食品安全法立法目的的规定。

第二条：关于食品安全法适用范围的规定。

为避免与《中华人民共和国农产品质量安全法》适用范围交叉出现冲突，本条明确规定食用农产品质量安全管理，遵守《中华人民共和国农产品质量安全法》的规定。《中华人民共和国食品安全法》对食用农产品的市场销售、有关质量安全标准的制定、有关安全信息的公布和农业投入品已经做出规定的，应当遵守其规定。

第三条：关于食品安全工作原则的规定。

本条为修订后的条文，规定了中国食品安全工作的原则。特别是社会共治，调动社会各方力量，包括政府监管部门、食品生产经营者、行业协会、消费者协会和公民，共同参与食品安全工作。需要政府监管责任和企业主体责任共同落实，行业自律和社会监督相互促进，形成社会各方良性互动、诚信从业的良好风气，从根本上改变中国食品安全现状。

第四条：关于食品生产经营者主体责任的规定。

食品生产经营者是食品安全第一责任人，应当对其生产经营食品的安全负责，承担食品安全主体责任，“谁生产，谁负责；谁经营，谁负责”。食品生产经营者应当守法生产经营，诚信自律，对社会和公众负责，接受社会监督，承担社会责任。

第五条：关于食品安全监管体制的规定。

自党的十八大以来，党中央、国务院进一步改革完善中国食品安全监管体制，着力完善统一权威的食品安全监管机构。为了以法律形式固定监管体制改革成果、完善监管体制机制，本条对新的食品安全管理体制下各有关部门的职责分工做出新的规定。

第七条：关于地方政府通过评议、考核的方式实行食品安全责任制的规定。

第八条：关于政府应将食品安全工作纳入本级国民经济和社会发展规划，对食品安全工作给予财政保障，食品安全监督管理部门应与有关部门密切配合，依法行使职权。

第十一条：关于开展食品安全研究和农药管理等的规定。

第十二条：关于社会公众有权举报食品安全违法行为、了解食品安全信息等的规定。

第十三条：关于对在食品安全工作中做出突出贡献的单位和个人，给予表彰、奖励的规定。

第二章　食品安全风险监测和评估。

第十四条：关于食品安全风险监测的规定。

食品安全风险监测是指系统和持续收集食源性疾病、食品污染、食品中有害因素等相关数据信息，并应用医学、卫生学原理和方法进行监测。主要是全面了解食品污染状况和趋势；发现食品安全隐患，协作确定需重点监管的食品和环节；为风险评估、标准制定、修订提供基础数据；了解食源性疾病发生情况，以便早期识别和防控。

第十五条：关于食品安全风险监测机构开展食品安全风险监测工作的规定。

承担食品安全风险监测工作的技术机构应当根据食品安全风险监测计划和监测方案开展监测工作，保证监测数据真实、准确，并按照食品安全风险监测计划和监测方案的要求报送监测数据和分析结果。食品安全风险监测工作人员采集样品时应当按照市场价格支付费用。

第十六条：关于及时通报有关食品安全风险监测结果的规定。

承担食品安全风险监测职能的卫生行政部门发现食品安全风险监测结果可能存在食品安全隐患的，应当及时将相关信息通报同级食品安全监督管理等部门，同时还要报告本级人民政府和上级人民政府卫生行政部门，便于其根据相关食品安全隐患信息及时采取相关措施。

第十七条：关于食品安全风险评估制度的规定。

食品安全风险评估具体包括危害识别、危害特征描述、暴露评估、风险特征描述四个阶段。它是一个科学、客观的过程，必须遵循客观规律，运用科学方法，根据食品安全风险监测信息、科学数据以及有关的信息进行。食品安全风险评估采集样品应当按照市场价格支付费用。食品安全风险评估结果由国务院卫生行政部门公布。

第十八条：关于应当进行食品安全风险评估的法定情形。

第十九条:关于食品安全监管有关部门在食品安全风险评估中履行协作义务的规定。

国务院食品安全监督管理、质量监督、农业行政等部门在监督管理工作中发现需要进行食品安全风险评估的,应当向国务院卫生行政部门提出食品安全风险评估的建议。属于本法第十八条规定情形的,国务院卫生行政部门应当及时进行食品安全风险评估,并向国务院有关部门通报评估结果。

第二十条:关于卫生行政部门、农业行政部门相互通报信息的规定。

第二十一条:关于食品安全风险评估结果的作用与意义。

食品安全风险评估结果是制定、修订食品安全标准和实施食品安全监督管理的科学依据。经食品安全风险评估,得出食品、食品添加剂、食品相关产品不安全结论的,国务院食品安全监督管理等部门应当依据各自职责立即向社会公告,告知消费者停止食用或者使用,并采取相应措施。

第二十二条:关于食品安全状况进行综合分析并公布警示的规定。

国务院食品安全监督管理部门应当会同国务院有关部门,根据食品安全风险评估结果、食品安全监督管理信息,对食品安全状况进行综合分析。若可能具有较高程度安全风险的食品,国务院食品安全监督管理部门应当及时提出食品安全风险警示,并向社会公布。

第二十三条:关于食品安全风险交流的规定。

第三章　食品安全标准。

第二十四条:关于食品安全标准制定原则的规定。

保障公众身体健康是制定食品安全标准的宗旨。

第二十五条:关于食品安全标准强制性的规定。

食品安全标准关系到人民群众身体健康和生命安全,是强制执行的标准,包括食品安全国家标准和地方标准。

第二十六条:关于食品安全标准内容的规定。

第二十七条:关于食品安全国家标准制定、公布主体的规定。

食品安全国家标准由国务院卫生行政部门会同国务院食品安全监督管理部门制定、公布,国务院标准化行政部门提供国家标准编号。

食品中农药残留、兽药残留的限量规定及其检验方法与规程由国务院卫生行政部门、国务院农业行政部门会同国务院食品安全监督管理部门制定。

屠宰畜、禽的检验规程由国务院农业行政部门会同国务院卫生行政部门制定。

第二十八条:关于制定食品安全国家标准要求和程序的规定。

食品安全国家标准的制定应当依据食品安全风险评估结果并充分考虑食用农产品安全风险评估结果,同时,应参照相关的国际标准和国际食品安全风险评估结果。食品安全国家标准应当经食品安全国家标准审评委员会审查通过。

第二十九条:关于食品安全地方标准的规定。

对地方特色食品,没有食品安全国家标准的,可以制定食品安全地方标准。

第三十条:关于食品安全企业标准的规定。

食品生产企业可以制定严于食品安全国家标准或者地方标准的企业标准，在本企业适用。并报省、自治区、直辖市人民政府卫生行政部门备案。

第三十一条：关于食品安全标准公布和有关问题解答的规定。

省级以上人民政府卫生行政部门应当在其网站上公布制定和备案的食品安全国家标准、地方标准和企业标准。对食品安全标准执行过程中的问题，县级以上人民政府卫生行政部门应当会同有关部门及时给予指导、解答。

第三十二条：关于食品安全标准跟踪评价和执行问题的规定。

第四章　食品生产经营。

第一节　一般规定。

第三十三条：关于食品生产经营要求的规定。

食品生产经营应当符合食品安全标准要求，并应具备相应规模的场所；配备相应的生产设备或者设施；配备食品安全管理人员，具有健全的食品安全管理制度；设备布局和工艺流程应当合理；使用的食品相关产品应当干净卫生；贮存、运输和装卸食品的容器、工具和设备应当安全、无害；直接入口的食品应当使用无毒、清洁的包装材料、餐具、饮具和容器；食品生产经营人员应当保持个人卫生；用水应当符合国家规定的生活饮用水卫生标准；使用的洗涤剂、消毒剂应当对人体安全、无害；法律、法规规定的其他要求。

第三十四条：关于禁止生产经营的食品、食品添加剂、食品相关产品的规定。

第三十五条：关于食品生产经营许可的规定。

国家对食品生产经营实行许可制度，但是销售食用农产品和仅销售预包装食品的，不需要取得许可。仅销售预包装食品的，应当报所在地县级以上地方人民政府食品安全监督管理部门备案。

食品安全监督管理部门应当依照《中华人民共和国行政许可法》的规定实施程序，对申请人提交的材料进行审核，必要时对申请人的生产经营场所进行现场核查，对符合规定条件的，准予许可；对不符合规定条件的，不予许可并书面说明理由。

第三十六条：关于食品生产加工小作坊和食品摊贩等的基本要求和管理的规定。

食品生产加工小作坊和食品摊贩等从事食品生产经营活动，应当符合本法规定的与其生产经营规模、条件相适应的食品安全要求，保证所生产经营的食品卫生、无毒、无害。县级以上地方人民政府应当对食品生产加工小作坊、食品摊贩等进行综合治理，加强服务和统一规划，改善其生产经营环境，鼓励和支持其改进生产经营条件，进入集中交易市场、店铺等固定场所经营，或者在指定的临时经营区域、时段经营。

第三十七条：关于利用新的食品原料生产食品，或者生产食品添加剂新品种、食品相关产品新品种的规定。

利用新的食品原料生产食品，或者生产食品添加剂新品种、食品相关产品新品种，应当向国务院卫生行政部门提交相关产品的安全性评估材料，由国务院卫生行政部门审查许可后方可生产。

第三十八条：关于食品中不得添加药品，但可以添加按照传统既是食品又是中药材的物质的规定。

在生产经营的食品中不得添加药品，但可以添加按照传统既是食品又是中药材的物质。按照传统既是食品又是中药材的物质目录由国务院卫生行政部门会同国务院食品安全监督管理部门制定、公布。

第三十九条：关于食品添加剂生产许可的规定。

第四十条：关于食品添加剂允许使用的条件和使用要求的规定。

第四十一条：关于生产食品相关产品的要求的规定。

生产食品相关产品应当符合法律、法规和食品安全国家标准。对具有较高风险的食品相关产品，实施生产许可。

第四十二条：关于食品安全全程追溯制度的规定。

第四十三条：关于鼓励食品规模化生产和连锁经营、配送以及鼓励食品生产经营企业参加食品安全责任保险的规定。

第二节　生产经营过程控制。

第四十四条：关于食品生产经营企业食品安全管理的规定。

食品生产经营企业应当建立健全食品安全管理制度，对职工进行食品安全知识培训，加强食品检验工作，依法从事生产经营活动。明确食品生产经营企业的主要负责人的责任。食品生产经营企业应当配备食品安全管理人员，并进行培训和考核。

第四十五条：关于食品从业人员健康管理制度的规定。

食品生产经营者应当建立并执行从业人员健康管理制度，并定期进行健康检查。

第四十六条：关于食品生产企业制定并实施食品安全管理控制要求的规定。

食品生产企业应当加强原料控制，生产工序、设备、贮存、包装等生产关键环节控制，检验控制，运输和交付控制，确保食品生产过程符合控制要求，保证生产的食品符合食品安全标准。

第四十七条：关于食品生产经营者建立食品安全自查制度的要求的规定。

食品生产经营者应当建立食品安全自查制度，定期对食品安全状况进行检查评价。

第四十八条：关于鼓励食品生产经营企业采用现代企业管理体系，提高食品安全管理水平。

鼓励食品生产经营企业通过良好生产规范要求，实施危害分析与关键控制点体系，提高食品安全管理水平。

第四十九条：关于农业投入品使用管理的规定。

农业投入品是在农产品生产过程中使用或添加的物质，包括农药、肥料、兽药、饲料和饲料添加剂等农业生产资料。农业投入品使用应当严格按照食品安全标准和国家有关规定，严格执行农业投入品使用安全间隔期或者休药期的规定，不得使用国家明令禁止的农业投入品。

第五十条：关于食品生产者进货查验记录制度的规定。

食品生产者采购食品原料、食品添加剂、食品相关产品，应当查验供货者的许可证和产品合格证明；如实记录食品原料、食品添加剂、食品相关产品的详细信息，包括名称、规格、数量、生产日期或者生产批号、保质期、进货日期以及供货者名称、地址、联系方式等内容,并保存相关凭证。记录和凭证保存期限不得少于产品保质期满后六个月;没有明确保质期的,保存期限不得少于二年。

第五十一条:关于食品出厂检验记录的规定。

食品生产企业应当建立食品出厂检验记录制度,如实记录食品的详细信息,并保存相关凭证。记录和凭证保存期限应当符合上一条的规定。

第五十二条:关于食品、食品添加剂、食品相关产品的生产者的检验要求的规定。

应当按照食品安全标准对所生产的食品、食品添加剂、食品相关产品进行检验,检验合格后方可出厂或者销售。

第五十三条:关于食品经营者、食品经营企业应当建立食品进货查验记录制度的规定。

食品经营者、食品经营企业应当建立食品进货查验记录制度,如实记录食品的详细信息,并保存相关凭证,保存期限同第五十条。

第五十四条:关于食品经营者贮存食品的要求的规定。

食品经营者应当按照保证食品安全的要求贮存预包装食品和散装食品。

第五十五条:关于餐饮服务提供者制定并实施原料采购控制要求以及加工检查措施的规定。

餐饮服务提供者应当制定并实施原料控制要求,倡导餐饮服务提供者公开加工过程,公示食品原料及其来源等信息。

第五十六条:关于餐饮服务提供者应当确保设施、设备、餐具、饮具等安全卫生的规定。

第五十七条:关于集中用餐单位食品安全管理的规定。

学校、托幼机构、养老机构、建筑工地等集中用餐单位的食堂应当严格遵守法律、法规和食品安全标准;从供餐单位订餐的,应当从取得食品生产经营许可的企业订购,并按照要求对订购的食品进行查验。集中用餐单位的主管部门应当加强食品安全管理,承担相应的职责。

第五十八条:关于餐具、饮具集中消毒服务单位在食品安全方面责任的规定。

餐具、饮具集中消毒服务单位应当具备相应的作业场所、清洗消毒设备或者设施,对消毒餐具、饮具进行逐批检验,检验合格后方可出厂。

第五十九条:关于食品添加剂生产者建立食品添加剂出厂检验记录制度的规定。

第六十条:关于食品添加剂经营者进货查验记录制度的规定。

第六十一条:关于集中交易市场的开办者、柜台出租者和展销会举办者的食品安全管理责任的规定。

第六十二条:关于网络食品交易第三方平台提供者的责任义务的规定。

网络食品交易第三方平台提供者应当对入网食品经营者进行实名登记,审查其许可证,及时制止入网食品经营者违反食品安全管理要求的行为,并立即报告所在地县级人民政府食品安全监督管理部门,严重者应当立即停止提供网络交易平台服务。

第六十三条:关于食品召回制度的规定。

食品召回可分为食品生产经营者主动召回和监管部门责令召回。食品生产者、食品经营者发现食品不符合食品安全标准或者可能危害人体健康的，应当立即召回，并采取措施处理；食品安全监督管理部门发现食品不符合食品安全标准或者可能危害人体健康的，责令食品生产经营者立即召回食品，并采取措施处理。

第六十四条：关于食用农产品批发市场对进场销售的食用农产品进行抽样检验的规定。

第六十五条：关于食用农产品销售者建立食用农产品进货查验记录制度的规定。

第六十六条：关于食用农产品在包装、保鲜、贮存、运输中使用食品添加剂和食品相关产品应当符合食品安全国家标准的规定。

第三节　标签、说明书和广告。

第六十七条：关于预包装食品标签的规定。

第六十八条：关于食品经营者销售散装食品的标注要求的规定。

第六十九条：关于转基因食品显著标示的规定。

第七十条：关于食品添加剂的标签、说明书和包装的规定。

第七十一条：关于食品和食品添加剂的标签、说明书基本要求的规定。

第七十二条：关于食品经营者按照食品标签的警示要求销售食品的规定。

第七十三条：关于食品广告内容的真实性和合法性，以及特定主体不得采取不当方式向消费者推荐食品的规定。

第四节　特殊食品。

第七十四条：关于特殊食品实行严格监督管理原则的规定。

国家对保健食品、特殊医学用途配方食品和婴幼儿配方食品等特殊食品实行严格监督管理。

第七十五条：关于保健食品原料和功能声称的规定。

第七十六条：关于保健食品实行注册或者备案管理的规定。

第七十七条：关于保健食品注册和备案的具体要求的规定。

第七十八条：关于保健食品的标签、说明书的规定。

第七十九条：关于保健食品广告的规定。

第八十条：关于特殊医学用途配方食品的规定。

第八十一条：关于婴幼儿配方食品管理的规定。

第八十二条：关于保健食品等注册或者备案材料真实性等要求的规定。

第八十三条：关于特殊食品生产质量管理体系的规定。

实施良好生产规范等生产质量管理体系是保障食品质量安全的有效方法，针对特殊人群的保健食品、特殊医学用途配方食品、婴幼儿配方食品和其他专供特定人群的主辅食品，生产企业应当按照良好生产规范的要求建立与所生产食品相适应的生产质量管理体系，并保证其有效运行。

第五章　食品检验。

第八十四条：关于食品检验机构的规定。

食品检验是保证食品安全、加强食品安全监管的重要技术支撑。食品检验机构按照国家有关认证认可的规定取得资质认定后，方可从事食品检验活动。

第八十五条：关于食品检验机构检验人的规定。

食品检验由食品检验机构指定的检验人独立进行。检验人应当依照有关法律、法规的规定，并按照食品安全标准和检验规范对食品进行检验，确保检验数据和结论的客观、公正。

第八十六条：关于食品检验机构与检验人共同负责制的规定。

食品检验报告应当加盖食品检验机构公章，并有检验人的签名或者盖章。食品检验机构和检验人对出具的食品检验报告负责。

第八十七条：关于监督抽检的规定。

食品安全监督管理部门应当对食品进行定期或者不定期的抽样检验，不得免检。进行抽样检验，应当购买抽取的样品，委托符合本法规定的食品检验机构进行检验，并支付相关费用；不得向食品生产经营者收取检验费和其他费用。

第八十八条：关于复检的规定。

食品生产经营者对检验结论有异议的，可以自收到检验结论之日起 7 个工作日内提出复检申请，复检机构与初检机构不得为同一机构。采用国家规定的快速检测方法对食用农产品进行抽查检测，被抽查人对检测结果有异议的，可以自收到检测结果时起 4 小时内申请复检。复检不得采用快速检测方法。

第八十九条：关于自行检验和委托检验的规定。

食品生产企业可以自行对所生产的食品进行检验，也可以委托符合本法规定的食品检验机构进行检验。食品行业协会和消费者协会等组织、消费者需要委托食品检验机构对食品进行检验的，应当委托符合本法规定的食品检验机构进行。

第九十条：关于食品添加剂的检验的规定。

食品添加剂的检验，适用本法有关食品检验的规定。

第六章　食品进出口。

第九十一条：关于食品进出口环节安全的监督管理部门的规定。

国家出入境检验检疫部门对进出口食品安全实施监督管理。

第九十二条：关于进口食品、食品添加剂以及食品相关产品应当符合中国食品安全国家标准的规定。

进口的食品、食品添加剂、食品相关产品应当符合中国食品安全国家标准。进口的食品、食品添加剂应当经出入境检验检疫机构依照规定检验合格，并随附合格证明材料。

第九十三条：关于进口尚无食品安全国家标准的食品或者进口利用新的食品原料生产的食品或者进口食品添加剂新品种、食品相关产品新品种，依照本法第三十七条的规定办理。

第九十四条：关于境外出口商、境外生产企业、进口商保障中国食品安全义务的规定。

第九十五条：关于进口食品、食品添加剂、食品相关产品出现严重食品安全问题时应对措施的规定。

第九十六条：关于对向中国境内出口食品的出口商、代理商和境外食品生产企业以及进口商进行管理的规定。

第九十八条：关于进口商应当建立食品、食品添加剂进口和销售记录制度的规定。

进口商应当建立食品、食品添加剂进口和销售记录制度，如实记录食品、食品添加剂的详细信息，并保存相关凭证。

第九十九条：关于出口食品和出口食品企业要求的规定。

出口食品生产企业应当保证其出口食品符合进口国（地区）的标准或者合同要求。出口食品生产企业和出口食品原料种植、养殖场应当向国家出入境检验检疫部门备案。

第一百条：关于国家出入境检验检疫部门收集信息及对进口商、出口商和出口食品生产企业实施信用管理的规定。

国家出入境检验检疫部门应当收集、汇总进出口食品安全信息，并对进出口食品的进口商、出口商和出口食品生产企业实施信用管理，建立信用记录。

第一百零一条：关于国家出入境检验检疫部门职责的规定。

国家出入境检验检疫部门可以对向中国境内出口食品的国家（地区）的食品安全管理体系和食品安全状况进行评估和审查，并根据评估和审查结果，确定相应检验检疫要求。

第七章　食品安全事故处置。

第一百零二条：关于食品安全事故应急预案的规定。

建立健全食品安全事故应急预案体系，是有效预防、积极应对食品安全事故的重要制度保障。国务院组织制定国家食品安全事故应急预案。县级以上地方人民政府制定本行政区域的食品安全事故应急预案，并报上一级人民政府备案。食品安全事故应急预案应当对食品安全事故分级、事故处置组织指挥体系与职责、预防预警机制、处置程序、应急保障措施等做出规定。食品生产经营企业应当制定食品安全事故处置方案，定期检查本企业各项食品安全防范措施的落实情况。

第一百零三条：关于食品安全事故应急处置、报告、通报的规定。

第一百零四条：关于医疗机构报告、卫生行政部门通报的规定。

第一百零五条：关于食品安全事故发生后应当采取相应措施的规定。

县级以上人民政府食品安全监督管理部门接到食品安全事故的报告后，应当立即会同同级卫生行政、农业行政等部门进行调查处理，并采取应急救援工作、封存可疑食品及其原料并检验、封存被污染的食品相关产品，做好信息发布工作等措施。

第一百零六条：关于食品安全事故责任调查的规定。

发生食品安全事故，设区的市级以上人民政府食品安全监督管理部门立即会同有关部门进行事故责任调查，并向本级人民政府和上一级人民政府食品安全监督管理部门提出事故责任调查处理报告。涉及两个以上省、自治区、直辖市的重大食品安全事故由国务院食品安全监督管理部门组织事故责任调查。

第一百零七条：关于调查食品安全事故原则、主要任务的规定。

调查食品安全事故，应当坚持实事求是、尊重科学的原则；除了查明事故单位的责任，还应当查明有关监督管理部门、食品检验机构、认证机构及其工作人员的责任。

第一百零八条:关于食品安全事故调查中调查权和配合义务的规定。

食品安全事故调查部门有权向有关单位和个人了解与事故有关的情况,并要求提供相关资料和样品。任何单位和个人不得阻挠、干涉食品安全事故的调查处理。

第八章　监督管理

第一百零九条:关于食品安全风险分级管理和食品安全年度监督管理计划的规定。

县级以上人民政府食品安全监督管理部门根据食品安全风险监测结果和食品安全状况等,实施风险分级管理。

县级以上地方人民政府组织本级食品安全监督管理、农业行政等部门制定本行政区域的食品安全年度监督管理计划。

第一百一十条:关于食品安全监督检查措施的规定。

食品安全监督管理部门履行职责,有权采取现场检查、抽样检验、查阅复制有关资料、查封扣押有关物品、查封违法从事生产经营活动的场所等措施。

第一百一十一条:关于有害物质的临时限量值和临时检验方法的规定。

需要制定、修订食品安全标准的,国务院卫生行政部门应当及时会同国务院有关部门规定食品中有害物质的临时限量值和临时检验方法,作为生产经营和监督管理的依据。

第一百一十二条:关于快速检测的规定。

县级以上人民政府食品药品监督管理部门在食品安全监督管理工作中可以采用国家规定的快速检测方法对食品进行抽查检测。对快速检测结果表明可能不符合食品安全标准的食品,应当依照本法第八十七条的规定进行检验。

在一般情况下,食品生产经营者应当自收到检验结论之日起 7 个工作日内,向实施抽样检验的食品安全监督管理部门或上一级食品安全监督管理部门提出复检申请,但对于鲜活易腐食用农产品,应当在收到检测结果 4 小时内申请复检。

第一百一十三条:关于食品安全信用档案的规定。

食品安全监督管理部门应当建立食品生产经营者食品安全信用档案。

第一百一十四条:关于对食品生产经营者进行责任约谈的规定。

食品生产经营过程中存在食品安全隐患,未及时采取措施消除的,县级以上人民政府食品药品监督管理部门,可以对食品生产经营者的法定代表人或者主要负责人进行责任约谈。食品生产经营者应当立即采取措施,进行整改。

第一百一十五条:关于有奖举报和保护举报人合法权益的规定。

食品安全监督管理部门应当及时受理和处理咨询、投诉、举报;对查证属实的举报,给予举报人奖励;并保护举报人的合法权益,禁止变相打击报复。

第一百一十六条:关于加强食品安全执法人员管理的规定。

食品安全监督管理部门应当培训考核食品安全执法人员的专业知识与执法能力,规范监督食品安全执法人员的执法行为。

第一百一十七条:关于对所属食品安全监督管理部门或下级地方人民政府进行责任约谈的规定。

食品安全监督管理部门未及时发现食品安全系统性风险，未及时消除监督管理区域内的食品安全隐患的，或下级地方人民政府未履行食品安全职责，未及时消除区域性重大食品安全隐患的，地方人民政府可以对其主要负责人进行责任约谈。

第一百一十八条：关于食品安全信息统一公布制度的规定。

食品安全信息由国务院食品安全监督管理部门统一公布。食品安全信息的影响限于特定区域的，也可以由有关省、自治区、直辖市人民政府食品安全监督管理部门公布。未经授权不得发布上述信息。

第一百一十九条：关于食品安全信息的报告、通报制度的规定。

第一百二十条：关于不得编造、散布虚假食品安全信息的规定。

任何单位和个人不得编造、散布虚假食品安全信息；食品安全监督管理部门须组织核实、分析可能虚假的食品安全信息，并及时公布结果。

第一百二十一条：关于涉嫌食品安全犯罪案件处理的规定。

食品安全监督管理部门发现涉嫌食品安全犯罪的，应当及时将案件移送公安机关。公安机关应当及时审查，认为有犯罪事实需要追究刑事责任的，应当立案侦查；认为没有犯罪事实，或不需要追究刑事责任，但须追究行政责任的，应及时将案件移送食品安全监督管理部门和监察机关，依法处理。

第九章　法律责任。

第一百二十二条：关于未经许可从事食品生产经营活动等相关法律责任。

未取得食品生产经营许可从事食品生产经营活动，或者未取得食品添加剂生产许可从事食品添加剂生产活动的，最高可处十万元罚款或货值金额二十倍罚款。

明知从事违法行为，为违法者提供生产经营场所或者其他条件的，由食品安全监督管理部门责令停止违法行为，没收违法所得，并处五万元以上十万元以下罚款；使消费者的合法权益受到损害的，与食品、食品添加剂生产经营者承担连带责任。

第一百二十三条：关于八类最严重违法食品生产经营行为的法律责任的规定。

第一百二十四条：关于十一类违法生产经营行为的法律责任的规定。

第一百二十五条：关于四类违法生产经营行为的法律责任的规定。

第一百二十六条：关于十六类生产经营过程违法行为所应承担的法律责任的规定。

第一百二十七条：关于食品生产加工小作坊、食品摊贩等的违法行为如何处罚的规定。

对食品生产加工小作坊、食品摊贩等的违法行为的处罚，依照省、自治区、直辖市制定的具体管理办法执行。

第一百二十八条：关于事故单位违法行为所应承担的法律责任的规定。

事故单位在发生食品安全事故后未进行处置、报告的，由有关主管部门按照各自职责分工责令改正，给予警告；隐匿、伪造、毁灭有关证据的，责令停产停业，没收违法所得，并处十万元以上五十万元以下罚款；造成严重后果的，吊销许可证。

第一百二十九条：关于进出口违法行为所应承担的法律责任的规定。

第一百三十条：关于集中交易市场违法行为所应承担的法律责任的规定。

集中交易市场的开办者、柜台出租者、展销会的举办者允许未依法取得许可的食品经营者进入市场销售食品，或者未履行检查、报告等义务的，由食品安全监督管理部门责令改正，没收违法所得，并处五万元以上二十万元以下罚款；造成严重后果的，责令停业，直至由原发证部门吊销许可证；消费者的合法权益受到损害的，应当与食品经营者承担连带责任。

食用农产品批发市场违反本法第六十四条规定的，依照前款规定承担责任。

第一百三十一条：关于网络食品交易违法行为所应承担的法律责任的规定。

第一百三十二条：关于进行食品贮存、运输和装卸违法行为所应承担的法律责任的规定。

未按要求进行食品贮存、运输和装卸的，由食品安全监督管理等部门按照各自职责分工责令改正，给予警告；拒不改正的，责令停产停业，并处一万元以上五万元以下罚款；情节严重的，吊销许可证。

第一百三十三条：关于拒绝、阻挠、干涉有关部门、机构及其工作人员依法开展食品安全工作，或者打击报复举报人的法律责任规定。

违反本法规定，拒绝、阻挠、干涉有关部门、机构及其工作人员依法开展食品安全监督检查、事故调查处理、风险监测和风险评估的，由有关主管部门按照各自职责分工责令停产停业，并处二千元以上五万元以下罚款；情节严重的，吊销许可证；构成违反治安管理行为的，由公安机关依法给予治安管理处罚。

违反本法规定，对举报人以解除、变更劳动合同或者其他方式打击报复的，应当依照有关法律的规定承担责任。

第一百三十四条：关于食品生产经营者屡次违法可以增加处罚的规定。

第一百三十五条：关于严重违法犯罪者在一定期限内禁止从事食品生产经营活动的规定。

第一百三十六条：关于食品经营者履行了本法规定的义务可以免予处罚的规定。

食品经营者履行了本法规定的进货查验等义务，不知道所采购的食品不符合食品安全标准，并能如实说明其进货来源的，可以免予处罚，但应当依法没收其不符合食品安全标准的食品；造成人身、财产或者其他损害的，依法承担赔偿责任。

第一百三十七条：关于提供虚假监测、评估信息的法律责任的规定。

承担食品安全风险监测、风险评估工作的技术机构、技术人员提供虚假监测、评估信息的，依法对技术机构直接负责的主管人员和技术人员给予撤职、开除处分；有执业资格的，由授予其资格的主管部门吊销执业证书。

第一百三十八条：关于食品检验机构、食品检验人员出具虚假检验报告以及食品检验机构聘用不得从事食品检验工作的人员等的法律责任的规定。

第一百三十九条：关于虚假认证的法律责任的规定。

第一百四十条：关于违法发布食品广告和承担食品安全监管、检验职责的部门、机构，以及特定的社会组织违法推荐食品的法律责任的规定。

第一百四十一条：关于编造、散布虚假食品安全信息的法律责任的规定。

第一百四十二条:关于地方人民政府有关食品安全事故、问题的应对和处置方面的法律责任的规定。

第一百四十三条:关于政府未落实有关法定职责的法律责任的规定。

第一百四十四条:关于食品安全监管部门违法的法律责任的规定。

第一百四十五条:关于食品安全监督管理部门失职的法律责任的规定。

第一百四十六条:关于食品安全监督管理部门违法实施检查、强制等行政行为的法律责任的规定。

第一百四十七条:关于赔偿责任及民事赔偿责任优先原则的规定。

第一百四十八条:关于首负责任制和惩罚性赔偿的规定。

消费者因不符合食品安全标准的食品受到损害的,可以向经营者要求赔偿损失,也可以向生产者要求赔偿损失。接到消费者赔偿要求的生产经营者,应当实行首负责任制。消费者除要求赔偿损失外,还可以向生产者或者经营者要求支付价款十倍或者损失三倍的赔偿金;增加赔偿的金额不足一千元的,为一千元。

第一百四十九条:关于违反本法应承担的刑事责任的综合性规定。

第十章 附则

第一百五十条:关于本法中部分用语含义的规定。

第一百五十一条:关于转基因食品和食盐的食品安全管理的规定。

第一百五十二条:关于对铁路、民航、国境口岸、军队等食品安全的管理的规定。

第一百五十三条:关于国务院可以调整食品安全监管体制的规定。

第一百五十四条:关于法律施行日期的规定。

2.2.3 《中华人民共和国食品安全法》的应用

依据修订的《中华人民共和国食品安全法》,2019 年 3 月 26 日国务院第四十二次常务会议修订通过《中华人民共和国食品安全法实施条例》,2019 年 10 月 11 日中华人民共和国国务院令第 721 号公布,自 2019 年 12 月 1 日起施行。进一步落实企业作为食品安全第一责任人的责任,强化事前预防、生产经营过程中控制及发生食品事故后的可追溯性;强化食品安全监管部门的职责,以及各政府部门在食品安全管理工作中的统一协调;将法律中较为原则的规定具体化,增强制度的可操作性。

本节采用案例分析方式,分析食品安全监督管理部门如何应用《中华人民共和国食品安全法》,有利于食品生产、食品经营、食品添加剂及食品相关产品的生产经营和使用、食品的贮存和运输等企业严格遵守食品安全法律、法规。

案例 1

2020 年 10 月 5 日,李某在武汉某超市购买了一盒 120 元的猴菇饼干。该商品的外包装上标明:生产日期为 2019 年 8 月 5 日,保质期至 2020 年 8 月 4 日。李某购买该商品食用后发现该商品已经超过保质期,随后李某要求超市赔偿未果,决定向当地食品安全监督管理部门投诉,要求超市赔偿。

思考：若你作为市场监督管理部门食品安全执法人员，应该如何处理？

案例 2

2020 年 6 月 20 日，某食品经营企业采用汽油桶从上海运送一批价值 12 万元的大豆油 20 吨到武汉，在销售过程中被食品安全监督管理执法人员发现。该企业已经销售 10 吨大豆油，获得货值金额 8 万元。

思考：食品安全监督执法部门应如何处罚？

案例 3

2021 年 7 月，媒体报道，武汉某火锅店涉嫌回收顾客食剩的火锅底料，制售火锅油（俗称“老油”）。当天，武汉市食品安全监督部门执法人员对该火锅店进行排查。执法人员查获了正在回收的油料滤网及油桶、已装袋成品油、散装废油、包装袋、塑封机等物品，该火锅店回收火锅底料制售火锅油的情况基本属实，并查证该火锅店回收火锅底料盈利的 8 万元。

思考：食品安全监管部门对于该火锅店的行为应如何处理？

2.3 《中华人民共和国农产品质量安全法》

2.3.1 《中华人民共和国农产品质量安全法》概述

《中华人民共和国农产品质量安全法》于 2006 年 4 月 29 日中华人民共和国第十届全国人民代表大会常务委员会第二十一次会议通过，并以中华人民共和国主席令第四十九号予以公布，自 2006 年 11 月 1 日起施行。根据 2018 年 10 月 26 日第十三届全国人民代表大会常务委员会第六次会议《关于修改〈中华人民共和国野生动物保护法〉等十五部法律的决定》修正，2021 年 9 月 1 日，李克强总理主持召开国务院常务会议，通过《中华人民共和国农产品质量安全法（修订草案）》。2022 年 9 月 2 日，中华人民共和国第十三届全国人民代表大会常务委员会第三十六次会议修订通过《中华人民共和国农产品质量安全法》，并以中华人民共和国主席令第一二〇号予以公布，自 2023 年 1 月 1 日起施行。

农产品质量安全关系人民群众身体健康，关系农业长远发展。自《中华人民共和国农产品质量安全法》实施以来，它在转变中国农业发展方式，提升农产品质量，保障人民群众的身体健康和生命安全等方面发挥了重要作用。

随着中国经济社会发展和改革的不断深化，人民生活从吃不饱逐渐发展到吃得好，希望吃得健康、安全、优质、营养，已成为人民群众对美好生活的新期待。中国农产品质量安全也进入由乱到治、稳中向好的转型期。中国农业发展已经从数量扩张向质量提升转变，要在法律上对重点发展绿色食品等优质农产品予以明确规定，满足当前乡村振兴战略及农产品质量监管形势需要。修订完善的《中华人民共和国农产品质量安全法》在明确部门职责、健全监管制度、加大处罚力度等问题上与相关法律法规做好有效衔接，保证了法律的系统性、完整性和一致性，确保从源头上保证中国食品安全。

2.3.2　《中华人民共和国农产品质量安全法》解读

《中华人民共和国农产品质量安全法》共分八章八十一条，包括总则、农产品质量安全风险管理和标准制定、农产品产地、农产品生产、农产品销售、监督管理、法律责任、附则。其主要内容释义如下：

第一章　总则

第一条：关于本法制定的目的。

为保障农产品质量安全，维护公众健康，促进农业和农村经济发展，制定本法。

第二条：关于农产品及农产品质量安全的定义。

本法所称农产品，是指来源于种植业、林业、畜牧业和渔业等的初级产品，即在农业活动中获得的植物、动物、微生物及其产品。本法所称农产品质量安全，是指农产品质量达到农产品质量安全标准，符合保障人的健康、安全的要求。

第三条：关于本法的适用范围。与农产品质量安全有关的农产品生产经营及其监督管理活动，适用本法。

第六条：关于地方政府及主管部门对农产品质量安全的职责。

县级以上地方人民政府对本行政区域的农产品质量安全工作负责，统一领导、组织、协调本行政区域的农产品质量安全工作，建立健全农产品质量安全工作机制，提高农产品质量安全水平。

县级以上地方人民政府应当依照本法和有关规定，确定本级农业农村主管部门、市场监督管理部门和其他有关部门的农产品质量安全监督管理工作职责。各有关部门在职责范围内负责本行政区域的农产品质量安全监督管理工作。

乡镇人民政府应当落实农产品质量安全监督管理责任，协助上级人民政府及其有关部门做好农产品质量安全监督管理工作。

第七条：农产品生产经营者是第一责任人。农产品生产经营者应当对其生产经营的农产品质量安全负责。

第十条：关于农产品生产的技术要求。

国家支持农产品质量安全科学技术研究，推行科学的质量安全管理方法，推广先进安全的生产技术。国家加强农产品质量安全科学技术国际交流与合作。

第十一条：关于农产品质量安全知识的宣传要求。

各级人民政府及有关部门应当加强农产品质量安全知识的宣传，发挥基层群众性自治组织、农村集体经济组织的优势和作用，指导农产品生产经营者加强质量安全管理，保障农产品消费安全。

第十二条：关于农民专业合作社和农产品行业协会的工作。

农民专业合作社和农产品行业协会等应当及时为其成员提供生产技术服务，建立农产品质量安全管理制度，健全农产品质量安全控制体系，加强自律管理。

第二章　农产品质量安全风险管理和标准制定

第十三条:关于农产品质量安全风险监测工作的规定。

国务院农业农村主管部门应当制定国家农产品质量安全风险监测计划,并对重点区域、重点农产品品种进行质量安全风险监测。省、自治区、直辖市人民政府农业农村主管部门应当根据国家农产品质量安全风险监测计划,结合本行政区域农产品生产经营实际,制定本行政区域的农产品质量安全风险监测实施方案,并报国务院农业农村主管部门备案。县级以上地方人民政府农业农村主管部门负责组织实施本行政区域的农产品质量安全风险监测。

第十四条:关于农产品质量安全风险评估工作的规定。

国务院农业农村主管部门应当设立农产品质量安全风险评估专家委员会,对可能影响农产品质量安全的潜在危害进行风险分析和评估。国务院卫生健康、市场监督管理等部门发现需要对农产品进行质量安全风险评估的,应当向国务院农业农村主管部门提出风险评估建议。

第十五条:关于农产品质量安全风险监测、风险评估结果运用的规定。

国务院农业农村主管部门应当根据农产品质量安全风险监测、风险评估结果采取相应的管理措施,并将农产品质量安全风险监测、风险评估结果及时通报国务院市场监督管理、卫生健康等部门和有关省、自治区、直辖市人民政府农业农村主管部门。

县级以上人民政府农业农村主管部门开展农产品质量安全风险监测和风险评估工作时,可以根据需要进入农产品产地、储存场所及批发、零售市场。采集样品应当按照市场价格支付费用。

第十六条:关于农产品质量安全标准的规定。

第十七条:关于农产品质量安全标准的制定和发布的规定。

制定农产品质量安全标准应当充分考虑农产品质量安全风险评估结果,并听取农产品生产经营者、消费者、有关部门、行业协会等的意见,保障农产品消费安全。

第十八条:关于农产品质量安全标准的要求的规定。

农产品质量安全标准应当根据科学技术发展水平以及农产品质量安全的需要,及时修订。

第十九条:关于农产品质量安全标准主管部门的规定。

农产品质量安全标准由农业农村主管部门商有关部门推进实施。

第三章　农产品产地

第二十条:关于农产品产地监测制度的规定。

县级以上地方人民政府农业农村主管部门应当会同同级生态环境、自然资源等部门制定农产品产地监测计划,加强农产品产地安全调查、监测和评价工作。

第二十一条:关于农产品禁止生产的区域的规定。

县级以上地方人民政府农业农村主管部门应当会同同级生态环境、自然资源等部门按照保障农产品质量安全的要求,根据农产品品种特性和产地安全调查、监测、评价结果,依照土壤污染防治等法律、法规的规定提出划定特定农产品禁止生产区域的建议,报本级人民政府批准后实施。

任何单位和个人不得在特定农产品禁止生产区域种植、养殖、捕捞、采集特定农产品和建立特定农产品生产基地。

第二十二条：禁止向农产品产地排放有害物的规定。

任何单位和个人不得违反有关环境保护法律、法规的规定向农产品产地排放或者倾倒废水、废气、固体废物或者其他有毒有害物质。

农业生产用水和用作肥料的固体废物，应当符合法律、法规和国家有关强制性标准的要求。

第二十三条：关于农业投入品合理使用的规定。

农产品生产者应当科学合理使用农药、兽药、肥料、农用薄膜等农业投入品，防止对农产品产地造成污染。

农药、肥料、农用薄膜等农业投入品的生产者、经营者、使用者应当按照国家有关规定回收并妥善处置包装物和废弃物。

第二十四条：关于农产品产地建设的规定。

县级以上人民政府应当采取措施，加强农产品基地建设，推进农业标准化示范建设，改善农产品的生产条件。

第四章　农产品生产

第二十五条至第二十七条：关于农产品生产的指导及技术服务的规定。

县级以上地方人民政府农业农村主管部门应当根据本地区的实际情况，制定保障农产品质量安全的生产技术要求和操作规程，并加强对农产品生产经营者的培训和指导。

农业技术推广机构应当加强对农产品生产经营者质量安全知识和技能的培训。国家鼓励科研教育机构开展农产品质量安全培训。

第二十八条和第二十九条：关于农业投入品管理的规定。

对可能影响农产品质量安全的农药、兽药、饲料和饲料添加剂、肥料、兽医器械，依照有关法律、行政法规的规定实行许可制度。

省级以上人民政府农业农村主管部门应当定期或者不定期组织对可能危及农产品质量安全的农药、兽药、饲料和饲料添加剂、肥料等农业投入品进行监督抽查，并公布抽查结果。

农药、兽药经营者应当依照有关法律、行政法规的规定建立销售台账，记录购买者、销售日期和药品施用范围等内容。

第三十条：关于农产品生产场所的要求。农产品生产场所以及生产活动中使用的设施、设备、消毒剂、洗涤剂等应当符合国家有关质量安全规定，防止污染农产品。

第三十一条：关于农业投入品监督管理和指导的规定。

县级以上人民政府农业农村主管部门应当加强对农业投入品使用的监督管理和指导，建立健全农业投入品的安全使用制度，推广农业投入品科学使用技术，普及安全、环保农业投入品的使用。

第三十二条：关于优质农产品的规定。

国家鼓励和支持农产品生产经营者选用优质特色农产品品种，采用绿色生产技术和全程质量控制技术，生产绿色优质农产品，实施分等分级，提高农产品品质，打造农产品品牌。

第三十三条:关于农产品冷链物流的规定。

国家支持农产品产地冷链物流基础设施建设，健全有关农产品冷链物流标准、服务规范和监管保障机制，保障冷链物流农产品畅通高效、安全便捷，扩大高品质市场供给。

从事农产品冷链物流的生产经营者应当依照法律、法规和有关农产品质量安全标准，加强冷链技术创新与应用、质量安全控制，执行对冷链物流农产品及其包装、运输工具、作业环境等的检验检测检疫要求，保证冷链农产品质量安全。

第五章　农产品销售

第三十四条:关于销售的农产品质量检测的要求。

农产品生产企业、农民专业合作社应当根据质量安全控制要求自行或者委托检测机构对农产品质量安全进行检测;经检测不符合农产品质量安全标准的农产品，应当及时采取管控措施，且不得销售。

农业技术推广等机构应当为农户等农产品生产经营者提供农产品检测技术服务。

第三十五条:关于农产品在包装、保鲜、储存、运输时的要求。

农产品在包装、保鲜、储存、运输中所使用的保鲜剂、防腐剂、添加剂、包装材料等，应当符合国家有关强制性标准以及其他农产品质量安全规定。

储存、运输农产品的容器、工具和设备应当安全、无害。禁止将农产品与有毒有害物质一同储存、运输，防止污染农产品。

第三十六条:关于禁止销售的农产品的范围。

第三十七条至第四十条:关于农产品生产经营者的要求。

农产品批发市场应当按照规定设立或者委托检测机构，对进场销售的农产品质量安全状况进行抽查检测;发现不符合农产品质量安全标准的，应当要求销售者立即停止销售，并向所在地市场监督管理、农业农村等部门报告。

农产品销售企业对其销售的农产品，应当建立健全进货检查验收制度;经查验不符合农产品质量安全标准的，不得销售。

第四十一条:关于农产品追溯管理的要求。

国家对列入农产品质量安全追溯目录的农产品实施追溯管理。国务院农业农村主管部门应当会同国务院市场监督管理等部门建立农产品质量安全追溯协作机制。农产品质量安全追溯管理办法和追溯目录由国务院农业农村主管部门会同国务院市场监督管理等部门制定。

国家鼓励具备信息化条件的农产品生产经营者采用现代信息技术手段采集、留存生产记录、购销记录等生产经营信息。

第四十二条:关于农产品质量标志的规定。

农产品质量符合国家规定的有关优质农产品标准的，农产品生产经营者可以申请使用农产品质量标志。禁止冒用农产品质量标志。国家加强地理标志农产品保护和管理。

第四十三条:关于转基因农产品标识的规定。

属于农业转基因生物的农产品,应当按照农业转基因生物安全管理的有关规定进行标识。

第四十四条:关于农产品检验检疫的标识的规定。

依法需要实施检疫的动植物及其产品,应当附具检疫标志、检疫证明。

第六章　监督管理

第四十五条:关于农业农村主管部门和市场监督管理等部门对农产品质量安全监督管理的协调的要求。

县级以上人民政府农业农村主管部门和市场监督管理等部门应当建立健全农产品质量安全全程监督管理协作机制,确保农产品从生产到消费各环节的质量安全。

第四十六条和第四十七条:关于农业农村主管部门监督工作的要求。

县级以上人民政府农业农村主管部门应当根据农产品质量安全风险监测、风险评估结果和农产品质量安全状况等,制定监督抽查计划,确定农产品质量安全监督抽查的重点、方式和频次,并实施农产品质量安全风险分级管理。

第四十八条至第五十一条:关于农产品质量检测机构及其检测的要求。

农产品质量安全检测应当充分利用现有的符合条件的检测机构。从事农产品质量安全检测的机构,应当具备相应的检测条件和能力,由省级以上人民政府农业农村主管部门或者其授权的部门考核合格。具体办法由国务院农业农村主管部门制定。农产品质量安全检测机构应当依法经资质认定。

第五十二条至第五十五条:关于农产品质量安全监督管理的具体工作及措施。

县级以上地方人民政府农业农村主管部门应当加强对农产品生产的监督管理,开展日常检查,重点检查农产品产地环境、农业投入品购买和使用、农产品生产记录、承诺达标合格证开具等情况。

第五十六条至第五十八条:关于农产品质量安全管理的监督工作。

国家鼓励消费者协会和其他单位或者个人对农产品质量安全进行社会监督,对农产品质量安全监督管理工作提出意见和建议。任何单位和个人有权对违反本法的行为进行检举控告、投诉举报。

第五十九条:关于农产品质量安全突发事件应急预案的规定。

国务院农业农村主管部门应当会同国务院有关部门制定国家农产品质量安全突发事件应急预案,并与国家食品安全事故应急预案相衔接。

县级以上地方人民政府应当根据有关法律、行政法规的规定和上级人民政府的农产品质量安全突发事件应急预案,制定本行政区域的农产品质量安全突发事件应急预案。

第六十条:关于农产品生产经营活动的监督的规定。

第六十一条:关于农产品质量安全违法的规定。

第七章　法律责任

第六十二条:关于对违法失职的政府工作人员的处分。

第六十五条:关于违法的农产品质量安全检测机构及人员的责任的规定。

农产品质量安全检测机构、检测人员出具虚假检测报告的,由县级以上人民政府农业农村主管部门没收所收取的检测费用,并处罚款;对直接负责的主管人员和其他直接责任人员处一万元以上五万元以下罚款;使消费者的合法权益受到损害的,农产品质量安全检测机构应当与农产品生产经营者承担连带责任。

因农产品质量安全违法行为受到刑事处罚或者因出具虚假检测报告导致发生重大农产品质量安全事故的检测人员,终身不得从事农产品质量安全检测工作。农产品质量安全检测机构不得聘用上述人员。

第六十六条:关于农产品禁止生产区域和污染农产品产地的违法行为的处罚规定。

第六十七条:关于农业投入品的违法行为的处罚规定。

第六十八条至第七十四条:关于农产品生产经营者违法行为的处罚规定。

第七十五条:关于农产品质量安全追溯要求的违法行为的处罚规定。

第七十六条:关于阻挠农产品质量安全监督的违法行为的处罚规定。

第七十七条:关于食用农产品在生产经营环节的违法行为的处罚规定。

第七十八条:关于违反本法应承担的刑事责任的综合性规定。

第七十九条:关于违反本法应承担的民事责任的综合性规定。

第八章　附则

第八十条:是关于粮食的生产经营环节的规定。

粮食收购、储存、运输环节的质量安全管理,依照有关粮食管理的法律、行政法规执行。

第八十一条:本法施行时间。

本法自 2023 年 1 月 1 日起施行。

2.4 《中华人民共和国标准化法》

2.4.1 立法意义

《中华人民共和国标准化法》由中华人民共和国第七届全国人民代表大会常务委员会第五次会议于 1988 年 12 月 29 日通过,自 1989 年 4 月 1 日起施行。2017 年 11 月 4 日第十二届全国人民代表大会常务委员会第三十次会议修订,自 2018 年 1 月 1 日起施行。

标准是经济社会生活中一个重要的技术依据,标准化涉及社会经济生活的各方面,对国计民生具有非常重要的作用。《中华人民共和国标准化法》的制定和修订有利于贯彻以人民为中心的发展思想,提升产品和服务质量,提高经济社会发展水平,促进经济社会高质量的发展,有利于强化标准化工作的法治管理,有利于助力更高水平的对外开放,因为标准是世界的通用语言,也是国际贸易的通行证。

《中华人民共和国标准化法》规定，标准包括国家标准、行业标准、地方标准和团体标准、企业标准。国家标准分为强制性标准、推荐性标准，行业标准、地方标准是推荐性标准。强制性标准必须严格执行。国家鼓励采用推荐性标准。

2.4.2　主要内容

《中华人民共和国标准化法》分为六章四十五条，主要内容是确定了标准的制定、实施以及监督管理的体制，明确了违法行为的法律责任和处罚办法。

第一章　总则。

总则包括立法宗旨、标准定义、标准化工作的任务、制定标准的要求、标准化主管部门、标准化协调机制、社会机构参与标准化工作、表彰和奖励。

第二章　标准的制定。

标准的制定包括强制性国家标准、推荐性国家标准、行业标准和地方标准的制定；强制性标准和推荐性标准的要求；团队标准的制定；企业标准的制定；各标准制定的技术要求；标准制定的目的；标准编号。

第三章　标准的实施。

标准的实施包括强制性标准实施要求的规定；合同、声明、执行的标准的规定；标准的复审；标准化示范及宣传工作。

第四章　监督管理。

监督管理包括标准化行政主管部门对标准制定、实施的监督检查；举报和投诉的受理。

第五章　法律责任。

法律责任包括违反强制性标准、公开标准的法律责任；不合法标准的改正、废止的规定，以及法律责任；行政管理人员违法的法律责任。

第六章　附则。

附则包括军用标准的制定、实施和监督办法，由国务院、中央军事委员会另行制定；本法的生效时间。

思考题

1. 中国食品安全监管体制的变迁经历了哪些阶段？
2. 简述《中华人民共和国食品安全法》修订的主要内容。
3. 简述中国食品安全监管体系。
4. 中国食品安全监督管理部门有哪些？它们的主要职责分别是什么？
5.《中华人民共和国农产品质量安全法》制定的目的和意义是什么？

第3章 食品标准基础知识

食品安全质量标准是企业组织食品生产的主要依据,食品安全水平的高低取决于食品安全质量标准的水平。要确保食品质量与安全,就必须实行从田间到餐桌的全程标准化。如今,标准化在人们日常生活和社会经济发展中具有极其重要的地位和作用,受到全社会的普遍关注。因此,国际标准化组织(International Organization for Standardization,ISO)于1969年决定把每年的10月14日定为世界标准化日。

食品安全问题是中国经济发展中的一个战略性问题。食品安全质量水平的高低是一个国家经济、科技、教育和管理水平的综合反映,已成为影响国民经济和对外贸易的主要因素。全球社会经济一体化是21世纪不可逆转的大趋势,国际竞争必然更加激烈,采用谁的标准作为国际标准,对各国产业的国际竞争力影响重大。在高新技术领域谁的技术标准领先,谁就控制了未来市场。世界上主要发达国家高度重视标准化的作用,已把技术标准作为战略性竞争手段。因而,掌握标准化知识,了解国内外的动态和发展趋势,对应对食品质量安全的国际化竞争有十分重要的意义。

3.1 标准与标准化

3.1.1 标准

标准是指标准化意义上的标准。标准与法律同属规范的范畴,具有规范性,但二者属于不同性质的规范。随着社会经济与法治的发展,标准化和法治化的领域不断扩大,标准与法律的联系日趋密切,呈现"你中有我、我中有你"的融合趋势。从法的角度来看,这种"融合"具体表现为标准逐渐进入法律的领域,在法律调整社会关系的过程中发挥着越来越重要的作用。在标准化意义上,标准是以科学、技术和经验的综合成果为基础而制定的,标准作为一种规范,旨在于为产品、过程和服务提供符合科学、技术和经验的规范。因此,标准与科学、技术有直接关联。在法律文本中,"技术标准""产品标准""服务标准""质量标准""安全标准”“卫生标准”“污染物排放标准”等都表明了标准与科学技术的联系。如果法律需要解决特定的科学技术问题，那么就有必要规定标准，且法律需要解决的科学技术问题对法律问题的解决越来越重要，规定标准并赋予其相应的法律地位就不可或缺。

在食品安全、产品质量、环境保护、安全生产、能源、工程建设、医药卫生等领域的法律文本中，频繁检索出“标准”一词。这是因为在这些领域，法律需要解决的科学技术问题对法的目标和宗旨具有极为重要的意义。例如，在《中华人民共和国食品安全法》文本中，共检索出“标准”100 次，是该法还设专章规定食品安全标准（第三章），可见食品安全标准对于《中华人民共和国食品安全法》的重要性。究其缘由，在于食品安全与否本质上是科学技术问题，这一问题的解决对实现《中华人民共和国食品安全法》的立法宗旨（保证食品安全，保障公众身体健康和生命安全）至关重要。标准在规范法律行为时既为“如何为”的问题提供具体指引，又为判定合法行为（适法行为）与违法行为提供了事实依据。

标准是人类认识和掌握客观事物规律的经验结晶，标准的修订和完善是人类认识和掌握客观事物规律不断积累和深化的过程。标准与标准化是标准化概念体系中最基本的概念，是人们在生产实践中对标准化活动的相关范畴、本质特征的概括。

GB/T 20000.1—2014《标准化工作指南　第 1 部分：标准化和相关活动的通用术语》给出的“标准”的定义是“为了在一定范围内获得最佳秩序，经协商一致制定并由公认机构批准，共同使用和重复使用的一种规范性文件”。该定义与 WTO（世界贸易组织）/《技术性贸易壁垒协定》（TBT 协定）对标准的定义：“经公认机构批准的、规定非强制执行的、供通用或反复使用的产品或相关工艺和生产方法的规则、指南或特性的文件”，在文字表述上有一定的差异，但其核心要求一致。标准以科学、技术和经验的综合成果为基础，以促进最佳共同效益为目的。该定义从不同侧面揭示了标准概念的含义，归纳起来主要有以下几点。

（1）制定标准的出发点和目的　“获得最佳秩序”“促进最佳共同效益”。“最佳秩序”是指通过制定和实施标准，使标准化对象的有序化程度达到最佳状态；“最佳共同效益”是指相关方的共同效益，而不是仅仅追求某一方的效益，这是作为“公共资源”的国际标准、国家标准所必须做到的。当然，最佳不易做到，这里的“最佳”有两重含义：一是努力方向、奋斗目标，要在现有条件下尽最大努力争取做到；二是要有整体观念、局部服从整体，追求整体最佳。“建立最佳秩序”“取得最佳公共效益”集中概括了标准的作用和制定标准的目的，又是衡量标准化活动、评价标准质量和价值的重要依据。

（2）制定标准的来源和产生的基础　每制定一项标准，都必须踏踏实实地做好两方面的基础工作。

①将某一时间段科学研究的成就、技术进步的新成果同实践中积累的先进经验相互结合，纳入标准，奠定标准科学性的基础。这些成果和经验不是不加分析地纳入标准，而是通过分析、比较、选择后再加以综合，是对科学、技术和经验加以消化、融会贯通、提炼和概括的过程。总体而言，标准的社会功能就是将截至某一时间点，社会积累的科学、技术和实践的经验成果予以规范化，以促成对资源更有效的利用和为技术的进一步发展搭建一个平台并创造稳固的基础。

②标准反映的不应是局部、片面的经验,也不能仅仅体现局部利益。因此不能仅凭少数人的主观意志制定标准,而应该由有关人员(如用户、生产方、政府、科研及其他利益相关方)进行认真讨论,充分协商一致,最后要从共同利益出发做出规定。这样制定的标准才能既体现科学性,又体现民主性和公正性。标准的这两个特性越突出,所制定标准的基础越牢固,特性把握得越准确,在实际执行中的权威性就越高。

(3)制定标准化对象的特征　制定标准的对象应具备共同使用或重复使用的特征。其外延已从技术领域延伸到经济领域和人类生活的其他领域,因此,对象的内涵缩小为有限的特征,即"重复性事物"。这里说的"重复"是指同一事物反复出现的性质。例如,大量生产的产品在生产过程中的重复投入、加工、检验、出产;某一类技术活动(如某一零件的设计)在不同地点、不同对象上同时或相继发生;某一种概念、方法、符号被许多人反复应用等。

标准是实践经验的总结。具有重复性特征的事物,才能积累以往的经验,标准就是这种经验积累的一种方式。新标准的产生是这种积累的开始(当然,在此之前也有积累,那是通过其他方式),标准的修订是积累的深化,是新经验取代旧经验的过程。标准化过程就是人类实践经验不断积累与不断深化的过程。

(4)由公认的权威机构批准国际标准、区域性标准以及各国的国家标准　标准是社会生活和经济技术活动的重要依据,是人民群众、广大消费者以及标准各相关方利益的体现,并且作为一种公共资源,必须由代表各方利益、为社会所公认的权威机构批准,方能为各方接受。

(5)标准的本质特性和形式　制定标准就是为了实现"统一",统一是标准的本质特性,但统一到何种程度,这个"度"应该与当代科学发展水平相协调。与企业标准不同,企业标准不仅是企业的私有资源,在企业内部还具有强制力。根据 WTO 的有关规定和国际惯例,标准具有自愿性,而法规或合同具有强制性,标准的内容只有通过法规或合同的引用才能强制执行。

3.1.2　标准化

3.1.2.1　标准化方法原理

(1)桑德斯标准化理论　1972 年,ISO 出版了桑德斯的《标准化的目的与原理》。他在书中提出了 7 条原理,即简单化、协议、实施、选择与确定、修订、技术规定(包括试验方法和取样方法)、强制性的适用领域(安全、人的健康和消费者的利益)。他认为标准化的目的是减少社会日益增长的复杂性,这是对标准化作用的深刻概括,对后来的理论建设具有重要的意义。

(2)松浦四郎的标准化理论　1972 年,松浦四郎出版《工业标准化原理》,提出 19 项原理。他创造性地将熵的概念引入标准化,把标准化概括为负熵,即让社会生活从无序向有序转化的一种活动。他认为在社会生活中,知识和事物增加的趋势同宇宙中熵的增加的自然趋势极为相似。人类为了得到效率更高的生活,避免不必要,甚至有害的增长,会有意识地减少不必要的多样化(这是人类天然的控制本能)。

（3）Henk De Vries 的定义　Henk De Vires 在其代表作《标准化：关于国家标准化组织的业务途径》中指出，国际标准化组织以及其他标准化组织给出的标准和标准化定义限制过于严格，仅适用于标准化组织自身的标准化工作，并不适合学术层面的标准化定义。于是，他将历史上以及各个标准化组织中的标准化定义和权威字典中的定义进行对比分析，最终得出结论：标准化是针对实际或潜在的匹配问题（matching problems）建立并记录一套有限解决方案的活动，旨在促进参与的一方或多方受益，平衡各方需要，且有意让所建立的解决方案在一定时期内被相当数量真正需要的相关方重复使用或连续使用。

3.1.2.2　标准化的定义

GB/T 20000.1—2014《标准化工作指南　第1部分：标准化和相关活动的通用术语》对“标准化”的定义为：“为了在既定范围内获得最佳秩序，促进共同效益，对现实问题或潜在问题确定共同使用和重复使用的条款以及编制、发布和应用文件的活动。”该定义等同于采用 ISO/IEC 指南 2：2004 的定义，也就是说，ISO/IEC 给出的“标准化”定义与此一致。

（1）标准化不是个孤立的事物，而是一项有组织的活动　标准化过程主要是制定标准、实施标准，进而修订标准，且并非一次性完成，而是不断循环、螺旋式上升的推动过程。每完成一个循环，标准水平就会相应提高。作为一门学科，标准化研究的是标准化过程中的规律和方法；作为一项工作，标准化就是根据客观情况的变化，不断推动这种循环过程的进行和发展。

标准是标准化活动的最终产物。标准化的目的和作用需要通过制定和实施具体标准来体现。因此，标准化活动不能脱离制定、修订和实施标准，这是标准化的基本任务和主要内容。

标准化的效果需在标准于社会实践中实施后才能显现。若标准没被运用或实施，就等于一张“空头支票”。因此，在标准化的全部活动中，实施标准是一个不容忽视的关键环节。一旦这一环节中断，标准化循环发展过程就会中断，更无从谈及标准化了。

（2）标准化是一项有目的的活动　标准化可具有一个或更多特定的目的，促使产品、过程或服务具备适用性，这可能涉及品种控制、可用性、兼容性、互换性、健康、安全、环境保护、产品防护、相互理解、经济效益和贸易等方面。一般来说，标准化的主要作用，除为达到预期目的改进产品、过程或服务的适用性外，还包括防止贸易壁垒、促进技术合作等。标准化考虑产品、过程或服务的安全问题通常着眼于实现包括人类行为等非技术因素等若干因素的最佳平衡，将损害人员和物品的可避免风险降低到可接受的程度。

（3）标准化活动是建立规范的活动　定义中所说的“条款”，即规范性文件内容的表述方式。标准化活动所建立的规范具有共同使用和重复使用的特性。条款或规范不仅针对当前存在的问题，而且针对潜在的问题，这是信息时代标准化的一个重大变化和显著特点。

3.1.2.3　食品标准化的定义

食品标准化是指在食品领域特定范围内，为获得最佳秩序，针对基础性问题或实际、潜在的食品技术问题，制定共同使用和重复使用的条款，并开展编制、发布及应用文件的活动。

食品标准化的特征如下。

①食品标准化如同生产标准化，是一个动态活动过程。

②制定食品标准是食品标准化活动的基础。

③实施食品标准是实现食品生产管理和监管的关键。

3.1.3 标准和标准化的基本特征

(1)经济性 标准和标准化的经济性是由其目的决定的。标准化旨在获得最佳的全面经济效果、最佳的秩序和社会效益，这里的经济效果应是“全面”的，而不是“局部”或“片面”的，不能仅考虑某一方面的经济效果或某一个部门、某一个企业的经济效果等。在考虑标准化效果时，经济效果在一些行业中是主要考量因素，如电子行业、食品加工业、纺织行业等。但在国防的标准化、环境保护标准化、交通运输标准化、安全卫生的标准化等情况下，应该考虑最佳秩序和其他社会效益。标准和标准化具有系统性和协调性，各部门的标准应当配套成龙、协调一致，形成系统。

(2)科学性 标准化是科学、技术与实验的综合成果发展的产物。它不仅奠定了当前的基础，还决定了将来的发展，始终与发展的步伐保持基本一致，这说明了标准化活动以生产实践和科学实验的经验总结为基础。标准来自实践，反过来又指导实践，既奠定了当前生产活动的基础，又推动未来的发展，体现了严格的科学性和规律性。

标准的制定与修改必须建立在科研和生产实践的基础上，基于深入细致的调查研究，有充分数据作为依据，同时要保持标准的相对性和先进性。

(3)民主性 标准化活动是为保障所有有关方面的利益，在各方协作下开展的“有秩序的特定活动”，充分体现了标准化工作的民主性。由于各方面存在不同利益，为更好地协调各方面的利益，就必须进行协商与相互协作，这是标准化工作最基本的要求。标准化活动应有广泛性和群众性。企业内的工人、技术人员和管理干部都是标准执行主体，各标准项目的制定和修订应广泛吸纳他们参与，以确保标准的先进性和可行性。

(4)法规性 没有明确的规定，就不能成为标准。标准要求对标准化对象做出明确的统一规定，不允许有含糊不清的解释。标准不仅有“质”的要求，而且还有“量”的规定，内容应严格规范，同时对形式和生效范围做出明确规定。标准一旦由国家、企业或组织批准发布实施，相关方必须按标准组织生产、进行产品检验和验收，标准也会成为合同、契约、协议的条件及仲裁检验的依据，体现法规性。

标准具有指令性和严肃性。标准是必须遵守的规则和条令。制定和贯彻各种技术标准和管理标准要严肃认真，凡不经审批机关部门批准，任何人不得擅自改变标准，各级领导不得任意违反标准，每个人都要按标准办事。

3.1.4 标准化的目的

标准化的作用主要是将企业积累的技术和经验以文件形式进行规范，也就是把个人的经验(财富)转化为企业的财富。因为有了标准化，即便不同的人来操作同一项工作，也不会因为个体差异在效率与品质上出现大的偏差。如果没有标准化，老员工离职时会将所有发生问题的对应方法、作业技巧等宝贵经验一并带走，新员工可能会重复发生以前的问题。没有标准化，不同师傅带出的徒弟，工作成果的一致性也难以保证。结合以上内容，标准化的目的有以下几个方面。

(1)适用性　产品、过程或服务在具体条件下适合规定用途的能力。

(2)兼容性　诸多产品、过程或服务在特定条件下同时使用时，各自满足相应要求，且彼此不会产生不可接受的相互干扰的适应能力。

(3)互换性　某一产品、过程或服务能用来代替另一产品、过程或服务并满足同样要求的能力。功能方面的互换性称为"功能互换性"，量度方面的互换性称为"量度互换性"。

(4)品种控制　为满足主导需求，对产品、过程或服务的规格或类型数量进行的最佳选择。

(5)安全　免除不可接受的伤害风险的状态。标准化在考虑产品、过程或服务的安全问题时，通常着眼于实现包括人类行为等非技术因素等若干因素的最佳平衡，将对人员和物品造成伤害的可避免风险降低到可接受的程度。

(6)环境保护　环境免受因产品使用、过程操作或服务提供所造成的不可接受的损害。

(7)产品防护　产品在使用、运输或贮存过程中免受气候或其他不利条件造成的损害。

3.1.5　标准化的主要作用

标准化是经济建设和社会发展的重要基础工作之一，是各行各业实现管理现代化的基本前提。做好标准化工作对于参与国际经济大循环，促进科学技术转化为生产力，以及国民经济走可持续发展道路等都有重要的意义。中国多年的社会主义建设实践证明，标准化在经济发展中起着不可替代的重要作用，主要表现在以下几个方面。

①标准化为科学管理奠定了基础。科学管理就是依据生产技术的发展规律和客观经济规律对企业进行管理，而各种科学管理制度的形成均以标准化为基础。

②促进经济全面发展，提高经济效益。标准化应用于科学研究可以避免研究的重复劳动；应用于产品设计可以缩短设计周期；应用于生产可使生产在科学和有秩序的基础上进行；应用于管理可以使管理更加统一、协调、高效率等。

③标准化是科研、生产、使用三者之间的桥梁。一项科研成果，一旦纳入相应标准，就能迅速得到推广和应用。因此，标准化推广和应用新技术和新科研的成果，并促进技术发展。

④标准化为组织现代化生产创造了前提条件。随着科学技术的发展，生产的社会化程度的提高和生产规模的扩大，技术要求将变得复杂，分工将越来越精细，生产协作会变得更加广泛，因此，必须通过制定和使用标准，来确保各生产部门的活动在技术上保持高度的统一和协调，以使生产正常进行。

⑤促进对自然资源的合理利用，保持生态平衡，维护人类社会的当前利益和长远的利益。

⑥合理发展产品品种，提高企业应变能力，以更好地满足社会需求。

⑦保证产品质量，维护消费者利益。

⑧在社会生产组成部分之间进行协调，确立共同遵循的准则，建立稳定的秩序。

⑨在消除贸易障碍、促进国际技术交流和贸易发展、提高产品在国际市场上的竞争能力方面具有重大作用。

⑩保障身体健康和生命安全。大量的环保标准、卫生标准和安全标准制定发布后，通过法律形式强制执行，对保障人们的身体健康和生命财产安全具有重大意义。

3.1.6 标准化活动的基本原则

(1)超前预防的原则　标准化的对象不仅要在依存主体的实际问题中选取，更应从潜在问题中选取，以避免因该对象非标准化而造成损失。标准的制定以科学技术与实验的成果为基础，针对复杂问题，如安全、卫生和环境等方面，在制定标准时必须进行综合分析，避免不必要的人身财产安全问题和经济损失。

(2)协商一致的原则　标准化的成果应建立在相关各方协商一致的基础上。标准化活动要得到社会的接受和执行，就要坚持标准化的民主性。通过标准使用各方充分协商讨论，最终形成一致的标准，该标准才能在实际生产和工作中得到顺利地贯彻实施。

(3)统一有度的原则　在一定范围、一定时期和一定条件下，对于标准化对象的特性和特征应做出统一规定，以实现标准化的目的。这是标准化的技术核心，技术指标反映标准水平，要根据科学技术发展水平和产品、管理等实际情况确定，必须坚持统一有度的原则。如食品中有毒、有害元素的最高限量，农药残留的最高限量，食品营养成分的最低限量等。

(4)动变有序的原则　标准应依据所处环境的变化，按规定程序适时修订，以保证标准的先进性和适用性。一个标准制定完成后绝非一成不变，而应随着科学技术的不断进步和人们生活水平的提高，适时地对其进行修订。国家标准一般每 5 年修订一次，企业标准每 3 年修订一次。

(5)互相兼容的原则　在制定标准时，必须坚持互相兼容的原则。在标准中要统一计量单位、统一制图符号，对一个活动或同一类的产品在核心技术上应制定统一的技术要求，以达到资源共享的目的。如集装箱的外形尺寸应一致，以方便使用。食品加工机械与设备及其零配件等都应有统一的规格，以满足互相兼容的要求。

(6)系列优化的原则　标准化对象应优先考虑使其依存主体系统能获得最佳经济效益。在标准制定，尤其是系列标准的制定中，如通用检测方法标准、不同档次的产品标准和管理标准、工作标准等一定要坚持系列优化的原则，减少重复，避免人力、物力、财力和资源的浪费，提高经济效益和社会效益。如食品中微生物的测定方法是一个比较通用的方法，不同种类的食品都可以引用该方法，便于测定结果的相互比较，保证产品质量。

(7)阶梯发展的原则　标准化活动过程是一个阶梯状的上升发展过程。科学技术的发展与人们认识水平的提高，显著促进了标准化发展，使标准的修订能不断满足社会生活的需求，推动标准水平不断提升。

(8)滞阻即废的原则　当标准制约或阻碍依存主体的发展时，应进行更正、修订或废止。任何标准都有两重性。随着科学技术和科学管理水平的提升，现行标准会因制定时科技水平和认识水平的限制而可能成为阻碍生产力发展和社会进步的因素，此时要立即更正、修订或废止，重新制定新标准，以适应社会经济发展的需求。为保持标准的先进性，国家标准化行政主管部门或企业标准的批准和发布者要定期对在用的标准进行审定和修改，以发挥标准应有的作用。

3.1.7 标准化的形式

(1)简化 对于具有同种功能的标准化对象，当多样性的发展规模超出了必要范围时，消除其中多余、可替换、低功能的环节，确保构成的精炼、合理，维持整体功能的最佳状态。

(2)统一化 将同类事物两种以上的表现形态归纳为一种或限定在一个范围内的标准化形式。其包括绝对统一(单位、名称、代号)和相对统一(公差范围、产品分级)。

(3)系列化 针对同一类产品中的一组产品，采用通盘规划的标准化形式，是标准化的高级形式。

(4)通用化 在同一类型、不同规格或不同类型的产品和装备中，用途相同而结构相近似的零部件，经过统一后可彼此互换的标准化形式。通用化以互换性(功能互换和尺寸互换)为前提。

(5)组合化(积木化) 按照统一化、系列化的原则，设计并制造出若干组通用性较强的单元，根据需要拼合成不同用途物品的标准化形式。单元体拆装后可以组合新的结构，可重复利用。

(6)模块化 以模块为基础，综合通用化、系列化、组合化的特点，用于解决复杂系统类型多样化、功能多变的一种标准化形式。

3.1.8 标准和标准化之间的关系

标准化是在一定范围内获得最佳秩序，针对实际或潜在问题制定共同且重复使用规则的活动。

标准化是一项制定条款的活动，所制定条款具备共同使用和重复使用的特点，其内容针对现实问题或潜在问题，目的是在一定范围内获得最佳秩序。这些条款构成规范性文件，即标准化的结果是形成条款，一组相关条款形成规范性文件。如果这些规范性文件符合制定标准的程序并经过公认机构发布，便成为标准。因此，标准是标准化活动的结果之一。

标准是对一定范围内的重复性事物和概念所做的规定，是科学、技术和实践经验的总结，其载体为文件。

3.1.9 标准化、标准化系统和标准的区别

以倒酒为例，酒杯的下刻线就是标准；将酒都倒至酒杯下刻线的操作就是标准化；不仅规范倒酒操作，还将倒酒的人、饮用酒品等相关要素进行规范，这些标准化内容相互关联，构成标准化管理体系。

3.2 标准分类和标准体系

3.2.1 中国标准的分类

标准是在一定范围内充分反映各相关方利益，经对不同意见进行协调，并协商一致后，由公认机构批准发布，供利益相关方共同使用且重复使用的文件。因在不同层次上进行标准化活动，所制定标准的适用范围也各不相同。世界各国标准种类繁多，分类方法不尽统一。根据李春田《标准化概论》(第五版)中对标准的分类和有关的标准化资料，并按照标准的宗旨、功能、作用以及标准形式等因素，并参考国际通用标准分类方法，本书列举以下几种分类方法。

3.2.1.1 按标准制定参与者的不同层次及其适用范围分类

按《中华人民共和国标准化法》第二条规定的级别，标准的种类有以下几种。

(1)国家标准　是指由国家标准机构通过并公开发布的标准，如美国标准(ANSI)、日本工业标准(JIS)、德国标准(DIN)、英国标准(BS)等。对中国而言，国家标准是指由国务院标准化行政主管部门制定，对全国国民经济和技术发展以及建设创新型国家具有重大意义，必须在全国范围内执行。

(2)行业标准　是指在国家某个行业通过并公开发布的标准。行业标准制定项目由行业标准归口的国务院有关行政部门统一管理，涵盖编制计划、组织制定、审批、编号、发布等工作。行业标准发布后，归口的国务院有关行政主管部门需按有关规定向国务院标准化行政主管部门备案。行业标准不得与国家标准相抵触，行业标准之间应保持协调统一，避免重复；针对同一标准化对象和同一主题内容，不得制定不同行业标准。在公布相应国家标准之后，该项行业标准即行废止。

西方发达国家的行业协会多为民间组织，其制定的标准种类繁多、数量庞大，通常称为行业协会标准。

(3)地方标准　是指在国家某个地区通过并公开发布的标准。对中国而言，地方标准是指当没有国家标准和行业标准，且在省、自治区、直辖市范围内统一下列要求时，可以制定地方标准(含标准样品的制作)：工业产品的安全、卫生的要求，食品卫生，环境保护，节约能源，种子等法律法规制定的要求以及其他法规规定的要求。

中国地方标准的制定项目由省、自治区、直辖市人民政府标准化行政主管部门统一编制计划，组织制定、审批、编号、发布。地方标准发布后，省、自治区、直辖市标准化行政主管部门按有关规定，应分别向国务院标准化行政主管部门和有关行政主管部门备案。在相应国家标准或行业标准发布后，该项地方标准即行废止。

(4)团体标准　团体是指具有法人资格，且具备相应专业技术能力、标准化工作能力和组织管理能力的学会、协会、商会、联合会和产业技术联盟等社会团体。团体标准是由团体按照团体确立的标准制定程序自主制定发布，由社会自愿采用的标准，以提高团体竞争力。

国务院标准化主管部门会同国务院有关部门制定了《关于培育和发展团体标准的指导意见》,对团体标准进行了必要的规范、引导和监督,明确了团体标准的合法地位。

国务院标准化行政主管部门组织建立全国团体标准信息平台,加强信息公开和社会监督。各省级标准化行政主管部门可根据自身需要组织建立团体标准信息平台,并与全国团体标准信息平台相衔接。社会团体可在平台上公开本团体基本信息及标准制定程序等文件,接受社会公众提出的意见和评议。该平台于 2019 年 1 月正式发布上线。

(5)企业标准　对企业范围内需要协调统一的技术要求、管理要求和工作要求所制定的标准,称为企业标准。企业标准由企业制定,并由企业法人代表或其授权人批准、发布,由企业法定代表人授权的部门统一管理。作为企业生产和交货依据的企业产品标准发布后,企业应按有关规定及其要求的隶属关系,报当地政府标准化行政主管部门和有关行政主管部门备案,经备案后,方可实施。

企业标准与国家标准有着本质的区别:首先,企业标准是企业独占的无形资产;其次,在遵守法律的前提下,企业标准如何制定完全由企业自己决定;最后,企业标准采取什么形式、规定什么内容,以及标准制定的时机等,完全依据企业本身的需要和市场及客户的要求,由企业自己决定。

3.2.1.2　按标准的对象和作用范围分类

按标准的对象和作用范围,标准分为技术标准、管理标准、工作标准。

(1)技术标准　是指对标准化领域中需要协调统一的技术事项所制定的标准。它是企业标准体系的主体,是企业组织生产、技术、经营和管理的一种共同遵守的技术依据。技术标准的形式可以是用文字表达的标准文件以及标准样品实物。技术标准种类繁多,按其标准化对象的特征和作用可分为以下几种。

①基础技术标准。它是具有广泛的适用范围或包含一个特定领域的通用条款的标准。基础标准既可直接应用,又可作为其他标准的基础。如标准化工作导则包括标准的结构、文件格式要求、标准编写的基本规定和标准印刷的规定等,这些标准是标准化工作的指导性标准。

②产品标准。它是规定一个产品或一类产品应满足的要求以确保其适用性的标准。产品标准的主要作用是规定产品的质量要求,包括性能要求、适应性要求、使用技术条件、检验方法、包装及运输要求等。它是产品生产、检验、验收、使用、维修和贸易洽谈的技术依据。

③工艺标准。它是根据产品加工工艺的特点,对产品的工艺方案、工艺过程的程序、工序操作要求、操作方法和检验方法、工艺装备和检测仪器等加以优化和统一后形成的标准。如工艺名词术语、工艺文件格式等。

④设计标准。它是指为保证与提高产品设计质量而制定的技术标准。设计的质量从根本上决定产品的质量。设计标准通过规定设计的过程、程序、方法、技术手段,保证设计的质量。

⑤检验测试标准。检验是指通过观察和判断,适当结合测量、试验所进行的符合性评价。检验的目的是判断产品是否合格。针对不同的检验对象,检验标准分为进货检验标准、

工序检验标准、产品检验标准、设备安装交付验收标准、工程竣工验收标准等。

⑥信息标识、包装、搬运、贮存、安装、交付、维修、服务标准。这类标准服务于企业组织生产的产品，是对产品的信息标识、包装、搬运、贮存、安装、交付、维修和后期服务制定的相应技术标准。

⑦设备和工艺装备标准。设备和工艺装备标准是指对产品制造过程中所使用的通用设备、专用工艺装备(包括刀具、夹具、模具、工位器具)、工具及其他生产器具的要求制定的技术标准。设备和工艺装备标准的作用主要是保证设备的加工精度，以满足产品质量要求，维护设备使之保持良好状态，以满足生产要求。

⑧基础设施和能源标准。它是指对生产经营活动和产品质量特性起重要作用的基础设施，包括生产厂房、供电、供热、供水、供压缩空气、产品运输及贮存设施等制定的技术标准。基础设施和能源标准的主要作用是保证生产技术条件、环境和能源满足产品生产的质量要求。

⑨原料验收标准。制定原辅料的验收标准需具备判别原辅料质量合格与不合格的明确依据。只有原辅料符合验收标准后，方可入库；不符合验收标准，则需进行退货或销毁等程序。

⑩安全、卫生、环保标准。它是以保护人和动物的安全为目的而制定的标准。

安全标准有两种形式：一种是独立制定的安全标准；另一种是在产品标准或其他标准中列出有关安全的要求和指标。内容包括安全标志、安全色、劳动保护、安全规程、安全方面的质量要求、安全器械、试验方法等。

卫生标准是为保护人的健康，对食品、医药及其他方面的卫生要求制定的标准。其范围包括食品卫生标准、药物卫生标准、放射性卫生标准、劳动卫生标准、环境卫生标准等。

环境保护标准是为保护人类的发展和维护生态平衡，以围绕着人类的空间及其中可以直接或间接影响人类生产和发展的各种自然因素的总体为对象而制定的标准。环境标准是根据国家的环境政策和有关法令，在综合分析自然环境特征、控制环境污染的技术水平、经济条件和社会要求的基础上，规定环境中污染物的容许量和污染源排放污染物的数量和浓度等的技术要求。

(2)管理标准　管理标准是指对标准化领域或者企业标准化领域中需要协调统一的管理事项所制定的标准。管理标准主要是针对管理目标、管理项目、管理程序和管理组织所做的规定。

管理标准可分为管理基础标准、技术管理标准、经济管理标准、行政管理标准、安全管理标准、生产经营管理标准、设备能源管理标准等。制定管理标准的目的是保证技术标准的贯彻执行，确保产品质量，提高经济效益，合理地组织、指挥生产和正确处理生产、交换、分配之间的相互关系，使各项管理工作合理化、规范化、制度化和高效化。对于企业来讲，管理事项主要包括企业管理活动中所涉及的经营管理、设计开发与创新管理、质量管理、设备与基础设施管理、人力资源管理、安全管理、职业健康管理、环境管理、信息管理等与管理指标相关的重复性事项和概念。

(3)工作标准 对标准化领域或者企业标准化领域中需要协调统一的工作事项所制定的标准,称为工作标准。工作标准是对工作责任、权力、范围、质量要求、程序、效果、检查方法、考核办法等所制定的标准。

工作标准也是一个大类,可细分为决策层工作标准、管理层工作标准和操作人员工作标准。在决策层工作标准中,又可以分成最高决策层人员工作标准和决策层人员工作标准两类;在管理层工作标准中,又可以分成中层管理人员工作标准和一般管理人员工作标准两类。在操作人员工作标准中,又可以分成特殊过程操作人员工作标准和一般人员(岗位)工作标准两类。

3.2.1.3 按性质和法律约束力分类

《中华人民共和国标准化法》第二条规定,国家标准分为强制性标准、推荐性标准,行业标准、地方标准是推荐性标准。

(1)强制性标准 根据《中华人民共和国标准化法》的规定,强制性标准是指国家标准中保障人体健康和人身、财产安全的标准以及法律、行政法规规定强制执行的标准。此外,由省、自治区、直辖市标准化行政主管部门制定的工业产品的安全和卫生要求的地方标准,在本行政区域内也是强制性标准。国家强制性标准的代号是“GB”,字母“GB”是国标两字汉语拼音首字母的大写。

《关于加强强制性标准管理的若干规定》强调,只有在下述范围内需要强制执行的内容,才能制定成强制性标准:

①有关国家安全的技术要求。

②保障人体健康和人身财产安全的要求。

③产品及产品生产、储运和使用中的安全、卫生、环境保护等技术要求。

④工程建设的质量、安全、卫生、环境保护要求及国家需要控制的工程建设的其他要求。

⑤污染物排放限值和环境质量要求。

⑥保护动植物生命安全和健康的要求。

⑦防止欺骗、保护消费者利益的要求。

⑧维护国家经济秩序的重要产品的技术要求。

强制性国家标准由国务院部级强制性国家标准审定委员会审定,由国务院标准化行政主管部门批准、发布。

从上述范围来看,目前中国的强制性标准属于《技术性贸易壁垒协定》(TBT 协定)中涉及的技术法规的范畴。按照国际规则,标准不应具有强制性。中国加入 WTO 后,国际上已经基本认可中国的强制性标准等同于技术法规。

强制性标准具有法律属性,需在一定范围内借助法律、行政法规等强制手段实施。强制性标准一经发布,从事科研、生产、经营的单位和个人必须严格执行。凡不符合强制性标准要求的产品,禁止生产、销售和进口。

(2)推荐性标准 是指由标准化机构发布,供生产、使用等方面自愿采用的标准,国际上大多称为自愿性标准。推荐性标准是以科学、技术和经验的综合成果为基础,在各方充分协商一致后形成，其所规定的技术内容和要求具有普遍指导意义，允许使用单位结合自己的实际情况，灵活选用。为推动推荐性标准的贯彻实施，国家通过市场机制、政府引导和法规引用等方式，促使各有关单位执行。例如，通过实施生产许可证制度、质量认证制度、产品质量等级评定、产品质量监督抽查等措施鼓励执行。国家推荐性标准的代号是“GB/T”，其中字母“T”表示“推荐”的意思。在下列情况下，推荐性标准必须执行。

①法规引用的推荐性标准，在法规规定范围内必须执行。

②强制性标准引用的推荐性标准，在强制性标准适用范围内必须执行。

③企业采用的推荐性标准，在企业内部必须执行。

④经济合同引用的推荐性标准，在合同约定的范围内必须执行。

⑤产品或其包装上标注采用推荐性标准，产品必须符合该标准。

⑥获得认证并标示认证标志销售的产品，必须符合认证标准。

3.2.1.4 按具体内容来分类

食品标准从具体内容划分，主要包括食品产品标准、食品安全标准、食品添加剂标准、食品检验方法标准、食品包装材料与容器包装标准、食品工业基础标准及相关标准等。

食品生产企业良好操作规范（GMP）和危害分析与关键控制点（hazard analysis and critical control point，HACCP）以国家标准的形式列入食品标准。但它们不同于产品标准，属于技术法的范畴，主要围绕预防、控制和消除食品微生物及化学污染，确保产品卫生安全质量，对食品企业的工厂设计、选址和布局、厂房与设施、废水与处理、设备和器具的卫生、工作人员卫生和健康状况、原料卫生、产品的质量检验以及工厂卫生管理等方面提出具体要求。

3.2.1.5 按信息载体分类

按标准信息载体分类，食品标准分为标准文件和标准样品。标准文件主要用于提出要求或做出规定，是某一领域共同遵循的准则；标准样品主要用作提供实物，是质量检验、鉴定的对比依据，测量设备检定、校准的依据以及作为判断测试数据准确性和精确度的依据。

(1)标准文件

①不同形式的文件。不同形式的文件包括标准、技术规范、规程以及技术报告、指南等。

②不同介质的文件。标准文件有纸介质的文件和电子介质的文件。

(2)标准样品　标准样品是具有足够均匀的一种或多种化学的、物理的、生物学的、工程技术的或感官的等性能特征，经技术鉴定，并附有说明有关性能数据证书的一批样品。标准样品作为实物形式的标准，按其权威性和适用范围分为内部标准样品和有证标准样品。

①内部标准样品。内部标准样品是指在企业、事业单位或其他组织内部使用的标准样品，属于实物形式的企业内控标准。例如，涂料生产企业用于控制各批产品色差的涂料标样。内部标准样品既可以由组织自行研制，又可以从外部购买。

②有证标准样品。有证标准样品是具有一种或多种性能特征，经技术鉴定并附有性能

特征证书，且经国家标准化管理机构批准的标准样品。有证标准样品的特点是国家标准化管理机构批准并发给证书，由经过审核和准许的组织生产和销售。有证标准样品既广泛用于企业内部质量控制和产品出厂检验，又大量用于社会质量检验、鉴定，测量设备检定、校准以及环境监测等领域。

3.2.2 标准体系

3.2.2.1 标准体系的定义

依据 GB/T 13016—2018《标准体系构建原则和要求》，标准体系是指一定范围内的标准按其内在联系形成的科学的有机整体。一个国家标准体系包括国家标准体系、行业标准体系、专业标准体系三个层次。

3.2.2.2 标准体系表

依据 GB/T 13016—2018《标准体系构建原则和要求》，标准体系表是指一种标准体系模型，通常包括标准体系结构图、标准明细表，还可以包含标准统计表和编制说明。标准体系表的组成单元是标准，而不是产品。

第一部分：标准体系结构图。用于呈现标准体系的范围、边界、内部结构及意图。层次结构图通常会列出中国标准体系的标准层次和标准级别的关系，即国家标准体系、行业标准体系、专业标准体系与全国通用标准、行业通用标准、专业通用标准以及产品、服务、过程、管理标准之间的关系。

第二部分：标准明细表。其表头描述标准体系（或子体系）的不同属性。常见的标准明细表的表头，可以包含序号、标准体系编号、子体系名称、标准名称、引用标准编号、归口部门、缓急程度、宜定级别、标准状态等。

第三部分：标准统计表。根据统计目的设置不同的标准类别及统计项，其表格格式依此而定。

第四部分：标准体系表的编制说明。

3.2.2.3 构建标准体系的基本原则

（1）目标明确　标准体系服务于业务目标，构建标准体系时，首要任务是明确标准化目标。

（2）全面成套　应围绕标准体系目标展开构建，体现体系的整体性，即体系的子体系及子子体系的全面完整和标准明细表所列标准的全面完整。

（3）层次适当　标准体系表应有适当的层次。

①标准明细表中的每一项标准在标准体系结构图中应有相应的层次。

②从个性标准出发，提取共性技术要求并将其作为上一层的共性标准。

③为便于理解并减少复杂性，标准体系的层次不宜太多。

④同一标准不应同时被列入两个或两个以上子体系。

（4）划分清楚　标准体系表内的子体系或类别的划分，各子体系的范围和边界的确定，主要应按行业、专业或门类等标准化活动性质的同一性来划分,不宜按行政机构的管辖范围划分。

3.3 标准的制定

3.3.1 制定标准的原则

3.3.1.1 制定标准的总原则

①必须遵循《中华人民共和国标准化法》第二章的规定,这是标准制定工作总的指导原则。

②必须遵循 GB/T 1.1—2020《标准化工作导则 第 1 部分:标准化文件的结构和起草规则》和 GB/T 20000《标准化工作指南》相关标准对标准制定的规定。

③必须遵循《中华人民共和国计量法》《中华人民共和国食品安全法》《中华人民共和国农产品质量安全法》等法律法规中的标准制定和修订的要求。

3.3.1.2 制定标准的基本原则

标准制定是指标准制定部门对需要制定为标准的项目,开展编制计划、组织草拟、审批、编号、发布和出版等活动。标准制定是将科学、技术、管理的成果纳入标准,也是集思广益、体现全局利益的过程。

制定标准应遵循以下基本原则。

①贯彻国家有关法律法规和方针政策。

②充分考虑使用要求,维护消费者利益。

③推广先进技术成果,提高经济效益,做到技术上先进、经济上合理。

④做到相关标准的协调配套。

⑤要有利于保障社会安全和人民身体健康,保护消费者利益,保护环境。

⑥积极采用国际标准和国外先进标准,以促进对外经济技术合作与贸易发展,推动中国标准化与国际接轨。

3.3.2 编写标准的要求

标准编写人员,在起草标准之前,必须清楚了解制定标准必须遵循的基本原则及相关法规要求。只有这样才能使制定出的标准真正起到应有的作用。

3.3.2.1 基本要求

(1)要保证标准在其范围规定的界限内按需要力求完整 标准的范围界定了其适用的界限。在该边界内,必须对所需内容进行完整规定,不能仅涵盖部分内容而遗漏其他部分。否则,不利于标准的实施与监督,这是标准制定工作的重大失误。

(2)要清楚、准确,力求相互协调 标准条文要做到逻辑性强,用词禁止模棱两可,防止不同的人产生不同理解。起草标准时，不仅要考虑标准本身清楚、准确，还要考虑到与相关标准或同一项标准不同部分之间的相互协调，同时与国家有关法律法规及文件相契合。

(3)充分考虑最新技术水平　在制定标准时，必须充分考虑科学技术发展的最新水平。这并非要求标准中指标或要求都达到最新的、最高的水平，而是在深入研究最新技术后确定。如20世纪60年代，六六六、DDT农药在控制农作物病虫害方面发挥了重要作用，但随着科学技术进步，因其残留对人体有危害，中国于1983年禁止在农产品上使用。因此，农产品质量标准中应考虑其残留量问题，保障农产品安全与消费者的身心健康。

(4)为未来技术发展提供框架　在起草标准时，既要考虑当今的最新技术水平，又要为将来技术发展构建框架，预留余地。如此，既不会阻碍技术发展，又能为标准化提供充分的发展空间。如在食品工业加工设备生产中，重点发展单元操作技术，避免过度依赖大规模专用技术，以促进食品工业的长远发展。

(5)确保可理解性　标准化工作人员和参与标准编制者虽然熟悉标准技术要求与内容，但是容易忽视条文措辞。有时起草者认为表述清楚，未参与标准编制的专业人员却认为表述不清，这种情况就容易导致误解，所以标准应能被未参与编制的专业人员理解。

3.3.2.2　标准编制的统一性

统一性是标准编写及表达方式的最基本要求，是指在每项标准或每个系列标准内，标准的结构、文体和术语应保持统一性，强调内部统一，即一项标准内部或系列相关标准内部的统一。

①系列标准或同一标准的各部分，其标准结构、文体和术语应保持一致。类似条款采用类似措辞；相同条款措辞相同；系列标准结构应尽可能相同，即章、条的编号应尽量一致。

②在系列标准或同一标准的各部分，甚至扩大到同一个领域中，同一个概念应用相同的术语表达，并尽可能避免使用同义词，确保术语含义唯一。

统一性有助于标准理解与执行，也利于标准文本计算机自动化处理，甚至使计算机辅助翻译更加方便和准确。

3.3.2.3　标准间的协调性

协调性关注的是标准之间的关系，旨在达到整体协调。由于标准是一种体系的技术文件，各有关标准之间存在着广泛的内在联系。只有各种标准之间相互协调、相辅相成，标准系统的功能才能充分发挥，并获得良好的系统效应。实现整体协调必须注意以下两个方面。

①每项标准应遵循现有基础标准的有关条款，尤其涉及标准化术语、术语的原则和方法、量与单位及其符号、缩略语、参考文献、技术制图、图形符号等内容时。

②对于特定技术领域，还应考虑尺寸公差和测量不确定度、极限数、统计方法、环境条件和有关试验、安全、化学等内容标准中条款的优先和配合。

3.3.2.4　不同语种的等效性

为便于国际交往和对外技术交流，积极参与国际标准化工作至关重要。自中国加入世界贸易组织以来，用不同语种呈现中国标准是必然趋势，英文版本的中国标准将越来越多。

在将中国标准作为国际标准提案时，还应该按照《ISO/IEC 导则》规定的起草规则编写英文版本。随着社会经济的快速发展，还可能出版中国少数民族语种版本。除标准的外文版外，这些少数民族版本应与中文版本应保持结构上和技术上的一致。

3.3.2.5 适应性

标准的适应性强调两方面的内容。

（1）标准内容应便于实施　组织实施标准是标准化的三大任务之一。在标准的起草过程中，应时刻考虑标准的实施问题。制定的标准条款应具备可操作性，便于标准实施。如果标准中有些内容用于认证，宜将它们编制成单独的章、条或编制成单独的部分，便于标准的实施和监督。

（2）标准内容应易于被其他文件引用　标准内容不仅要便于实施，还要考虑易被其他标准、法律法规和规章引用。例如，在起草无标志的列项时，应考虑这些列项是否会被其他标准所引用，若可能，就应该改为有标志的列项；若标准中的段会被其他标准所引用，则应考虑改为条。

3.3.2.6 计划性

为确保一项标准或一系列标准及时发布，制定标准要严格按照标准的制定程序。针对某一个标准化对象制定标准前，需要事先考虑标准结构的安排与内容划分，避免边制定边确定结构和内容的情况。若标准分为多个部分，则应将每部分的名称、内容、关系、顺序等事先做好安排。在制定的过程中，不宜随意增加或删减内容，以保障标准的完整性和可操作性。

3.3.3 制定标准的一般程序

标准的制定是指对需要制定为标准的项目，编制计划、组织草拟、审批、编号、批准发布、出版等活动。制定标准是一项涉及面广，技术性、政策性很强的工作，必须以科学的态度，按照规定的程序进行。

3.3.3.1 国家标准、行业标准和地方标准制定程序

标准是技术法规，它的产生有着严格的程序管理。中国国家标准制定程序划分为9个阶段，即预备阶段、立项阶段、起草阶段、征求意见阶段、审查阶段、批准阶段、出版阶段、复审阶段、废止阶段。同时，为适应经济快速发展，缩短制定周期，除常规标准制定程序外，还可采用快速程序。

（1）预备阶段　任何单位和个人均可提出国家标准制定和修订计划项目提案，有关行业主管部门或技术委员会对提案进行可行性研究，提出国家标准新工作项目建议，内容包括标准草案或标准大纲，如标准的名称和范围，标准的构成及其相互关系，制定该技术标准的依据、目的、意义及主要工作内容，国内外相应技术标准及有关科学技术成就的简要说明，工作步骤及计划进度，工作分工，制定过程中可能出现的问题和解决措施，经费预算等，交由技术委员会或主管部门审查上报。

（2）立项阶段　国家标准化管理委员会对新工作项目建议进行汇总、审查和协调，确定

国家标准新工作项目，将确定的新工作项目列入《国家标准制定和修订项目计划》，并下达给负责起草单位，时间周期不超过三个月。

(3)起草阶段　国务院有关行政主管部门或技术委员会负责起草该标准。负责起草单位应指定项目负责人，组建标准起草工作组。工作组应由具有一定技术水平和实践经验、对全面情况比较了解的标准化人员以及生产、使用、科研等各有关方面的代表组成。起草工作组起草国家标准征求意见稿，进行必要的调研和(或)试验验证，完成标准征求意见稿，时间周期不超过十个月。

(4)征求意见阶段　起草单位的技术负责人对标准征求意见稿进行审查，分发给主要的生产、经销、使用、科研、检验等有关单位征求意见，期限为两个月。修改标准草案征求意见稿，若回复意见要求对征求意见稿做重大修改，则应产生第二征求意见稿(甚至第三征求意见稿)，重新征求意见。项目负责人要主动向有关部门提出延长或中止该项目计划的申请报告。

(5)审查阶段　由技术委员会或项目主管部门组织对标准草案送审稿进行审查，审查方式为会议审查(对技术经济意义重大、涉及面广、分歧意见较多的标准送审稿以及强制性标准稿)和信函审查(针对比较成熟，无重大分歧意见的标准送审稿)。在该阶段完成标准报批稿。

(6)批准阶段　任务是提供标准出版稿。主管部门对标准草案报批稿及报批材料进行程序、技术审核。国家标准技术审查机构对报批材料进行技术审查，在此基础上，对报批稿进行必要的协调和完善工作。若报批稿中存在重大技术方面或协调方面的问题，要退回部门或有关专业标准化技术委员会，限时解决问题后再报批，交由国务院标准化主管部门批准、发布国家标准。

(7)出版阶段　任务是提供标准出版物。技术标准出版稿统一由指定的出版机构负责印刷、出版和发行。

(8)复审阶段　任务是定期复审。对实施周期达5年的标准进行复审，以确定是否确认(继续有效)、修改(通过技术勘误表或修改单)、修订(提交一个新工作项目建议，列入工作计划)或废止。

(9)废止阶段　对于复审后确定无存在必要的标准，经主管部门审核同意后予以废止。

以上九个阶段是制定国家标准、行业标准和地方标准的正常程序。除此之外，还有制定国家标准的快速程序。快速程序是指在正常标准制定程序的基础上省略起草阶段或省略起草阶段和征求意见阶段的简化程序。符合下列情况时，制定国家标准可以采用快速程序。

①对等同采用、修改采用国际标准或国外先进标准的标准制定和修订项目，可直接由立项阶段到征求意见阶段，省略起草阶段。

②对现有国家标准的修订项目或中国其他各级标准的转化项目，可直接由立项阶段进入审查阶段，省略起草阶段和征求意见阶段。

3.3.3.2 企业标准的制定范围、原则以及程序

(1)企业标准的制定范围

①企业生产的产品在没有国家标准、行业标准和地方标准时制定的企业产品标准。

②为提高产品质量和促进技术进步,制定了严于国家标准、行业标准和地方标准的企业产品标准。

③对国家标准、行业标准的选择或补充的标准。

④设计、采购、工艺、工装、半成品等方面的技术标准。

⑤生产、经营活动中的管理标准和工作标准。

(2)制定、修订企业标准的原则

①贯彻国家和地方有关标准化的方针、政策、法律、法规,严格执行强制性国家标准、行业标准和地方标准。

②保障安全、卫生,充分考虑使用要求,保护消费者利益,保护环境和有利职业健康。

③助力企业技术进步,保证和提高产品质量,改善经营管理和增加社会经济效益。

④积极采用国际标准和国外先进标准。

⑤合理利用国家资源、能源,推广科学技术成果,利于产品通用互换,符合使用要求,技术先进,经济合理。

⑥利于对外经济技术合作和对外贸易。

⑦企业内的企业标准之间应协调一致。

⑧在没有或严于国家标准、行业标准或地方标准的情况下制定企业标准。

(3)制定企业标准的一般程序

①计划、准备阶段。计划、准备阶段包括制订计划、调研、资料收集、筛选与分析、数据及方法的验证。在制定涉及面较广的综合性企业标准时,应成立标准制定工作组,编制标准制定和修订计划,并按照计划开展标准编制工作。

调研的目的是获得相关信息,企业应根据标准化对象所涉及的内容和适用范围,从以下方面进行调查研究。

A. 标准化对象的国内外的现状和发展方向。在制定标准时,首先应了解标准化对象的国内外技术水平、产品现实情况、质量状况、市场占有情况、发展趋势等;其次是分析本企业实现产品的能力,如资源能力(技术、人员、设备等)、工艺条件、检测能力等。

B. 有关最新科技成果。科技成果是制定标准的基础。企业可通过收集国内外有关科技文献及出版物以及有关专利和发明方面的信息,还有产品样本、样机、样品等,从中了解科技成果和发展趋势,将其转化为标准。

C. 顾客的需求和期望。顾客需求和期望是制定企业标准的重要依据。企业可通过市场调研了解顾客对产品的需求和期望。

D. 生产(服务)过程及市场反馈的统计资料、技术数据。这些资料和数据需要企业在自身生产经营过程中,对各环节进行不断测量与记录、收集与积累而取得,并通过分析、对比、研究,找出有用信息。

E. 了解标准化对象的国际标准、国外先进标准和技术法规及国内相关标准的现状。

②起草。在充分调研和分析、验证的基础上，根据标准的对象和目的，按照 GB/T 1.1—2020《标准化工作导则　第 1 部分：标准化文件的结构和起草规则》规定的要求编写起草标准的征求意见稿，同时起草编制说明。

编制说明是标准起草过程的真实记录，也是对标准中一些重要内容的解释说明。每个标准都应有标准编制说明，根据所编制标准的具体情况，其内容可包括以下几项。

A. 标准制定和修订的背景和必要性。

B. 标准制定的依据及标准主要技术指标的说明。

C. 与有关现行法律法规和强制性国家标准的关系。

D. 主要试验（或验证）的分析。

E. 产品应用情况。

F. 采用国际标准和国外先进标准的程度及与国内外同类标准或与样品、样机数据对比情况。

G. 重大分歧意见的处理经过和依据。

H. 其他需要说明的事项。

I. 主要参考资料及文献。

③征求意见。标准征求意见稿完成后，为确保标准切实可行，质量较高，应将标准征求意见稿和标准编制说明发送至有关生产、使用、检验、科研、设计、采购、销售、设备和储运等部门，广泛征求意见，必要时应征求用户意见。征求意见一般采取会议征求和发函征求两种方式，发函征求时应明确收回时间和处理方式。

标准制定者在收到各方面意见后，应分类整理，逐一分析研究，合理的意见应采纳，不予采纳的意见需作说明，针对难以确定取舍的分歧意见应进一步分析研究、协商调整，再征求意见。根据意见对标准进行修改，进而形成标准送审稿。

④审定。标准的审定是保证标准质量、提高标准水平的重要程序。企业在批准、发布企业标准前，应组织有关技术人员或专家对标准进行审定。审定内容包括以下几项。

A. 企业标准与国家法律法规和强制性标准规定的符合性。

B. 标准中的技术内容是否符合国家方针政策和经济发展方向，能否做到技术先进、经济合理、安全可靠，是否适应当前科技水平和今后发展方向，并符合企业实际。

C. 试验方法的科学性、检验规则的可操作性。

D. 是否采用了有关的国际标准和国外先进标准。

E. 标准编写的规则、格式与 GB/T 1.1—2020《标准化工作导则　第 1 部分：标准化文件的结构和起草规则》的符合程度。

F. 标准规定的要求是否有充分的依据，是否基于试验研究和实践经验总结而确定，内容是否完整齐全。

G. 标准是否符合或达到预定的目的与要求。

H. 各方面的意见是否得到充分反映并协调解决。

I. 贯彻标准的要求、措施、建议和过渡办法是否适当。

标准审定方式可采取会议审查或函查，一般宜采用会审。对于技术、经济意义重大，涉及面广，分歧意见较多的标准的送审稿应进行会议审查。会议审查或函查由标准制定者决定。

在审定会召开前，应提前将资料发送给审定人员，资料包括以下几项。

A. 标准送审稿。

B. 标准编制说明。

C. 标准征求意见汇总处理表。

采用会议审定，审定组成员应协商一致，并推选一名组长，由组长主持审定。标准审定应经审定人员 2/3 以上同意方可通过。标准起草人不能参加表决，审定组应当根据审定意见填写《审定会议纪要》，并附“审定人员意见表”。若出席会议的审定人员不足 2/3，应重新组织审定。

采用函审方式时，接收函审的审定人员应按时认真填写并寄回审定意见，即使无不同意见，也应按时回函表示同意。逾期不予复函的，按同意处理。函审时，应有 3/4 回函同意方为通过。函审结束后，应写出《函审结论报告》，并附“审定人员意见表”。若函审回复率不足 2/3 时，应重新组织审定。

标准送审稿经审定通过后，标准制定者应根据审定意见对标准送审稿进行修改，修改后形成标准报批稿。

会审时，应形成标准审定纪要。审定纪要应详细列出审查时间、地点、起草单位、组织审定的机构、参加会议的审定人员及其单位、审定意见和审查结论。审定结论主要涉及：评价意见、主要修改意见和采纳情况；所审定的企业标准是否符合法律法规和强制性标准的规定；低于推荐性国家标准、行业标准和地方标准的，应当有相应的理由和相关影响的说明；是否予以通过审定等内容。

采用函审方式审定标准时，其审定纪要内容应包括参加函审的人员及其单位、发出和收回函审信息的时间及数量、标准中重大问题的一致审定意见、一般问题的原则审定意见、对标准起草单位的要求(如修改进度、修改方法)以及修订后形成的标准送审稿的审定意见，还有建议企业主管部门对协调或帮助解决的问题进行汇总、审定结论。

标准审定人员应来自本企业生产、使用、检验、科研、设计、采购、销售、设备、储运等有关部门，必要时应外请专家和用户代表。审定组成员原则上不少于 5 人。直接参与企业标准起草的人员不得作为审定组成员参加审定。

标准审定人员应具备相应的知识和能力，具有中级以上专业技术职称或大专以上学历，从事相关行业工作 3 年以上，熟悉有关法律法规、规章和强制性标准，了解相关产品的工艺、技术要求和国内外该领域技术、标准发展的状况，能够独立解决本领域中相关技术问题。

⑤批准与发布。标准报批稿完成后，将报批材料送企业法定代表人或其授权人批准。报批所需的文件包括标准报批稿、标准编制说明、标准审定纪要、标准审定人员意见表、标准批准和发布函。

标准经批准后，应确定发布和实施日期。企业产品标准的发布日期与实施日期之间应留有过渡期，以方便进行标准宣贯和实施前准备，过渡期不宜少于一个月。企业产品标准应按各省、自治区、直辖市人民政府的规定备案。

⑥实施与检查。标准经批准发布后，企业内各相关部门应按标准规定的时间组织实施。标准实施前，应做好有关思想准备、组织准备、技术准备、人员准备和资金准备。经备案的企业产品标准，企业应严格执行。

标准实施包括计划、准备、实施、检查、总结 5 个程序。在实施标准前，应根据实施标准的具体领域或单位的实际情况，制订实施标准的计划。实施标准计划的内容主要包括实施标准的方式、内容、步骤、负责人员、起止时间、应达到的要求等。在编制实施标准计划时，应考虑以下几个问题。

A. 从总体上分析实施标准的有利因素和不利因素，确定实施的先后顺序及应采取的措施。

B. 将实施标准的项目分解成若干项具体任务和要求，分配给有关部门或个人，明确其职责，规定起止时间及相互配合的内容和要求。

C. 根据所要实施标准项目的难易程度和涉及面大小，选择合适的实施方式，如全面实施、先试点后分期实施等。

D. 合理配置人力，安排经费开支，确保工作顺利进行且不造成浪费。

实施标准的准备工作一般应从以下几方面进行。

A. 企业领导应认识并了解标准的作用和意义，重视标准；标准使用人员应充分了解标准的内容与要求，掌握标准难点。

B. 建立相应的组织机构，负责协调标准的实施。

C. 为各类人员准备实施标准所需的标准文本、相关标准、简要介绍、宣贯教材、挂图及其他图片(影像)资料等。

D. 有些标准需要先试点，取得经验后再推广。

E. 做好物资条件的准备。筹备实施标准时所需的仪器、设备、工具、工装及原辅材料。

企业完成各项标准实施准备工作后，就要正式组织标准的贯彻实施。该阶段的中心工作就是把标准规定的内容在生产、经营、管理、流通、使用等各领域贯彻执行。实施时，可根据标准适用范围及工作任务的不同，灵活采用不同方法，针对实施过程中可能遇到的各种情况，有针对性地采取积极有效措施，保障标准的实施。若遇到技术难题，要组织力量解决，必要时应进行技术改造或技术攻关。

企业标准实施一段时间后，应组织有关人员对标准实施情况进行检查与总结，以评价实施效果，分析研究标准实施过程中存在的问题，为标准的修改和补充做好技术准备。检查是标准实施过程中不可缺少的环节。通过检查，既能发现标准实施中存在的问题并及时纠正，又能发现标准本身存在的问题，为后续的标准修订工作积累依据。

为完善和充实标准内容，若要对标准正文、图表进行少量修改、补充，应按本企业有关修改文件的规定执行。标准实施的检查内容有如下几项。

A. 对实施标准准备工作进行检查，主要检查准备工作的情况和质量是否满足标准实施要求，判断标准是否可进入实施阶段。

B. 对生产、经营、管理、使用的过程中的标准实施情况进行检查，针对检查中发现的问题，督促实施标准的部门和人员采取有效措施进行改进。

C. 在企业实施标准的过程中，这种检查可反复进行。

在标准实施工作告一段落时，应对标准实施情况进行全面总结，重点分析针对存在的问题采取的措施及取得的效果。总结工作主要包括技术、方法等方面，梳理标准实施过程中遇到的问题，提出下一步实施工作的改进建议和对标准的修改意见。

在总结过程中，有关人员应深入实际了解情况，加强与标准实施的重点部门、科室和人员的联系，给予具体指导，及时交流情况、总结经验，推动标准的全面实施。

⑦复审。企业标准应定期复审，复审周期不得超过 3 年。

存在下列情形之一时，企业标准应当及时复审。

A. 国家有关法律法规、规章及产业发展方针、政策做出调整或有新规定。

B. 新发布了相关国家标准、行业标准、地方标准。

C. 规范性引用文件中的相应国家标准、行业标准、地方标准被修订。

D. 企业生产工艺或原材料配方发生重大改变。

E. 标准备案有效期届满。

F. 其他应当进行复审的情况。

对标准复审结果，按下列情况分别处理。

A. 标准内容不做修改，仍能适应当前需要，符合当前科学技术水平的，确认为继续有效。确认继续有效的标准，不改变标准的顺序号和年代号，由本企业标准的管理部门在标准封面上写明“XXXX 年确认”字样。

B. 标准的主要规定需要做大量改动才能适应当前生产、使用需要和科技水平的，应修订标准，按制定和修订标准的程序进行修订。修订后的标准不改变顺序号，只改变年代号；企业产品标准修订后，应到原备案机构办理备案手续。

C. 标准内容已不适应当前需要或被新标准代替的，旧标准应予以废止。

企业产品标准复审后，应作出继续有效、修订或废止的明确结论。

经复审被确认继续有效或废止的企业产品标准，企业应填写《企业产品标准复审通知单》，报告原受理备案部门；被确认需要修订的企业产品标准，企业修订后重新办理备案。

3.3.4 采用国际标准

采用国际标准是指将国际标准内容进行分析研究和试验验证后，等同或修改转化为中国标准（包括国家标准、行业标准、地方标准和企业标准），并按中国标准审批发布程序进行审批发布。

国际标准是指国际标准化组织（ISO）、国际电工委员会（International Electrotechnical Commission，IEC）和国际电信联盟（International Telecommunication Union，ITU）制定的

标准以及国际标准化组织确认并公布的其他国际组织制定的标准。ISO 确认并公布的其他国际组织名单见表 3-1。这些标准通常是全球工业界、研究人员、消费者和法规制定部门经验的结晶，体现了各国的共同需求。采用国际标准是消除技术性贸易壁垒的重要措施之一，这已在《技术性贸易壁垒协定》中被明确认可。采用国际标准是促进技术进步、提高产品质量、扩大对外开放、加快与国际准则或惯例接轨、发展社会主义市场经济的重要措施，在逐步完善社会主义市场经济体制、已加入世界贸易组织的当下，采用国际标准既是中国标准化工作的当务之急，又是中国产品融入世界经济大循环的必由之路。

表 3-1 ISO 确认并公布的其他国际组织

序号	国际性组织名称
1	国际计量局(Bureau International des Poids et Metures,BIPM)
2	国际人造纤维标准化局(Bureau International pour la Standardisation des Fibres Artificielles,BISFA)
3	航天数据系统咨询委员会(Consultative Committee for Space Data Systems,CCSDS)
4	国际建筑物研究和创新理事会(International Council for Research and Innovation in Building and Construction,CIB)
5	国际照明委员会(Commission Internationale de l'Eclairage,CIE)
6	国际内燃机理事会(International Council on Combustion Engines,CIMAC)
7	食品法典委员会(Codex Alimentarius Commission,CAC)
8	烟草制品社会调查合作中心(Cooperation Centre for Scientific Research Relative to Tobacco,CORESTA)
9	建筑混凝土国际联合会(Fédération internationale du béton,FIB)
10	林业工作理事会(Forest Stewardship Council,FSC)
11	国际原子能机构(International Atomic Energy Agency,IAEA)
12	国际航空运输协会(International Air Transport Association,IATA)
13	国际民航组织(International Civil Aviation Organization,CAO)
14	国际谷物科学和技术协会(International Association for Cereal Science and Technology,ICC)
15	国际文化财产保护与修复研究中心(International Centre for the Study of the Preservation and Restoration of Cultural Property,ICCROM)
16	国际民防组织(International Civil Defence Organization,ICDO)
17	国际排灌委员会(International Civil Defence Organization,ICID)
18	国际辐射防护委员会(International Commission on Radiological Protection,ICRP)
19	国际辐射单位和测量委员会(International Commission on Radiation Units and Measurements,IC-RU)
20	糖分析方法国际委员会(International Commission for Uniform Methods of Sugar Analysis,ICUMSA)
21	国际制酪业委员会(International Dairy Federation,IDF)

续表 3-1

序号	国际性组织名称
22	互联网工程工作组(Internet Engineering Task Force,IETF)
23	国际图书馆协会与学会联合会(International Federation of Library Associations and Institutions,IFLA)
24	国际有机农业联盟(International Federal of Organic Agriculture Movement,IFOAM)
25	国际天然气委员会(International Gas Union,IGU)
26	世界牙科联盟(Fédération Dentaire Internationale,FDI)
27	货物运输协会国际联合会(International Federation of Freight Forwarders Associations,FIATA)
28	国际制冷协会(International Institute of Refrigeration,IIR)
29	国际焊接协会(International Institute of Welding,IIW)
30	国际劳工组织(International Labour Organization,ILO)
31	国际海事组织(International Maritime Organization,IMO)
32	国际橄榄油理事会(International Olive Council,IOC)
33	国际种子测试协会(International Seed Testing Association,ISTA)
34	皮革加工与药剂师协会国际联盟(International union of Leather Technologist and Chemists Societies,IULTCS)
35	国际理论和应用化学联合会(International Union of Pure and Applied Chemistry,IUPAC)
36	国际毛纺组织(International Wool Textile Organisation,IWTO)
37	世界动物卫生组织(Office International des Épizooties,OIE)
38	国际法制计量组织(Organisation International de Métrologie Légale,OIML)
39	国际葡萄与葡萄酒局(Organisation International de la Vigne et du vin,OIV)
40	国际铁路运输政府间组织(Organisation International des Transports Ferroviaires,OTIF)
41	国际原料和结构测试研究实验室联盟(International Union of Laboratories and Experts in Construction Materials,Systems and Structures,RILEM)
42	国际铁路联盟(International Union of Railways,UIC)
43	管理、商业和运输程序及操作简易中心(United Nations Centre for Trade Facilitation and Electronic Business,UN/CEFACT)
44	联合国教科文组织(United Nations Educational,Scientific and Cultural Organization,UNESCO)
45	万国邮政联盟(Universal Postal Union,UPU)
46	国际海关组织(World Customs Organization,WCO)
47	世界卫生组织(World Health Organization,WHO)
48	世界知识产权组织(World Intellectual Property Organization,WIPO)
49	世界气象组织(World Meteorological Organization,WMO)

《中华人民共和国标准化法》规定："国家积极推动参与国际标准化活动，开展标准化对外合作与交流，参与制定国际标准，结合国情采用国际标准，推进中国标准与国外标准之间的转化运用"。国家质量监督检验检疫总局于2001年11月21日第二次修订并颁发了《采用国际标准管理办法》，鼓励企业积极采用国际标准，引导企业将产品推向国内外市场，并颁布了《采用国际标准产品标志管理办法（试行）》，国家经济贸易委员会、国家计划委员会、科技部和国家技术监督局联合颁布了《关于推进采用国际标准和国外先进标准的若干规定》，对采用国际标准的企业推出了一系列鼓励和优惠政策。

3.3.4.1 采用国际标准的原则与措施

（1）采用国际标准的原则　根据《采用国际标准管理办法》，中国采用国际标准的原则如下所述。

①采用国际标准，应当符合中国有关法律法规，遵循国际惯例，做到技术先进、经济合理、安全可靠。

②制定（包括修订）中国标准应以相应国际标准（包括即将制定完成的国际标准）为基础。

A. 对于国际标准中通用的基础性标准、试验方法标准应当优先采用。

B. 采用国际标准中的安全标准、卫生标准、环保标准制定中国标准时，应当以保障国家安全、防止欺骗、保护人体健康和人身财产安全、保护动植物的生命和健康、保护环境为正当目标，除非这些国际标准由于基本气候、地理因素或者基本的技术问题等，对中国无效或者不适用。

③采用国际标准时，应尽可能等同采用国际标准。由于基本气候、地理因素或者基本的技术问题等对国际标准进行修改时，应当将与国际标准的差异控制在合理、必要且最小的范围内。

④中国的一个标准应尽可能采用一个国际标准。当中国的一个标准必须采用几个国际标准时，应说明该标准与所采用的国际标准的对应关系。

⑤采用国际标准制定中国标准，应尽可能与相应国际标准的制定同步且可以采用标准制定的快速程序。

⑥采用国际标准，应同中国的技术引进、企业的技术改造、新产品开发、老产品改进相结合。

⑦采用国际标准为中国标准的制定、审批、编号、发布、出版、组织实施和监督，与中国其他标准一样，按中国有关法律法规和规章规定执行。

⑧企业为提高产品质量和技术水平，增强产品在国际市场上的竞争力，对于贸易所需的产品标准，若没有相应的国际标准或国际标准不适用时，可以采用国外先进标准。

（2）促进采用国际标准的措施

①采用国际标准的重点产品。若需要进行技术改造，有关管理部门应按国家技术改造的有关规定，优先将其纳入各级技术改造计划。在技术引进过程中，要优先引进有助于使产品质量和性能达到国际标准的技术设备及相关技术文件。

②国家重点工程项目。在采购原材料、配套设备、备品备件时，应优先采购采用国际标准的产品。

③各级标准化管理部门应当及时为企业采用国际标准提供标准资料和咨询服务。各级科技和标准情报部门应当积极搜集、提供国际标准化的信息及相关资料，并开展咨询服务，为企业提供最新标准信息。

④采用国际标准的产品。应按照《采用国际标准产品标志管理办法》，实行标志管理制度。

3.3.4.2 采用国际标准的程度和编写方法

(1)采用国际标准的程度　中国标准采用国际标准的程度分为等同采用和修改采用。

①等同。当国家标准与相应的国际标准的一致性程度为“等同”时，应符合下列条件：国家标准与国际标准在技术内容和文本结构方面完全相同，或者国家标准与国际标准在技术内容上相同，但允许在不变更标准技术内容前提下进行以下编辑性修改。

A. 用小数点符号“，”代替“.”。

B. 对印刷错误的改正或页码变化。

C. 从多语种出版的国际标准的版本中删除其中一种或几种语言文本。

D. 将国际标准的技术勘误或修正案并入文本。

E. 为与现有的系列标准一致而改变标准名称。

F. 用“本标准”代替“本国际标准”。

G. 增加资料性内容(如资料性附录，这样的附录不应变更、增加或删除国际标准的规定)，典型的资料性内容包括对标准使用者的建议、培训指南或推荐的表格或报告。

H. 删除国际标准中资料性概述要素(包括封面、目次、前言和引言)。

I. 若使用不同的计量单位制，为提供参考，应增加单位换算的内容。“反之亦然原则”适用，即国际标准可以接受的内容在国家标准中也可接受；反之，国家标准中可接受的内容在国际标准中也可接受。因此，符合国家标准就意味着符合国际标准[文件版式的改变(如有关页码、字体和字号等的改变)，尤其在使用计算机编辑的情况下均不影响一致性程度]。

②修改。当国家标准与相应国际标准的一致性程度为“修改”时，应符合下列条件：国家标准与国际标准之间允许存在技术性差异，这些差异应清楚地标明并给出解释。国家标准在结构上与国际标准相对应。只有在不影响对国家标准和国际标准的内容及结构进行比较的情况下，才允许对文本结构进行修改。

一个国家标准应尽可能仅采用一个国际标准。在特殊情况下，在一个国家标准中采用几个国际标准可能是适宜的，但只有在使用列表形式对所做的修改做出标示和解释且很容易与相应国际标准做比较时，才可行。“修改”还可包括上述“等同”条件下的编辑性修改。

“反之亦然原则”不适用。“修改”可包括如下情况。

A. 国家标准的内容少于相应的国际标准。例如，国家标准不如国际标准严格，仅采用国际标准中供选用的部分内容。

B. 国家标准的内容多于相应的国际标准。例如，国家标准比国际标准更加严格，增加了内容或种类，包括附加试验。

C. 国家标准更改了国际标准的一部分内容。国家标准与国际标准的部分内容相同，但都含有与对方不同的要求。

D. 国家标准增加了另一种可供选择的方案。国家标准中增加了一个与相应的国际标准条款同等地位的条款，作为对该国际标准条款的另一种选择。

国家标准可能包括相应国际标准的全部内容，还包括不属于该国际标准的一部分附加技术内容。在这种情况下，即使没有对所包含的国际标准做任何修改，其一致性程度也只能是“修改”或是“非等效”。“修改”还是“非等效”取决于技术性差异是否被清楚地标示和解释。

(2)采用国际标准的方法

①总则。

A. 在采用国际标准时，应尽可能等同采用国际标准。若需对国际标准进行修改，应将与国际标准的差异减到最小。当国家标准与国际标准存在差异时，应清楚地标示这些差异并说明产生这些差异的理由。

B. 在采用国际标准时，应按照 GB/T 1.1—2020《标准工作导则　第 1 部分：标准文件的结构和起草规则》编写中国标准。在等同采用国际标准时，国家标准的文本结构应与被采用的国际标准一致。

国家标准应在前言中陈述与相应国际标准的一致性程度、国际标准编号和国际标准名称的中文译名，并在括号内标明所采用的国际标准的语言文本；国家标准前言还应包括如下与采用国际标准有关的内容：采用国际标准方法的陈述；编辑性修改的详细内容；技术性差异和文本结构改变及其解释，或者指明将这些内容安排在附录中；增加的资料性内容的说明，或者指明将这些内容安排在附录中。

C. 当采用国际标准时，应把该国际标准已出版的全部修正案和技术勘误包括在国家标准内。国家标准前言应包括国际标准的修正案和技术勘误以及标示方法的解释、修正案和技术勘误规定的标示方法。对于采用国际标准以后出版的修正案和技术勘误也宜尽快采用。

D. 随着标准电子版本的发展，可能出现本部分未包括的新的采用国际标准的方法或与现有方法相结合的新方法。在使用新方法的情况下，本部分中关于一致性程度的选择和标示的条款仍然适用。

②翻译法。若国家标准采用和应用国际标准的译文，这种方法称作翻译法。采用翻译法的国家标准应包括前言，根据情况可包括引言。一般不保留国际标准的前言，只有在必要情况下才可保留，并置于前言之后，冠名“(该国际标准的组织名称)前言”，例如，“ISO 前言”；国际标准引言的适用内容应转化为国家标准的引言，不保留国际标准的引言。采用翻译法的国家标准若需要增加资料性附录，应将这些附录置于国际标准的附录之后，并按条文中提及这些附录的先后次序编排附录的顺序。每个附录的编号由“附录 N”和随后标明顺序的大写拉丁字母组成，字母从“A”开始，例如，“附录 NA”“附录 NB”等。每个附录中章、图、

表和数学公式的编号应重新从 1 开始，编号前应加上附录编号中表明国家性质和附录顺序的字母，字母后跟下脚点。例如，附录 NA 中的章用“NA. 1”“NA. 2” 等表示；图用“图 NA. I”“图 NA. 2”等表示。

使用中文出版的国家标准若声明与某国际标准“等同”，则符合该国家标准就视为符合原国际标准，“反之亦然原则”适用。“等同”条件下的编辑性修改应在国家标准前言中指出。以多语种出版的国家标准应在前言中说明以中文文本为准。

③重新起草法律。在国家标准采用国际标准时，若不是使用翻译法，则该方法称作重新起草法。采用重新起草法的国家标准应包括前言，根据情况可包括引言，不应保留国际标准的前言或引言。国际标准被重新起草为国家标准，应在前言中说明该国家标准是根据国际标准重新起草的。

总之，采用国际标准的方法不是随心所欲的，其方法的选择应遵守以下两条原则：在等同采用国际标准时，应采用翻译法；在修改采用国际标准时，宜采用重新起草法，并把差异在前言或附录中指出。

3.3.4.3 技术性差异和编辑性修改的标示方法

(1)总则

①当技术性差异(及其原因)或编辑性修改很少时，宜将这些内容在前言中陈述。

②当技术性差异(及其原因)或编辑性修改较多时，宜编排一个附录，陈述编辑性修改和技术性差异及其原因，并在前言中说明在正文中如何标示这些修改和差异。

在标准正文的页边空白处对应有关修改的条文位置用垂直单线“|”进行标示，而后将编辑性修改和技术性差异归纳在一起编排在一个附录中。在附录中，每一个修改都要对应国际标准的某条文。

③建议对技术性差异的描述以措辞“增加”“代替”或“删除”为引导。

④当采用的国际标准有修正案和技术勘误时，应将这些修正案和技术勘误直接纳入正文。这种经改动的内容应在正文中的页边空白处用垂直双线“‖”标示，以便与编辑性修改和技术性差异的标示(垂直单线“|”)区分开。

(2)采用的国际标准引用了其他国际标准

①若采用的国际标准在规范性引用文件的一览表中引用了其他国际标准，则应核实这些引用的国际标准有无对应的国家标准或行业标准。根据核实结果做如下处理。

A. 若引用的国际标准已被等同或修改采用为国家标准或行业标准，应引用这些标准。

B. 如果引用的国际标准没有被等同或修改采用为国家标准或行业标准，应根据实际情况的需要选择引用：非等效的国家标准或行业标准；引用的国际标准；替代引用的国际标准且与其无对应关系的国家标准(或有效文件)。

②引用的文件应在“规范性引用文件”一章中列出。若引用与国际标准有对应关系的国家标准或文件，应按照在国家标准上标示一致性程度的规定标示对应的国际标准的编号和一致性程度。

③若用非等效的国家标准或与引用的国际标准无对应关系的国家标准(或有效文件)代

替引用的国际标准,则应在前言中简要说明这些文件所引用的内容与相应国际标准的这部分内容的技术性差异。

④若采用的国际标准在规范性引用文件中引用了其他国际标准的询问草案或最终草案,若这些询问草案或最终草案适用,则中国标准可引用这些询问草案或最终草案。此时,如注日期引用,因为日期未定,所以用"——"代替":"和年号,在破折号后给出一个注有"将要出版"的脚注,并给出完整的名称。

3.3.4.4 一致性程度的标引方法

(1)在国家标准上标引一致性程度的方法 与国际标准的一致性程度在标准中应标引在以下地方。

①标准封面上的国家标准英文名称的下面。

②"规范性引用文件"一章所列标准一览表中与国际标准有对应关系的国家标准名称后面。

③有关"附录"所列标准一览表中与国际标准有对应关系的国家标准名称后面。

④"参考文献"所列标准一览表中与国际标准有对应关系的国家标准名称后面。

在文中引用与国际标准有对应关系的国家标准时,只使用国家标准编号。

标引一致性程度按照规定,在国家标准名称下面(封面上)或后面标示与国家标准对应的国际标准编号、该国际标准英文名称(仅在国家标准的英文名称与被采用的国际标准名称不一致时才标出)和一致性程度代号,并用圆括号括起。在"规范性引用文件"和"参考文献"所列的标准中,对于不注日期引用的标准,应在其随后的括号中标示当前最新版本的该国家标准的编号、对应的国际标准编号、该国际标准英文名称(仅在国家标准的英文名称与被采用的国际标准名称不一致时才标出)和一致性程度。

(2)在一览表、目录和其他媒介上标引 在标准一览表、目录、年报、数据库和其他所有相关媒介上,宜完整地标示与相应国际标准一致性程度的信息以备检索。在各媒介上使用一致性程度代号时,应准确地按照所规定的各代号的含义。在数据库中使用的标引一致性程度的格式还宜参考国际标准化组织信息网手册的有关内容。

3.3.4.5 采用国际标准的产品认可程序

企业产品采用了国际标准或国外先进标准的,鼓励申报办理采用国际标准产品认可和采用国际标准产品标志备案,经采标认可的产品,可在相应的包装、标识、标签或产品说明书上印制采标标识图样。

(1)申报条件

①产品按照采用国际标准或国外先进标准的中国标准(包括国家标准、行业标准、地方标准和企业标准)组织生产,或者产品质量达到国际同类先进产品实际水平的产品。

②产品的各项质量要求稳定地达到所采用标准的规定,并具有批量生产的能力。

(2)认可程序

①企业提出申请。企业申请时,需提交以下申报资料(一式三份)。

A. 采用国际标准产品认可申请书。

B. 营业执照、组织机构代码证、执行标准登记证复印件。

C. 产品标准文本和采用证明材料。

D. 被采用的国际标准的原文本、译文本。

E. 产品有关技术标准(包括产品标准,原辅材料、外购件标准,检验方法标准,安全、卫生、环保标准等)目录。

F. 采用国际标准产品技术指标对比表。

G. 按标准规定由市级以上法定检测机构近一年内连续三次出具产品的抽样检验合格报告或有效期内的型式检验合格报告复印件。

H. 申报企业近期内连续三批产品的自检合格报告复印件。

②资料审查。对申请企业提供的申报资料进行审查。审查不符合的,由企业重新填报;审查符合的,安排现场评审。

③现场审核程序。

A. 企业介绍公司情况。

B. 企业介绍采标情况。

C. 评审小组考察生产现场。

D. 评审小组考察检验和化验设施。

E. 抽查检验记录。

F. 抽查相关标准资料。

G. 评审小组讨论(企业人员回避)。

H. 评审组长宣布现场评审结论。

④上报审批。资料审查和现场审核通过的,申报资料和审核报告报省、自治区、直辖市市场监督管理局审批。审批通过的,颁发"采用国际标准产品标志证书"。

3.3.5 标准的代号和编号

3.3.5.1 中国标准文献分类体系

中国标准文献的分类依据是《中国标准文献分类法》。《中国标准文献分类法》是一部标准文献专用的分类法。其分类体系以专业划分为主,由一级类目和二级类目组成。一级类目的类目号用除 I 和 O 外的一位大写的英文字母表示,二级类目的类目号是在一级类号后加两位阿拉伯数字组成,如 H59。一级类目下设有 24 个专业类别,每个一级类目下设约 100 个二级类目。

3.3.5.2 标准代号

中国国家标准化工作始于 1956 年,1978 年 5 月国家标准总局成立。1979 年 7 月颁布《中华人民共和国标准管理条例》。截至目前,中国已成立了众多专业标准化技术委员会和分技术委员会,国家标准数量庞大,行业标准数量众多,企业标准数量巨大。中国标准代号分组如下。

中国技术标准的代号规定为:标准代号+顺序号+年号(年代以 4 位阿拉伯数字表示),其中国家标准代号为 GB,推荐性国家标准代号为 GB/T。

行业标准代号由两个汉语拼音字母组成。如中国轻工联合会标准代号为 QB,中国商业联合会标准代号为 SB、农业农村部标准代号为 NY 等,推荐性行业标准表示方法为在标准代号后加斜线加 T,如中国轻工联合会的推荐性标准的代号为 QB/T。中国的行业标准代号、名称及归口管理部门见表 3-2。

地方标准代号由 DB 和省、自治区、直辖市行政区代码前两位数字加斜线组成。如内蒙古自治区推荐性地方标准代号为 DB 15/T、广东省推荐性地方标准代号为 DB 44/T、陕西省推荐性地方标准的代号为 DB 61/T。

企业标准代号规定为以 Q 为分子,以企业区分号为分母来表示。如 Q/NYLA,NYLA 为内蒙古伊利实业集团股份有限公司。

表 3-2 中国的行业标准代号、名称和归口管理部门

序号	行业标准代号	行业名称	归口管理部门
1	NY	农业	农业农村部
2	SC	水产	农业农村部
3	SL	水利	水利部
4	LY	林业	国家林业和草原局
5	QB	轻工	工业和信息化部
6	FZ	纺织	工业和信息化部
7	YY	医药	国家药品监督管理局
8	MZ	民政	民政部
9	JY	教育	教育部
10	YC	烟草	国家烟草专卖局
11	YB	黑色冶金	工业和信息化部
12	YS	有色金属	工业和信息化部
13	SY	石油、天然气	国家能源局
14	HG	化工	工业和信息化部
15	SH	石油化工	工业和信息化部
16	JC	建材	工业和信息化部
17	DZ	地质矿产	自然资源部
18	TD	土地管理	自然资源部
19	CH	测绘	自然资源部
20	WH	文化	文化和旅游部

续表3-2

序号	行业标准代号	行业名称	归口管理部门
21	QC	汽车	工业和信息化部
22	MH	民用航空	中国民用航空局
23	WJ	兵工民品	工业和信息化部/国防科技工业局
24	CB	船舶	工业和信息化部
25	HB	航空	工业和信息化部/国防科技工业局
26	QJ	航天	国防科技工业局
27	EJ	核工业	工业和信息化部/国防科技工业局
28	TB	铁路	国家铁路局
29	GH	供销合作	中华全国供销合作总社
30	LS	粮食	国家粮食和物资储备局
31	SJ	电子	工业和信息化部
32	YD	通信	工业和信息化部
33	CJ	城镇建设	住房和城乡建设部
34	JG	建筑工程	住房和城乡建设部
35	DL	电力	国家能源局
36	JR	金融	中国人民银行
37	HY	海洋	自然资源部
38	DA	档案	国家档案局
39	JB	机械	工业和信息化部
40	TY	体育	国家体育总局
41	SB	中国国内贸易	商务部
42	WB	物资管理	国家发展和改革委员会
43	HJ	环境保护	生态环境部
44	XB	稀土	工业和信息化部
45	GY	广播电影电视	国家广播电视总局
46	SN	出入境检验检疫	海关总署
47	CY	新闻出版	国家新闻出版署
48	MT	煤炭	国家矿山安全监察局
49	WS	卫生	国家卫生健康委员会
50	GA	公共安全	公安部
51	BB	包装	工业和信息化部
52	DB	地震	中国地震局
53	LB	旅游	文化和旅游部

续表3-2

序号	行业标准代号	行业名称	归口管理部门
54	QX	气象	中国气象局
55	WM	外经贸	商务部
56	HS	海关	海关总署
57	YZ	邮政	国家邮政局
58	ZY	中医药	国家中医药管理局
59	JT	交通	交通运输部
60	LD	劳动保护和劳动安全	人力资源和社会保障部
61	WW	文物保护	国家文物局
62	AQ	安全生产	应急管理部
63	SF	司法	司法部
64	NB	能源	国家能源局
65	YJ	减灾救灾与综合性应急管理	应急管理部
66	JS	机关事务	国家机关事务管理局
67	RB	认证认可	国家认证认可监督管理委员会
68	MR	市场监管	国家市场监督管理总局
69	XF	消防救援	应急管理部
70	WB	国家物资储备	国家粮食和物资储备局
71	SW	税务	国家税务总局
72	DY	电影	中共中央宣传部
73	GM	密码	国家密码管理局

资料来源:作者根据全国标准信息服务平台的有关资料整理而成,数据截至 2023 年 7 月。

3.3.5.3 标准编号

标准的编号由标准代号、顺序号和年号三部分组成。若国家标准为强制性标准,则将标准代号中的“/T”删去即可。

3.4 标准的结构

3.4.1 标准内容的划分

不同标准之间在内容上有很大的差异,因此,任何一个标准内容划分的规则都不可能适合各种标准。要想确立一个适合各种标准、能被普遍接受的标准内容划分规则十分困难。然而,就一般标准的内容划分仍必须遵守通常使用的规则。

(1)单独标准　在一般情况下,针对每个标准化对象应编制一项单独的标准,并作为整体出版。按要素的规范性和资料性的性质以及它们在标准中的位置来划分,可以分为资料性概述要素(封面、目次、前言、引言);规范性一般要素(名称、范围、规范性引用文件);规范性技术要素(术语和定义、符号和缩略语、要求……规范性附录);资料性补充要素(资料性附录、参考文献、索引)。

(2)系列标准　在下列特殊情况下,可在相同的标准顺序号下将一项标准分成若干个单独的部分标准,后续部分的内容相互关联;标准的某些部分可能被法规引用,标准的某些部分拟用于认证。若产品的不同方面要分别引起各方(如生产者、认证机构、立法机关等)的关注,则这些不同方面可被编制成一项标准的若干部分或若干项单独标准。

3.4.2　标准的层次及其名称

(1)部分　部分是一项标准被分别起草、批准发布的系列文件之一。一项标准的不同部分具有同一个标准顺序号,它们共同构成一项标准。"部分"不是独立标准,也不是系列标准的组成部分,而是一项标准内的组成单元。目前,系列标准是指标准顺序号不同的一族标准,这些标准相互关联。如食品理化检验方法标准 GB/T 5009 系列标准有 222 个部分。食品微生物检验方法标准 GB/T 4789 有 44 个部分。

部分的编号应位于标准顺序号之后,使用阿拉伯数字从 1 开始编号,与标准顺序号之间用下脚点相隔。与章条编号一样,部分编号属于一项标准的内部编号,只不过是将部分细化。

部分的名称构成与标准名称一致,采用分段式表达。同一标准的引导要素和主体要素相同,各部分的补充要素不同。在每个部分的名称中,补充要素前均应标明"第×部分",×表示阿拉伯数字。

(2)章　章是标准内容划分的基本单元,是标准或部分中划分出的第一层次,构成标准结构的基本框架。在每项标准或每个部分中,章的编号应从"范围"一章开始,使用阿拉伯数字从 1 开始,延续至附录之前。每一章都应有标题,标题位于编号之后,且与后文分行。

(3)条　条是对章的细分。凡是章以下有编号的层次均称为"条"。条是多层次的,第一层次的条可分成第二层次的条,第二层次的条可再细分,最多可分至第五层次。条的编号,如 4.1、4.2、4.3 等。条可以有标题,也可以没有标题,但在每一章内应保持一致。对于无标题的条,如果需要强调某些关键的术语和短语,则可用黑体突出显示条文起始的关键语或短语,以引起对相关主题的关注。条的设立应考虑两点:有被引用的可能;同一层次中有两个以上(含两个)的条。

(4)段　段是对章或条的细分。段没有编号,这是段与条的最明显的区别。段是章或条中不编号的层次。在标准中,凡是可能被引用的段应避免出现"悬置段"。但在术语和定义一章,给出术语前的引导语不会被引用,这种情况可称为"悬置段"。

(5)列项　在标准条文中,常使用列项阐述标准内容。列项是一种非常有用的方式。在标准中,对某些内容用列项来叙述十分方便。列项可以有两种引出形式:一是使用一个句子，如下列各类仪器如何等、单位等；二是使用一个句子的前半部分，由列项中的各项完成，如标准使用的量和形式。

（6）附录　附录是标准的层次之一。出于合理安排标准整体结构，突出主要技术内容、方便使用者理解标准中部分技术内容、展示国际标准与国内标准的详细差异等目的，附录可分为规范性附录和资料性附录两类：规范性附录是构成本标准的条文；资料性附录是对标准的理解。附录按在标准正文中出现的先后顺序进行编排，并用 A、B、C、D、E、F、G、H、I、J、K、L、M、N、O、P 等英文字母排序。附录中图表的编号规定是：图 A.1、表 A.1 等。

资料性附录不应包含规范性要素（即不应有“要声明符合标准而应遵守的条款），但如果规范性要素构成了可选的条款，如可选的试验方法，可写入资料性附录。在一般情况下，声明符合标准不必遵守该试验方法，所以它属于资料性附录。但在特定情况下，若需要使用该可选的试验方法，则应按规定条款进行试验。因此，这种虽置于“资料性附录”，却又由“条款”组成的可选试验方法较为特殊。

在起草一项标准时，标准不一定包含所有规范性技术要素。如一项标准可能没有术语和定义、符号和缩略语分类、标记和编写、要求、抽样、试验方法、规范性附录等要素中某一个要素，也可能这些要素都没有。一项标准除包含所列要素外，还可能包含设计程序、几何形状、尺寸、颜色、应用等其他规范性技术要素。规范性技术要素的内容及其顺序由所制定的具体标准而定。此外，一项标准还可包含图注、表注、图的脚注和表的脚注。

术语标准在内容的划分上有不同的要求。一般按照概念的层级分类编排，有两种形式：一是把一项标准划分为若干条目来表达；二是将一项标准划分为几个部分来表达，如表 3-3 和表 3-4 所列。

表 3-3　术语标准条目的划分

序号	内容
1	范围
2	规范性引用文件
3	术语和定义
3.1	基本术语和定义
3.1	发射分系统术语和定义
3.3	接收分系统术语和定义

表 3-4　术语标准部分的划分

名称	内容
××词汇第 1 部分	基本术语和定义
××词汇第 2 部分	发射分系统术语和定义
××词汇第 3 部分	接收分系统术语和定义

3.5　标准的编写

3.5.1　资料性概述要素的编写

1. 封面的编写

封面是标准的必备要素。标准封面的主要内容有：标准的类型、标准的标志、标准的编号、代替标准编号、国际标准分类号（1CS 号）、中国标准文献分类号、备案号、标准的中文名称、中文名称对应的英文名称、与国际标准一致性程度的标示、标准的发布及实施日期、标准的发布部门或单位。

《中华人民共和国标准化法》规定，标准包括国家标准、行业标准、地方标准和团体标准、企业标准。在封面上部居中位置为标准类型，国家标准、行业标准、地方标准在标准类型的右上方为标准代号的两个大写的汉语拼音字母。

2. 标准的编号

在标准封面中，标准类型的右下方是标准的编号。标准编号由标准代号、顺序号和年号三部分组成。例如，

国家标准：GB/T××××—××××年号，即国家标准代号 GB＋标准顺序＋年号。

行业标准：××/T××××—××××年号，即行业代号＋标准顺序＋年号，如 NY/T ××××—××××为推荐性农业行业标准。

地方标准：DBxx××××—××××年号，即地方标准代号 DB＋地方代号＋标准顺序＋年号。

团体标准：T/xxx××××—××××年号，即团体标准代号 T＋团体代号＋标准顺序＋年号。

企业标准：Q/xxx××××—××××年号，即企业标准代号 Q＋企业代号＋标准顺序＋年号。

若国家标准、行业标准为强制性标准，则将上述标准代号中的"/T"删去即可。在行业标准中，具体行业的代号按国家市场监督管理总局的有关规定执行。如农业 NY、水产 SC、水利 SL、林业 LY、化工 HG、纺织 FZ、医药 YY、民政 MZ、环境保护 HJ、建材 JC 等。

国际标准分类号（ICS 号）由 ISO 编制。为推动中国标准文献与国际接轨，要求中国国家标准、行业标准在封面的左上角标注 ICS 号，具体的分类编号可在《国际标准分类法》中查找。

中国标准文献分类号标注在国际标准分类号（ICS 号）下面，中国标准文献分类号应依照《中国标准文献分类法》进行标注。

3. 目次的编写

目次是可选的资料性概述要素。一个标准是否要设置目次，可根据标准的具体情况而定。一般来说，当标准内容很多、结构复杂时，可设置目次，其作用在于反映标准的层次结构，便于引导阅读与检索。

具体所列内容包括前言，引言，章的编号、标题，条的编号、标题，附录编号、附录的性质、标题，附录章的编号、标题，参考文献，索引，图的编号、图题，表的编号、表题（术语和具体术语不列入目次）。

4. 前言的编写

前言是标准的必备资料性概述要素，是资料性概述要素的重要组成部分，前言可提供

大量有用的信息，但因其为资料性概述要素，不应包含要求，也不能出现图和表。标准中的前言由特定部分和基本部分组成，特定部分在某些标准中可以省略，但基本部分不可或缺。

第一，特定部分主要内容：说明标准的结构（对系列标准很重要）；阐述采用国际标准的有关情况，如标准代替或废除的全部或部分其他文件、与标准前一版的重大技术变化、与其他标准或文件的关系、标准附录的性质（规范性附录和资料性附录）等。

第二，基本部分的内容：标准的提出；标准的批准；标准的归口；标准的起草单位；标准主要起草人；标准所代替的标准的历次版本发布情况。

GB/T 1.1—2020《标准化工作导则　第1部分：标准化文件的结构和起草规则》的规定，基本部分的具体编排需依次给出以下信息：本标准由××××提出；本标准由××××批准；本标准由××××归口；本标准起草单位（需要时可指明负责起草单位和参加起草单位）；本标准主要起草人；本标准所代替的标准的历次版本情况。

5. 引言的编写

引言是可选的资料性概述要素，不包含任何附加要求。与前言一样，对于1993版以前的版本，中国标准一般不设引言。若有需要，可在引言中说明编制标准的原因，以及有关标准技术内容的特殊信息或说明。引言一般不编号，当需要对引言内容分条表述时，条的编号为0.1、0.2等。若引言中有图、表、公式或脚注，则从引言开始使用阿拉伯数字从1开始编号。引言位于前言之后。在引用国际标准时，国际标准的引言应与正文同等对待，即将国际标准的引言转化为国家标准的引言。

3.5.2　规范性一般要素的编写

规范性一般要素包括标准名称、范围和规范性引用文件。

1. 标准名称

标准的名称是构成标准要素的重要组成部分，属于标准的必备要素，包括标准的中文名称和英文名称，在标准封面上位于最重要的位置。标准名称是对标准最集中、最简明的概括，可直接反映标准化对象的范围和特征，也会直接影响标准化信息的传播效果。标准名称还是使用、收集和检索标准的主要判断依据。

（1）标准名称起草的基本要求　标准名称起草的基本要求是应仔细斟酌所用名称的措辞，力求名称尽可能简练，并应表明标准的主题，使该标准与其他标准的主题容易区分。

（2）标准名称的构成要素　标准名称的构成要素是引导要素、主体要素和补充要素。这三个要素的顺序排列为引导要素＋主体要素＋补充要素。

①引导要素：表示标准所属的领域。若标准有归属的标准化技术委员会，则可用技术委员会名称中的名称作为引导要素。

②主体要素：表示在上述领域内所要论述的主要对象。主体要素是标准名称的必备因素。

③补充要素：表示该主要对象的特定方面或用于区分该标准（或部分）与其他标准（或其他部分）的细节。

（3）标准名称的具体结构　标准名称的具体结构有以下三种形式。

①一段式：仅含主体要素，如果味酸奶、咖啡研磨机、速冻野葱、山楂饮料等。

②二段式：由引导要素＋主体要素构成，如食品卫生微生物学检验　沙门菌检验等或由主体要素＋补充要素构成，如“粮食水分含量测定 近红外法”等。

③三段式：由引导要素＋主体要素＋补充要素构成，如“粮油检验 玉米水分含量测定 近红外法”等。

2. 范围

范围是规范性标准的必要要素，也是一般要素。每个标准都必须有范围，并应置于标准正文之首。范围是一个十分重要的要素，因为标准中一切技术内容的规定，都在范围所界定的界限内生效，超出该范围，这些规定就不再适用。在标准的编写时，绝不能忽视范围编写的重要性。范围在其内容上应明确表明标准对象和所涉及的各个方面。范围应先明确“标准对象”，即准确针对“什么”制定标准。范围编写应做到完整（信息全面、无缺项）、规范（用语准确规范）、简洁（高度提炼表达内容）。

范围要以陈述形式来表达。陈述应使用的表述形式：“本标准规定了……的方法”“本标准规定了……的一般原则”“本标准规定了……的指南”“本标准规定了……的术语”。陈述这些之后，还应列出标准的适用性陈述。若有必要，还要列出标准不适用的范围。在这种情况下，标准的适用性陈述应由这些引导语引出：“本标准适应于……”“本标准适应于……也适用于……”“本标准适应于……不适用于……”“本标准适应于……也可参照（参考）使用”。对于限制使用的范围，可另起一段陈述，如“本标准不适用于……”。

3. 规范性引用文件

规范性引用文件是规范性的可选要素，也是一般要素。若标准中有规范性引用文件，则需给出一个所引用文件一览表。规范性引用文件虽是可选要素，但在实际标准化工作中，规范性引用文件是不可或缺的内容，因为不可能孤立地去制定一个标准。

“规范性引用文件”是标准整体不可分割的组成部分，与标准文本中的规范性要素具有同等效力。标准还可能提及一些文件。这些文件被提及的方式可能不是规范性引用的，而是资料性的，这些文件中的内容并不构成为标准的内容。在使用标准时，并不需要遵守这些文件内容，仅作为参考信息或资料，应列入参考资料。

在标准条款中提及规范性引用文件时，用语应表述为“……应符合……的规定或……应按照……的要求”，不能用“……参见……的规定”。“规范性引用文件”可引用国内文件，如强制性标准、推荐性标准、标准化指导性文件、法规、技术法规、规程等；也引用国际文件，如标准、技术规范、规程、法规、技术法规、指南、技术报告等。

（1）引用文件的方式　GB/T 1.1—2020《标准化工作导则　第1部分：标准化文件的结构和起草规则》在引用文件的方式上有变化，明确区分“注日期引用”和“不注日期引用”，两者意义不同。任何标准或文件都会被修订,标注日期引用意味着使用所注日期版本。其以后被修订的新版本,甚至修改单中的内容均不适用。对于注日期的引用文件,在“规范性引用文件”一章所列的一览表中应给出文件完整的文件名称及年号。不注日期引用文件意味着所引用文件无论如何更新,其最新版本都适用于标准,对于不注日期的引用文件在“规范性引用文件”一章所列的一览表中不应给出文件年号。

(2)引用一项标准的所有部分　近年来,为与国际标准发展接轨,中国标准中出现了大量分部分出版的标准,然而,关于如何引用这些分部分出版的标准,GB/T 1.1《标准化工作导则　第1部分:标准化文件的结构和起草规则》做出了明确规定。不注日期引用一项标准的所有部分时,应在标准顺序号后标明“所有部分”及其通用名称,即引导要素和主体要素。注日期引用一项标准的所有部分,且这些部分是同一年发布的,可列出标准顺序号、起始部分的编号、年号以及标准的通用名称,即引用要素和主体要素;若这些部分不是在同一年发布,则需要分别列出这些文件。

(3)引用标准草案　在中国标准中,不允许引用处于起草阶段的标准。但在一系列标准或同一标准的不同部分,由同一个工作组同时起草的情况下,可考虑相互引用标准草案。不过,要保证这些标准草案能同时报批。待这些标准正式批准发布时,所引用的标准须具备标准编号,即成为正式标准。

(4)引导语　在规范性引用文件一章中,列出所有引用文件前,要有一段引导语。对于系列标准和单独标准,引导语有所不同。单独标准的引导语一般为:“下列文件中的条款通过本标准的引用而成为本标准的条款。凡是注日期的引用文件,其随后所有的修改单(不包括勘误的内容)或修订版均不适用于本标准,但鼓励根据本标准达成协议的各方研究是否可使用这些文件的最新版本。凡是不注日期的引用文件,其最新版本适用于本标准。”

应注意的是,规范性引用文件是一项十分严肃的工作,必须高度重视。引用文件的正确与否直接影响标准起草水平。应关注标准的最新版本,并认真研究引用文件的具体内容,判断其是否适合自己制定的标准。规范性引用文件应满足的条件是在标准条款中被引用,并且被规范性引用。不要将标准起草过程中参考过的标准、文件列入规范性引用文件,也不要把资料性引用文件列入规范性引用文件,但可以列入参考资料。

3.5.3　规范性技术要素的编写

规范性技术要素是标准的主体要素。由于标准化对象的不同,各个标准的构成要素及所包含的内容存在差异,这种差异在标准中具体体现在规范性技术要素的不同。

1. 术语和定义

术语和定义是可选要素。实现术语和定义的标准化的基础是同一事物或客体应形成一致的概念,一个概念一般只对应一个术语,对概念用言简意明的文字(包括图、公式等辅助说明内容)进行描述,即为定义。

在编制术语和定义一章时,应根据具体情况选择合适的引导语。例如,“下列术语和定义适用于本标准”“……确立的以及下列术语和定义适用于本标准”“下列术语和定义适用于

GB/T××××—××××的本部分”等。

一般在制定行业标准级别以上的标准时才制定术语和定义，企业标准编制过程中一般很少使用，特别是术语和定义在编排格式上与其他章不同，应予以关注，如术语和定义　下列术语和定义适用于本标准。

2. 符号和缩略语

符号和缩略语是可选要素，它给出理解标准所必需的符号和缩略语一览表。在符号和缩略语具体内容比较少的情况下，可与术语和定义合并成一章。符号和缩略语符号标准的起草与编写应符合 GB/T 20001.2—2015《标准编写规则　第 2 部分：符号标准》。

3. 要求

要求是规范性技术要素中的核心内容之一。要求是指标准中表达应遵守的规定的条款，按实施标准的约束力可分为必达要求和任选要求。标准的种类不同，标准的对象不同，要求所包含的具体内容差异较大。在产品质量标准中，要求一般作为一章列出，再根据产品的实际情况再分为条；在其他标准中，可分为一章或若干章，再分别列出具体特性内容。该要素内容决定了标准化对象应达到的质量水平以及实施后所能产生的经济效益和社会效益。

(1)要求要素的内容　一是直接或以引用的方式给出标准涉及的产品、过程或服务等方面的所有特性；二是明确可量化特性所要求的极限值；三是针对每个要求，给出可引用测定或检验特性值的试验方法和测量方法，或者直接规定试验方法和测量方法。

(2)选择要求的技术内容的原则　在选择产品标准各项技术内容时，应遵循目的性原则、性能特性原则和可证实性原则。

①目的性原则。任何产品都有许多特性，但仅有一些特性可以作为标准化对象。特性的选择取决于编制标准的目的，关键在于要保障有关产品的适用性。在产品标准中规定技术内容，应根据制定标准的目的有针对性地进行选择。制定产品标准的目的可概括为保证产品适用性；促进相互理解；保障健康、安全和环境保护与资源的合理利用；确保接口和互换性；实现产品品种简单化等。

②性能特性原则。在多种用途或在多种条件(如不同的气候条件)下使用的产品，不同用户可能对某些特性有不同的特性值，且每个特性值都对应具体用途或条款所规定的类型或等级。这些特性值可以被纳入一项标准或几项标准，最重要的是，可明确性能特性值与用途之间的对应关系。在选择产品的技术要求时，应根据产品性能特性参数，而非图样或可描述性特性来规定要求，给予技术发展最大的自由度，标准中应率先包括各使用者均能接受的特性。性能特性应包括世界公认的特性。由于气候、环境、法规、经济、社会条件、贸易形式的差异，我们应列出几种可供选择的方案。采用性能特性表达方式时，要保证性能要求中不疏漏重要特征。产品标准通常不包括产品生产过程的具体要求，常作为最终产品检验的依据。

③可证实性原则(可检验性原则)。无论产品标准的目的如何，仅应列入那些能被证实

或检验的技术要求。标准中的要求应使用明确的数值表示。规范性要求的数值应与仅供参考的数值明确区分,不应使用“膨松”“足够坚硬”和“容易破碎”“应有足够的强度”等表述。此外,依据可证实性原则,若没有试验方法或测量方法能在较短的时间内检验产品的稳定性、可靠性、合格与否,则不应规定这些要求。

(3)技术要求的具体内容 技术要求内容应反映产品达到的质量水平,是产品生产和用户选择产品的主要依据,因此应着重规定产品的性能,包括产品的功能、可靠性、安全卫生等技术指标要求。应充分考虑产品的使用要求、基本性能以及健康、安全、环境保护等因素。对于需要分等、分级且又能分等、分级的质量要求,应根据适用性及不同需要,科学合理地制定分等、分级规定。产品的技术要求也可划分不同层次给予陈述。使用性能应根据产品具体情况,选择直接体现产品适用性能的技术指标,或者间接反映使用性能的可靠代用指标。工艺要求一般不列入产品标准,若为保证产品质量和安全要求必须规定工艺要求,则应明确该产品的生产工艺。此外,还可根据需要,规定必须列入产品标准的其他要求。

(4)技术指标量值的选择 定量表示的技术要求应在标准中规定其标称值(或额定值)。必要时,可同时给出允许偏差或极限值。极限值体现了产品应达到的实际质量水平,应根据产品预定功能、用户需求以及国家有关标准或法律法规要求来确定,以实现最佳的经济和社会效益。

(5)“要求”条款的编排顺序 应尽可能与试验方法或检验规则一章中检验项目的先后顺序保持一致,以便于引用和对照。当与要求对应的试验方法较为简单时,允许将“试验方法”要素并入“要求”要素。章的标题为“要求与试验方法”

4. 抽样

抽样是标准中的可选要素。为确保样本与总体的一致性,最大限度地降低产品质量误判的风险,在标准的抽样要素中,应考虑这些内容:根据需要应确定抽样的条件,如时效条件、干燥条件、过筛条件等;根据需要应规定抽样方法,如四分法、随机数法等;对于易挥发或易变质的样品,还应规定样品贮存容器、保管条件或保存期限等。

抽样要素在标准中可独立成章,也可与试验方法要素合并成一章。若合并,抽样要素应位于试验方法的起始位置。抽样要素的目的是抽取样品,测试标准中某一项的特性值是否符合标准要求,并按照规定的试验方法或测量方法对样品进行测试,依据测试结果判定合格与否,而不涉及产品整批质量合格与否的判定。

5. 试验方法

试验方法是标准中的可选要素,是对产品技术要求进行试验、测定、检查的方法统称。根据特定的程序,测定产品、过程或服务的一个或多个特性的技术操作就是试验。试验方法是测定产品特性值是否符合规定要求的方法,并对测试条件、设备、方法、步骤以及抽样和对测试结果进行数据统计处理等进行统一规范。

试验方法的基本内容包括方法原理概要、试剂材料的要求、试验仪器设备及其具体要求、试样及其制备方法、试验程序、试验结果的计算和评定、测量不确定度或允许误差等。编写试验方法时，应与技术要求的条文相互对应。在一般情况下，一项技术要求只规定一种试验方法，若规定两种试验方法，应同时规定其换算公式。

6.检验规则

检验规则在标准中一般应以独立章节来编写，若检验规则比较简单，可并入试验方法一章，此时章名称可以称为“试验方法与检验规则”。

(1)检验规则的定义　检验规则是指对产品试样和正式生产中的成品进行各种试验的规则。它是考核和测定产品是否符合标准而采取的一种方法和手段，也是生产企业和用户判定产品是否合格所共同遵守的基本准则。

(2)检验规则的内容　检验规则的内容一般包括检验分类、每类检验所包含的试验项目、产品组批、抽样和取样方法、检验结果的复验规则以及判定规则等。

①检验分类。产品检验分为出厂检验(或交货检验)和型式检验(或例行检验)两类。出厂检验是指产品交货前必须进行的各项试验。只有产品经出厂检验合格后，才能作为合格品交货出厂。标准中应明确列出出厂检验的项目清单，通常破坏性、耐久性试验项目不列入。型式检验是指要求对产品质量进行全面考核，即对标准中规定的技术要求的全部项目进行检验，在特殊情况下可增加检验项目。型式检验一般在下列情况下进行：新产品或老产品转厂生产的试制定型鉴定；正式生产后，如原材料、工艺有较大改变，可能影响产品性能；产品生产中定期、定量的周期性考核；产品长期停产，恢复生产时；出厂检验结果与上一次型式检验有较大差异；国家质量技术监督部门提出型式检验的要求。

②判定规则。每一类检验均应明确判定产品合格或不合格的标准，同时应规定产品须复检、报废的原则；因检验工作失误或试样本身须重检的规则等；在标准中，还可规定对检验结果提出异议和进行仲裁检验的规则。

7.分类

分类是标准中的可选要素。为便于消费者、用户正确识别和选择适用的产品、过程和服务，在一定范围内对其建立统一的分类和标识很重要。在进行产品分类时，应优先采用国际通行的品种、型式和规格；尽量采用传统上约定俗成的分类方法；应根据使用与生产的需要，合理规定必要的产品品种、型式和规格；若分类要素中的某些要求属于需要检验的技术要求，可在试验方法要素中规定相应的检验方法。

8.标识、标签、包装、运输与贮存

标识、标签和包装是标准的可选要素。在产品标准技术内容中，一般将这一章名称称为标识、标签、包装、运输与贮存，编写这部分的主要目的是在贮存和运输过程中，保障产品质量不受损害。

(1)产品标识、标签　产品标识、标签的基本内容包括产品名称与商标；产品型号或标记；执行的产品标准编号、生产日期或批号；产品主要参数或成分及含量、质量等级；商品条码、产品产地、生产企业名称、详细地址、邮政编码及电话号码；其他需要标识、标签的事项，如质量体系认证合格标识、无公害食品标识、绿色食品标识、有机食品标识等。对于食品来说，必须执行 GB 7718—2011《食品安全国家标准　预包装食品标签通则》。

(2)包装　为防止产品受损，保障人类与环境安全，一切需要包装的产品均应在标准中对包装做出具体规定或引用有关的包装标准。产品包装应实用、方便、成本低且有利于环境保护。其基本内容包括包装技术和方法，说明产品采用何种包装(盒装、箱装、罐装、瓶装等)以及防晒、防潮等；包装材料和要求，说明采用何种包装材料的性能；对内装物的要求，说明规定内装物的摆放位置和方法等；包装试验方法，必要时应指明与包装或包装材料有关的试验方法；包装检验规则，指明对包装进行各项检验的规则。

(3)运输　对于在运输方面有特殊要求的产品，标准中应规定运输要求。运输要求一般包括：运输方式，应指明采用何种运输方式及其状况；运输条件，主要规定运输时的要求，如遮盖、冷藏、密封等。运输过程的注意事项，主要是对装、卸、运等方面的特殊要求等。

(4)贮存　对于食品等产品，应在贮存方面应做出规定，如贮存条件、场所、堆放方式、保质期等。

9. 规范性附录

规范性附录是标准的可选要素，要根据标准的具体条款来决定是否设置。在规范性附录中，给出的是“附加条款”，在使用标准时，这些条款应被同时使用。因此，规范性附录是标准整体不可分割的组成部分。在规范性附录中，对标准中的条款进一步细化和补充，有助于标准结构更加合理、层次更加清楚、主题更加突出。标准中应规定：“附录应在条文中提及”，在前言的特定部分最后给出附录性质的陈述。

3.5.4　资料性补充要素和其他要素的编写

1. 资料性附录

资料性附录是标准的可选要素，要根据标准的具体条款来确定是否设置。资料性附录提供对理解和使用标准起辅助作用的附加信息，其中给出的是附加信息，不包含声明符合标准应遵守的条款，仅限于提供参考资料，如标准中重要规定的依据、专门技术问题的介绍、某些条文的参考资料、正确使用标准的说明等。在具体标准中，应从四个方面对附录的性质加以明确：条文中提及及时的措辞方式、前言中陈述、目次中标明、附录正文编号下标明。

2. 参考文献

参考文献为标准的可选要素。若有参考文献，则应置于最后一个附录之后。参考文献的起草应遵照 GB/T 7714—2015《信息与文献　参考文献著录规则》的有关规定。

3. 索引

索引为标准的可选要素。若有索引，则应作为最后一个标准要素。

4. 条文注

标准条文中的注仅提供对理解或使用标准起辅助作用的附加信息，不包含声明符合标准应遵守的条款，即不包含陈述、指示、推荐和要求的条款。若需要规定含陈述、指示、推荐和要求的条款内容，该内容应写成条文。

5. 图

图是表达标准技术内容的重要手段之一。在适当条件下，用图表达标准技术内容可达到简明直观的效果。在标准中，通常用图来反映标准化对象的结构形式、形状、工艺流程、工作程序和组织机构等。

图的用法和编号应在标准条款中明确提及，并仅对图进行层次的细分。例如，图 1 可分成 a、b、c 等部分。在标准中，用阿拉伯数字从 1 开始对图进行连续编号，在附录之前图的编号应连续，且与章、条、段和表的编号无关。即便只有一张附图，也必须标为“图 1”。附录中图的编号应在阿拉伯数字之前加上标识该附录的字母，字母后跟下脚点，例如，图 A. 1。

每幅图应有图题，并置于图的编号之后。在一项标准中图题必须统一。图的编号和图题应置于图下方的居中位置，图注应区别于条文的注。图注应位于图题之上、图的脚注之前。当图中只有一个注时，应在图注的第一行文字前标明“注：”。当同一幅图中有多个注时，应标明“注 1：”“注 2：”“注 3：”等字样。每幅图的图注应单独编号。图注不能包含任何要求。图的脚注应区别于条文的脚注。它位于图题之上，并紧跟图注，图的脚注应从“a”开始的小写拉丁字母上标来区分。

6. 表

表是表达技术标准内容的重要手段之一。在适当的情况下，用表来表达标准技术内容可以达到简明、容易对比的效果，在标准中应用十分广泛，通常用来表达标准化对象的技术指标、参数、统计分析、分类对比等。

（1）表的用法和编号　若用表提供信息更有利于标准的理解，则适宜使用表。每个表在条文中均应明确提及。不允许表中有表，也不允许将表再分为次级表。表的编号应使用阿拉伯数字，从 1 开始对表连续编号，在附录之前表的编号应连续，且与章、条和图的编号无关。当只有一个表时，也应编号为“表 1”。附录中表的编号应在阿拉伯数字编号之前加上该附录的字母，字母后跟下脚点，例如，表 A. 1。

（2）表的编排和表注　表题即表的名称，每个表应有表题，并置于表的编号之后，标准中有无表题应在该标准中统一，表的编号和表题应位于表上方的居中位置。表的接排，若某个表需要转页接排，在随后的各页上应重复表的编号。编号后跟表题（可省略）和“续”。表注位于有关表格中及表的脚注之前。当表中只有一个注时，应在注的第一行文字前标明“注：”。当同一个表中有多个注时，应标明“注 1”“注 2”等。每一个表中的注应单独编号。

（3）表的脚注　表的脚注应区别于条文的脚注。表的脚注应从“a”开始的小写拉丁字母上标来区分，在表中应以相同的小写字母上标在需注释的位置标明脚注。

思考题

1.什么是标准和标准化？标准与标准化的主要区别是什么？

2.食品标准通常可以分成哪几类？其制定程序和原则是什么？

3.强制性标准和推荐性标准的异同点是什么？在什么条件下推荐性标准可以转化成强制性标准？

4.什么是规范性要素和资料性要素？在标准中两者的主要区别是什么？

5.标准化活动的基本原则是什么？

第 4 章

中国的食品标准

4.1 食品标准概述

中国的食品标准制定的依据是《中华人民共和国食品安全法》《中华人民共和国标准化法》、有关国际组织的规定和实际生产技术经验等。食品标准是食品行业领域各类标准的总和，包括食品基础标准、食品产品标准、食品安全标准、食品包装与标签标准、食品检验方法标准、食品管理标准以及食品添加剂标准等。

食品标准作为一项技术标准，是食品行业的技术规范，涉及食品行业各个领域的不同方面，从多方面规定了食品的技术要求和质量卫生要求。在食品工业中，食品标准占有十分重要的地位，是食品质量安全和食品工业持续发展的重要保障，也是国家标准的重要组成部分。作为判断食品质量的重要依据，食品标准是政府监管食品安全的手段之一，是食品生产企业科学管理的基础。

4.1.1 中国的食品标准发展历程

中华人民共和国成立初期，中国标准化工作开始逐渐受到党和政府的重视。1949 年 10 月成立的中央技术管理局内即设有标准规划处，但当时中国的食品类标准很少。20 世纪 60 年代初，中国第一批食品标准开始发布实施，包括国家标准和轻工业部、商业部、卫生部及供销合作总社等批准发布的行业标准，主要涉及白糖、粮食、罐头及蛋类制品等重要食品标准。20 世纪 70 年代末 80 年代初，中国开展了第一次食品标准的修订与补充，从那时开始，中国食品类相关标准日益丰富，但颁布的主要是食品添加剂的产品标准，而食品的产品标准和卫生标准较少。

20 世纪 80 年代后，中国陆续发布了一系列的食品的产品标准和卫生标准。1981 年颁布的 GB 2757—1981《蒸馏酒及配制酒卫生标准》开创了中国酿酒行业的新纪元。1983 年颁布了 GB 3865—1983《中式糕点质量检验方法》和 GB 3866—1983《西式糕点质量检验方法》。

1985年颁布了粮食、油料检验方法标准和一系列植物油脂检验方法标准。1986年和1987年颁布了GB 7100—1986《糕点、饼干、面包卫生标准》、粮食类产品标准和以ZBX为编号的一系列专业生产技术规程。1988年卫生部又颁布了19项食品类卫生标准。

20世纪90年代初，商检局颁布了一系列的进出口产品标准和检验方法标准，卫生部还颁布了一批农药残留等检验方法标准。1995年农业部颁布了第一批绿色食品相关标准，2001年颁布了第一批无公害食品相关标准，标志着绿色食品和无公害食品在中国走向制度化，也说明了人们食品安全意识的提高和国家对食品安全工作的重视。近年来，中国不断全面梳理现行食品标准，解决标准之间的交叉、重复和矛盾等问题，加快食品标准的制定和修订工作。于1996年、2003年和2005年，中国对食品方面的卫生标准进行了三次大范围的颁布和修订，使卫生标准的覆盖范围更加广泛，更加有利于保证人民群众的健康和安全。

2009年，《中华人民共和国食品安全法》发布实施后，对食品国家标准和行业标准，进行了更加全面的清理和修订。2015年10月1日，新修订的《中华人民共和国食品安全法》正式实施，食品安全国家标准又开始了新一轮的清理与修订。目前中国的食品标准已形成了基础标准、食品安全限量标准、方法标准、产品标准、管理技术标准及标识标签标准等门类齐全，相互配套，基本适应中国食品加工工业发展的标准体系。

4.1.2 中国的食品标准现状

食品安全关乎每个人的安危，历来被世人所关注。近年来，中国的食品安全事件时有发生，表明中国的食品安全依然面临着严峻的形势。随着社会发展和生活质量的不断提高，人们对食品质量的要求越来越高。食品安全不仅为中国人民所关注，也是当今世界人们所关注的焦点问题之一。食品标准作为食品安全、食品生产、食品经营的依据，其水平直接关系着人们的身体健康。中国已经将食品安全问题提上议事日程，着手梳理食品标准。制定和完善食品卫生和安全类标准，是保障人民身体健康，保证食品安全的基础工作。

4.1.2.1 中国现行的食品标准情况

食品标准按效力或权限分为国家标准、行业标准、地方标准、团体标准和企业标准；按标准的约束性分为强制性标准和推荐性标准。按照标准内容分为检验方法标准、食品产品标准、食品添加剂标准和生产规范标准等。

《中华人民共和国食品安全法》规定，食品安全国家标准由国务院卫生行政部门会同国务院食品安全监督管理部门制定、公布，国务院标准化行政部门提供国家标准编号。食品中农药、兽药残留的限量规定及其检验方法与规程由国务院卫生行政部门、国务院农业行政部门会同国务院食品安全监督管理部门制定。屠宰畜、禽的检验规程由国务院农业行政部门会同国务院卫生行政部门制定。

行业标准为在全国某个行业范围内统一的标准。行业标准由国务院有关行政主管部门制定，并报国务院标准化行政主管部门备案。当同一内容的国家标准公布后，则该内容的行业标准即行废止。

地方标准又称为区域标准，对没有国家标准和行业标准而又需要在省、自治区、直辖市范围内统一的食品安全、卫生要求，可以制定地方标准。地方标准由省、自治区、直辖市标准化行政主管部门制定，并报国务院标准化行政主管部门和国务院有关行政主管部门备案。在公布国家标准或者行业标准之后，该地方标准即应废止。

《中华人民共和国标准化法》规定，企业生产的产品没有国家标准和行业标准的，应当制定企业标准，作为组织生产的依据。企业的产品标准须报当地政府标准化行政主管部门和有关行政主管部门备案。已有国家标准或行业标准的，国家鼓励企业制定严于国家标准或者行业标准的企业标准，在企业内部适用。

中国食品标准经过几十年的发展，已初步形成门类齐全、结构相对合理、具有一定配套性、基本完整的体系，有力地促进了中国食品的发展和食品质量的提高。自 2009 年《中华人民共和国食品安全法》颁布实施后，国务院卫生行政部门对食用农产品质量安全标准、食品卫生标准、食品质量标准以及行业标准等食品标准进行梳理，深入研究现行标准存在的问题，提出了标准或指标的废止、修订和继续有效的完善意见，制定了食品标准整合工作方案。截至 2023 年年底，食品国家标准总数已增至约 3 400 项，其中强制性国家标准约 1 100 项，推荐性国家标准约 2 300 项。根据《食品安全国家标准目录》(2024 年)，食品安全国家标准经过持续整合与修订，总数已达到 1 610 项。

2017 年 2 月 14 日发布的《"十三五"国家食品安全规划》(国发〔2017〕12 号)明确提出了在"十三五"期间，加快食品安全标准与国际接轨。具体要求为：建立最严谨的食品安全标准体系。加快制修订产业发展和监管急需的食品基础标准、产品标准、配套检验方法标准、生产经营卫生规范等。加快制修订重金属、农药残留、兽药残留等食品安全标准。密切跟踪国际标准发展更新情况，整合现有资源建立覆盖国际食品法典及有关发达国家食品安全标准、技术法规的数据库，开展国际食品安全标准比较研究。加强标准跟踪评价和宣传贯彻培训。鼓励食品生产企业制定严于食品安全国家标准、地方标准的企业标准，鼓励行业协会制定严于食品安全国家标准的团体标准。依托现有资源，建立食品安全标准网上公开和查询平台，公布所有食品安全国家标准及其他相关标准。整合建设监测抽检数据库和食品毒理学数据库，提升标准基础研究水平。将形成技术标准作为组织实施相关科研项目的重要目标之一，并列入食品科研重要考核指标，相关成果可以作为专业技术资格评审依据。

4.1.2.2 中国的食品标准体系建设存在的问题

在中国，食品标准作为食品行业及其相关产业遵循的原则，已得到政府、企业和相关部门的高度重视。经过半个多世纪的发展，中国食品标准化经历了五个发展阶段，分别是初级阶段、发展阶段、调整阶段、巩固阶段和完善提高阶段，通过对已有标准的不断梳理和清理，中国的食品标准体系结构更加清晰、合理。

经过长期努力，虽然中国在食品标准化体系建设中取得了显著的成就，但是与国际水平和中国目前食品发展形势的要求相比，还存在一定差距。

(1)标准体系不够完善，结构不合理　第一，中国部分重要食品标准仍存在短缺。例如，中国现行的农业国家标准、行业标准多为产品质量标准，与之相配套的检验检测方法标准以及产品生产规程、种子、产地环境等方面的标准相对较少，新技术新领域的标准更少。农业农村部2023年的数据显示,中国可上市农产品已涵盖130余类,超1 500个品种,尤其在特色农产品、全产业链管理等领域标准缺失明显,难以全面支撑产业高质量发展。第二,检验方法标准相对缺乏。中国目前虽已有多项分析方法标准,但一些微量、痕量级分析技术的采用相对较少,难以满足大批量产品检验及产品的快速通关检测需要。第三,标准的制定没有根据产业链条上下游协调的原则进行配套。中国食品生产、加工和流通环节所涉及的品种标准、产地环境标准、生产过程控制标准、产品标准、加工过程控制标准以及物流标准的配套性虽已有改善,但整体而言还没有配套,使得食品生产过程安全监控缺乏有效的技术指导和技术依据。

(2)标准水平偏低　中国有很多食品国家标准和行业标准是20世纪80年代和20世纪90年代制定发布的。标龄普遍过长的标准,未能得到及时修订,造成技术内容相对落后。以前中国食品工业基础差、管理水平落后致使某些技术要求水平偏低,相当一部分标准远远低于国际水平。

(3)标准的制定尚未完全建立在科学的基础之上　第一,虽然《中华人民共和国食品安全法》中规定了标准的制定应当以风险分析为基础,但对目前标准的制定和整合的效率较低,许多标准的科学性和可操作性都亟待提高,这在有毒有害物质的检验方法标准以及高新技术产品领域表现得尤为突出。第二,标准制定缺乏验证。标准应经过多个实验室的全程验证后才可以通过,而一些食品标准在未经充分验证的情况下发布,给标准的使用带来了很大难度。

此外,还有其他一些问题,例如,标准实施进度缓慢等。上述这些问题的存在不仅严重制约了食品工业的发展和产品质量的提高,还降低了中国食品的国际竞争力。标准体系不够完善容易导致生产企业、监督部门和广大消费者无所适从。

4.2 食品基础标准

在一定范围内作为其他标准的基础并普遍使用,具有广泛指导意义的标准,称为基础标准。基础标准按其性质和作用的不同,一般分为以下几种:概念和符号标准、精度和互换性标准、实现系列化和保证配套关系的标准、结构要素标准、产品质量保证和环境条件标准、安全卫生和环境保护标准、管理标准、量和单位标准。

食品基础标准在食品领域具有广泛的使用范围,涵盖整个食品或某个食品专业领域内的通用条款。食品基础标准主要包括通用的食品术语标准、相关量和单位标准、通用的符号、代号(含代码)标准等。

4.2.1 食品术语标准

术语(terminology)是在特定学科领域用来表示概念的称谓的集合。是通过语音或文字来表达或限定科学概念的约定性语言符号,是思想和认识交流的工具。术语标准化指的是术语的标准化和术语工作方法(术语工作本身也要有标准化的原则和方法)上的标准化,即运用标准化的原理和方法,通过制定术语标准,使之达到一定范围内的术语统一,从而获得最佳秩序和社会效益。术语标准是当代社会发展的需要,也是信息技术兴起的需要,是标准化工作的重要基础。

4.2.1.1 食品术语标准的特点和作用

术语标准化的主要内容是概念、概念的描述、概念体系、概念的术语和其他类型的定名、概念和定名直接的对立关系。术语标准化的目的,首先在于分清专业界限和概念层次,从而正确指导各项标准的制定和修订工作。因此,术语标准化的重要任务之一是建立与概念体系相对应的术语体系。专业学科和一定专业领域的概念,构成一个概念体系,与之相对应的术语,在专业学科和一定专业领域也需要构成一个术语体系。一定范围内的术语按其内在的联系形成的科学有机整体,经过对其选编、注释、定义,形成人们普遍接受的一套专门用语,即人们通常称谓的术语集。术语标准化的另一个任务是对陈旧落后的阻碍科技进步的原有术语进行清理、修订,重复的要删除,混乱、交叉的要统一。

食品术语的编纂与制定及其标准化是当代食品工业发展和国际贸易的需要,也是信息技术兴起的需要。食品标准中的术语表现形式有两种:一是制定成一项单独的术语标准或单独的部分;二是编制在含有其他内容的标准中的"术语和定义"一章中。

4.2.1.2 中国的食品术语标准

对现行有效的中国的食品术语标准简要列举如下:GB/T 15091—94《食品工业基本术语》、GB/T 19000—2016《质量管理体系　基础和术语》、GB/Z 21922—2008《食品营养成分基本术语》、GB/T 19480—2009《肉与肉制品术语》、GB/T 14487—2017《茶叶感官审评术语》、GB/T 31120—2014《糖果术语》、GB/T 33405—2016《白酒感官品评术语》、GB/T 34262—2017《蛋与蛋制品术语和分类》、QB/T 5218—2018《罐藏食品工业术语》、NY/T 3224—2018《畜禽屠宰术语》、QB/T 5284—2018《冷冻食品术语与分类》、QB/T 1079—2016《啤酒机械术语》、QB/T 5018—2016《糖料甜菜术语》、GB/T 30785—2014《食品加工设备术语》、QB/T 4258—2011《酿酒大曲术语》、SB/T 11073—2013《速冻食品术语》、LS/T 1808—2017《粮食信息术语　通用》、NY/T 2780—2015《蔬菜加工名词术语》、NY/T 2535—2013《植物蛋白及制品名词术语》、NY/T 2963—2016《薯类及薯制品名词术语》、NY/T 3100—2017《马铃薯主食产品　分类和术语》等。

4.2.2 食品图形符号、代号类标准

图形符号是指以图形为主要特征、用以传递某种信息的视觉符号。图形符号跨越语言和文化的障碍,从视觉上引导人们,达到世界通用的效果。符号代表含义比文字丰富,图形符号是自然语言外的一种人工语言符号,具有直观、简明、易懂、易记的特点,便于信息的传递,使不同年龄,具有不同文化水平和使用不同语言的人都容易接受和使用,按其应用领域可分为三类:标志用图形符号(公共信息类)、设备用图形符号和技术文件用图形符号。与术语一样,图形符号是人类用来刻画、描写知识的最基本的信息承载单元,它们不仅与我们的

日常生活密切相关，而且渗透到科研、生产的各个环节。术语标准体系和图形符号标准体系属于标准体系中的两大分支，是各行业、各领域开展标准化工作的基础。

食品的图形符号、代号标准主要包括 GB/T 191—2008《包装储运图示标志》、GB/T 13385—2008《包装图样要求》、GB/T 12529 系列标准《粮油工业用图形符号、代号》从第 1 到第 5 部分等。

4.2.3 食品分类标准

4.2.3.1 食品分类标准的特点和作用

食品分类的标准化是食品行业发展和技术进步的基础，它的基础性功能体现在以下几个方面。

①食品分类标准是规范市场的工具，是食品生产监督管理部门对食品生产企业进行分类管理、行业统计、经济预测和决策分析的重要依据，也是进行消费者调查的重要工具。

②食品分类标准是食品安全风险暴露评估的依据，是食品安全标准。

③食品分类标准是国家和地区食品成分表的重要组成部分，是进行国家和地区膳食评估比较的依据。

④建立食品分类标准并使之与国际接轨是国际化、贸易发展和信息化的需要，缺乏统一认可的食品分类识别标准，会给国际食品贸易和安全信息交流带来困难。

因食品分类的目的、原则和方法各异，其分类结果也不大相同。食品分类标准应当在逻辑上是严密的，在用语上是规范的，在操作上是直观的。既要体现食品行业的学科属性，具有完整性和系统性的特点，又要强调食品分类的社会实用性，充分考虑食品分类的社会各组织、各社会组织体系的客观基础。食品分类强调实用性，但不唯实用性。在结构设置上，应尽量避免类级的轻重不当，不能突出一点而忽略其他。随着食品产业的细化，国际上食品分类正朝着开放性的方向发展。

4.2.3.2 中国的食品分类标准

现已制定的食品分类标准，简要列举如下：GB/T 4754—2017《国民经济行业分类》、GB/T 20001.3—2015《标准编写规则　第 3 部分：分类标准》、GB/T 10113—2003《分类与编码通用术语》、GB/T 35886—2018《食糖分类》、GB/T 21725—2017《天然香辛料　分类》、GB/T 34262—2017《蛋与蛋制品术语和分类》、GB/T 32099—2015《酵母产品分类导则》、GB/T 32687—2016《氨基酸产品分类导则》、GB/T 36431—2018《消费品分类与代码》、LS/T 6116—2017《大米粒型分类判定》、LS/T 1703—2017《粮食信息分类与编码　粮食及加工产品分类与代码》、NY/T 3100—2017《马铃薯主食产品　分类和术语》、SB/T 11207—2017《流通业商品分类与代码——软饮料》、SB/T 11208—2017《流通业商品分类与代码——食用油》、LS/T 1702—2017《粮食信息分类与编码　粮食属性分类与代码》、LS/T 1709—2018《粮食信息分类与编码　储粮病虫害分类与代码》、SN/T 4602—2016《进出口食品专业通用技术要求　食品的分类》、DB45/T 1290—2016《食品生产企业风险分级分类管理通则》、GB/

T 35825—2018《茶叶化学分类方法》、NY/T 3177—2018《农产品分类与代码》等。

4.3 食品安全标准

4.3.1 食品安全标准的概念

《中华人民共和国食品安全法》规定,"食品安全,指食品无毒、无害,符合应当有的营养要求,对人体健康不造成任何急性、亚急性或者慢性危害"。据此,食品安全标准是指为了对食品生产、加工、流通和消费(即"从农田到餐桌")食品链全过程影响食品安全和质量的各种要素以及各关键环节进行控制和管理,经协商一致制定并由公认机构批准,共同使用和重复使用的一种规范性文件,包括食品安全国家标准、食品安全地方标准和食品安全企业标准三类。

食品安全标准不同于食品质量标准,它是保障食品安全与营养的重要技术手段,其根本目的是要实现全民的健康保护,是食品法律法规体系的重要组成部分,是进行法治化食品监督管理的基本依据。食品安全标准均是强制执行的标准,对于食品安全国家标准的制定,应当依据食品安全风险评估结果并充分考虑食用农产品安全风险评估结果,参照相关的国际标准和国际食品安全风险评估结果,并将食品安全国家标准草案向社会公布,广泛听取食品生产经营者、消费者、有关部门等方面的意见,由国务院授权的部门(国务院卫生行政部门会同国务院食品安全监督管理部门)来负责制定和公布。对于省、自治区、直辖市人民政府负责食品安全标准制定的部门要组织制定、修订食品安全地方标准,应当参照执行《中华人民共和国食品安全法》有关食品安全国家标准制定、修订的规定,并报国务院授权负责食品安全标准制定的部门备案。对于食品生产企业而言,国家鼓励食品生产经营企业制定严于食品安全国家标准、地方标准的标准,作为组织生产的依据。企业标准应当报省级卫生行政部门备案,在本企业内部适用。

4.3.2 食品安全标准主要内容

《中华人民共和国食品安全法》规定,食品安全标准应当包括下列内容:食品、食品添加剂、食品相关产品中的致病性微生物,农药残留、兽药残留、生物毒素、重金属等污染物质以及其他危害人体健康物质的限量规定;食品添加剂的品种、使用范围、用量;专供婴幼儿和其他特定人群的主辅食品的营养成分要求;对与卫生、营养等食品安全要求有关的标签、标志、说明书的要求;食品生产经营过程的卫生要求;与食品安全有关的质量要求;与食品安全有关的食品检验方法与规程;其他需要制定为食品安全标准的内容等。根据食品安全标准的内容,食品安全标准可分为以下几类:食品安全限量标准、食品添加剂标准、婴幼儿和其他特定人群的主辅食品安全标准、食品标签标准、食品安全控制与管理标准、食品产品安全标准、食品安全检验方法与规程标准及其他标准。

4.3.3 食品安全限量标准

食品安全限量标准是对食品中天然存在的或者由外界引入的不安全因素限定安全水平所作出规定的标准。通过技术研究，使这些规定形成特殊形式的文件，经与食品有关的各部门进行协商和严格的技术审查后，由国家相关部门批准，并以特定的形式公布，作为共同遵守的准则和依据。主要包括农药最大残留限量标准、兽药最大残留限量标准、污染物限量标准、生物毒素限量标准、有害微生物限量标准等。食品安全限量标准规定了食品中存在的有毒有害物质的人体可接受的最高水平，其目的是将有毒有害物质限制在安全阈值内，保证食用安全性，最大限度地保障人体健康。

4.3.3.1 食品中农药最大残留限量标准

农药是指用于预防、消灭或者控制危害农业、林业的病、虫、草和其他有害生物，以及有目的地调节植物、昆虫生长的化学合成物或者来源于生物、其他天然物质的一种物质或者几种物质的混合物及其制剂。

农药残留(pesticide residue)是指任何由于使用农药而在食品、农产品和动物饲料中出现的特定物质，包括农药衍生物，如农药转化物、代谢物、反应产物以及杂质。

最大残留限量(maximum residue limit)是指在生产或保护商品过程中，按照农药使用的良好农业规范(GAP)使用农药后，允许农药在各种食品和动物饲料中或其表面残留的最大浓度。

(1)中国农药最大残留限量相关国家标准　食品中农药残留限量是根据中国农药残留试验及监测数据、中国居民膳食消费数据、农药毒理学数据等，经过科学风险评估后制定的。对规范科学合理用药、加强农产品质量安全监管、打击非法使用农药意义重大。

《中华人民共和国食品安全法》规定，食品中农药残留、兽药残留的限量规定及其检验方法与规程由国务院卫生行政部门、国务院农业行政部门会同国务院食品安全监督管理部门制定。《关于印发食品中农药、兽药残留标准管理问题协商意见的通知》(国卫办食品函〔2020〕640 号)规定，农业农村部负责食用农产品中农药残留限量及检验方法与规程的计划、立项、起草、审查、复审、解释、跟踪评价、档案、制修订经费的管理等。

自 2009 年《中华人民共和国食品安全法》实施以来，GB 2763《食品安全国家标准　食品中农药最大残留限量》先后发布了 2012 版、2014 版、2016 版、2018 增补版、2019 版、2021 版，涵盖的农药从 322 种增加到 564 种，农药最大残留限量标准从 2 293 项增加到 10 092 项，完成了国务院批准的《加快完善中国农药残留标准体系的工作方案》中农药残留标准达到 1 万项的目标任务。

限量标准的实施离不开与之相配套的检测方法标准的支撑。2016 年，卫生和计划生育委员会、农业部、食品药品监督管理总局联合发布的 2016 年第 16 号公告，首次推出 106 项 23200 系列检测方法标准，23200 系列标准包容性强，一般都是针对食品大类制定的检测方法，将作为食品中农药残留的主打检测方法标准，截至 2021 年 8 月，共计发布该系列标准 120 项。

(2)GB 2763—2021《食品安全国家标准　食品中农药最大残留限量》标准的主要特点

①涵盖农药品种和限量标准数量大幅增加。GB 2763—2021《食品安全国家标准　食品中农药最大残留限量》规定了 564 种农药残留限量标准，包括中国批准登记农药 428 种、禁限用农药 49 种、中国禁用农药以外的尚未登记农药 87 种，同时规定了豁免制定残留限量的低风险农药 44 种。从涵盖的农药品种数量看，已超过 CAC、美国，基本接近欧盟。与 GB 2763—2021《食品安全国家标准　食品中农药最大残留限量》相比，新版标准中农药品种增加 81 个，增幅为 16.7%；农药最大残留限量标准增加 2 985 项，增幅为 42%，基本覆盖中国批准使用的农药品种和主要植物源性农产品，为加强中国农产品质量安全监管提供了技术支撑。

②高风险农药品种监管力度持续加大。GB 2763—2021《食品安全国家标准　食品中农药最大残留限量》重点突出高风险禁限用农药的监管，规定了 29 种禁用农药的 792 项限量值、20 种限用农药在限用作物上的 345 项限量值。按照农药残留检测方法能够检测的最低浓度水平(定量限)，制定和修订了胺苯磺隆等 16 种禁限用农药的限量值，实现了禁用农药在 12 类植物源性农产品、限用农药在相应限用农产品种类上限量的全覆盖，强化了禁限用农药监管。同时，通过评估转化 CAC 标准等方式，制定了除中国禁用农药外的 87 种尚未在中国批准使用农药的 1 742 项残留限量，为加强进口农产品监管、保障中国居民消费安全提供了技术依据。

③蔬菜等特色小宗作物限量标准显著增加。特色小宗作物用药登记是一个国际性难题，农药市场小、回报低，企业主动申请农药登记的积极性不足导致无合法药可用、无限量标准可依的问题突出。近年来，农业农村部高度重视，重点针对社会关注度高的蔬菜、水果等鲜食农产品，制定和修订了 5 766 项残留限量，占目前限量总数的 57.1%。同时，在广泛开展农业生产实际用药调研、验证试验、征求意见和专家论证等基础上，制定了阿维菌素等 67 种农药在 589 项特色小宗作物上的限量标准，发布了 505 项农药残留风险控制技术方案，指导地方制定临时用药措施并鼓励企业申请农药扩大使用范围登记，创新探索解决特色小宗作物“无药可用、无标可依”难题的工作机制，一些区域性集中种植、产业规模大的特色作物用药短缺问题得到有效缓解。

④农药残留限量配套检测方法标准更加完善。GB 2763—2021《食品安全国家标准　食品中农药最大残留限量》新增推荐 7 项配套检测方法，同步发布了 GB 23200.121—2021《食品安全国家标准　植物源性食品中 331 种农药及其代谢物残留量的测定　液相色谱-质谱联用法》等 4 项新制定的农药残留检测方法国家标准，以作为相关农药残留限量的配套检测方法，可有效解决 1 000 多项农药残留限量标准“有限量、无方法”问题。同时，为提高配套检测方法的适用性，GB 2763—2021《食品安全国家标准　食品中农药最大残留限量》按照每种农药同类基质不超过 5 个且同类仪器的检测方法仅限 1 个的原则推荐配套检测方法，兼顾不同检测机构的实际需要。

4.3.3.2　食品中兽药最大残留限量标准

兽药是指用于预防、治疗、诊断动物疾病或者有目的地调节动物生理机能的物质(含药物、饲料添加剂），主要包括血清制品、疫苗、诊断制品、微生态制品、中药材、中成药、化学药品、抗生素、生化药品、放射性药品及外用杀虫剂、消毒剂等。

1. 相关定义

（1）兽药残留（veterinary drug residue） 是指在动物产品的任何食用部分中的原型化合物或/和其代谢产物，并包括与兽药有关杂质的残留。

（2）残留总量（total residue） 是指对食用动物用药以后，在动物性食品中某种药物残留的总和，是由残存在食品中的药物母体和全部代谢产物以及来源于药物的产物组成的。总残留量一般用放射性标记药物试验来测定，以相当于药物母体在食品中的 mg/kg 来表示。

（3）兽药最高残留限量（maximum residue limit for veterinary drug，MRLVD） 由于使用一种兽药而产生的该兽药残留的最高浓度（以鲜重计，表示为 mg/kg 或 μg/kg），此浓度被食品法规委员会推荐为法定批准或认可，容许存在于食物中或食物表面。它的根据是以每日允许摄入量（acceptable daily intake，ADI）表示对人类健康无毒害的残留类型和数量，或者以利用附和安全系数的暂定 ADI 为依据。还要考虑到其他对公众健康危害和食品加工方面的有关问题。确定最高残留限量时，还应考虑到植物来源的食品和/或环境中存在的残留。此外，使用兽药的良好规范可降低最高残留限量，并且降到实用的分析方法可达到的程度。

兽药残留是影响动物食品安全的主要因素之一。随着人们对食品安全的重视，动物性食品中的兽药残留也越来越被关注，在国际贸易中的技术壁垒也有越来越严重的趋势。根据 WTO 关于货物贸易的多边协议《技术性贸易壁垒协定》（TBT 协定）和《实施卫生与植物检疫措施协定》（WTO/SPS），进口国为保障人民的健康和安全，有权制定比国际标准更加严厉的标准。

2. 中国兽药残留标准状况

中国对兽药残留标准的研究，目前还主要侧重于在中国登记使用或国际上禁止使用不得检出的兽药方面的标准研究。农业部公告 第 235 号《动物性食品中兽药最高残留限量》就是按照这个原则大量采用了 CAC、欧盟等标准。近年来，随着人们生活水平的提高，对动物源食品的品质安全也日趋关注。虽然兽药在防治动物疾病、改善畜产品质量等方面发挥着非常重要的作用，但是也要严格按照标准谨慎使用。为此，农业农村部、国家卫生健康委员会、国家市场监督管理总局三部门联合发布的 GB 31650—2019《食品安全国家标准 食品中兽药最大残留限量》，自 2020 年 4 月 1 日起正式实施。该标准规定了动物性食品中阿苯达唑等 104 种（类）兽药的最大残留限量；规定了醋酸等 154 种允许用于食品动物，但不需要制定残留限量的兽药；规定了氯丙嗪等 9 种允许作治疗用，但不得在动物性食品中检出的兽药。该标准代替了农业部公告 第 235 号《动物性食品中兽药最高残留限量》相关部分内容。

GB 31650—2019《食品安全国家标准 食品中兽药最大残留限量》与农业部公告 第 235 号《动物性食品中兽药最高残留限量》相比，其主要变化为增加了“可食下水”和“其他食品动物”的术语定义；阿维拉霉素等 13 种兽药及残留限量；阿苯达唑等 28 种兽药的残留限量；阿莫西林等 15 种兽药的每日允许摄入量；醋酸等 73 种允许用于食品动物，但不需要制定残留限量的兽药。修订了乙酰异戊酰泰乐菌素等17种兽药的中文名称或英文名称;安普霉素等9种兽药的每日允许摄入量;阿苯达唑等15种兽药的残留标志物;阿维菌素等29种兽药的靶组织和残留限量;阿莫西林等23种兽药的使用规定。删除了蝇毒磷的残留限量和氨丙啉等6个允许用于食品动物,但不需要制定残留限量的兽药品种。此外,不再收载禁止药物及化合物清单。

GB 31650—2019《食品安全国家标准　食品中兽药最大残留限量》标准涵盖兽药品种和限量数量大幅增加,如食品中兽药最大残留限量标准规定了267种(类)兽药在畜禽产品、水产品、蜂产品中的2 191项残留限量及使用要求,基本覆盖了中国常用兽药品种和主要食品动物及组织,这也标志着中国兽药残留标准体系建设进入新阶段。

4.3.3.3 食品中污染物限量标准

食品污染物是指食品在生产(包括农作物种植、动物饲养和兽医用药)、加工、包装、贮存、运输、销售直至食用过程或环境污染导致产生的任何物质。这些非有意加入食品中的污染物,包括除农药、兽药和真菌毒素以外的污染物。由于食物生产的工业化和新技术的采用,以及对食物中有害因素的新认识,与以前相比,出现了新的污染物及新的控制策略要求。食品污染物限量标准是判断食品是否安全的重要科学依据,它对保障人体健康具有极为重要的作用。

2000年,中国对食品卫生标准中污染物指标进行了梳理。通过梳理审查,中国食品污染物限量标准的安全指标基本符合TBT协定和CAC有关原则,从而为保障中国的食品安全、促进食品国际贸易提供了有力的技术手段,并提高了中国食品污染物限量标准的规范性、合理性、科学性以及可操作性。在2017年2月14日发布的"十三五"国家食品安全规划中(国发〔2017〕12号),要求在"十三五"期间,制修订不少于300项食品安全国家标准,制修订兽药残留限量指标270余项。产品标准覆盖包括农产品和特殊人群膳食食品在内的所有日常消费食品,限量标准覆盖所有批准使用的农药、兽药和相关农产品,检测方法逐步覆盖所有限量标准。

2022年6月30日,国家卫生健康委员会与国家市场监督管理总局联合发布了GB 2762—2022《食品安全国家标准　食品中污染物限量》,该标准代替了GB 2762—2012《食品安全国家标准　食品中污染物限量》,规定了食品中铅、镉、汞、砷、锡、镍、铬、亚硝酸盐、硝酸盐、苯并[a]芘、*N*-二甲基亚硝胺、多氯联苯、3-氯-1,2-丙二醇的限量指标。与GB 2762—2012《食品安全国家标准　食品中污染物限量》相比,主要变化如下:删除了稀土限量要求;修改了应用原则;增加了螺旋藻及其制品中铅限量要求(2 mg/kg);调整了黄花菜中镉限量要求(由0.05 mg/kg调整为0.2 mg/kg);增加了特殊膳食产品、辅食营养补充品、运动营养食品、孕妇及乳母营养补充食品中污染物限量要求;更新了检验方法标准号;增加了无机砷限量检验要求的说明;修改了干制食品中污染物指标的表达方式,基本上满足中国食品污染物风险监控需要。

4.3.3.4 食品中生物毒素限量标准

生物毒素又称天然毒素,是指生物来源并不可复制的有毒化学物质,包括动物、植物、微生物产生的对其他生物物种有毒害作用的各种化学物质。生物毒素能够引起人和动物的急性中毒、致癌、致畸或致突变，是一个世界性问题，引起各国普遍关注。生物毒素种类繁多，分布广泛，主要有真菌毒素、细菌毒素、藻毒素、植物毒素、动物毒素等。目前，生物毒素中毒带来的公共卫生问题已成为食品安全的重大问题，并严重影响了食品贸易。国际上对生物毒素的风险管理主要是限定其最大允许量，即制定其限量标准。

1981—2003 年，中国发布了 GB 2761—1981《食品中黄曲霉毒素 B1 允许量标准》、GB 16329—1996《小麦、面粉、玉米及玉米粉中脱氧雪腐镰刀菌烯醇限量标准》、GB 14974—2003《苹果和山楂制品中展青霉素限量》、GB 9676—2003《乳及乳制品中黄曲霉毒素 M1 限量》等四项真菌毒素限量标准；2005 年 1 月，发布了 GB 2761—2005《食品中真菌毒素限量》，代替并废止了以上四项标准；2011 年 4 月卫生部对 GB 2761—2005《食品中真菌毒素限量》进行了修订，并发布了 GB 2761—2011《食品安全国家标准　食品中真菌毒素限量》，标准中规定了食品中黄曲霉毒素 B1、黄曲霉毒素 M1、脱氧雪腐镰刀菌烯醇、展青霉素、赭曲霉毒素 A 及玉米赤霉烯酮的限量标准；2017 年 3 月 17 日，卫生和计划生育委员会和食品药品监督管理总局联合发布了 GB 2761—2017《食品安全国家标准　食品中真菌毒素限量》，该标准代替了 GB 2761—2011《食品安全国家标准　食品中真菌毒素限量》，在 2011 版标准的基础上修改了应用原则、增加了葡萄酒和咖啡中赭曲霉毒素 A 限量要求（葡萄酒为 2.0 μg/kg，咖啡为 5.0 μg/kg）、增加了特殊医学用途配方食品、辅食营养补充品、运动营养食品、孕妇及乳母营养补充食品中真菌毒素限量要求、更新了检验方法标准号等。

4.3.3.5　食品中有害微生物限量标准

近几年，国内外频发的食源性疾病给公众身体健康与生命安全、社会、经济带来严重危害，食源性疾病已成为不断扩大的公共卫生问题之一，引起各国政府的高度关注。食品中致病菌污染是导致食源性疾病的重要原因，预防和控制食品中致病菌污染是食品安全风险管理的重点内容。

引起食源性疾病的致病性微生物种类非常广泛，主要有沙门菌、致病性大肠埃希菌、葡萄球菌、单核细胞增生性李斯特菌等。这些致病性微生物污染造成的食源性疾病是目前食品安全中最突出的问题。要有效控制微生物性食源性疾病，需采取有效措施来预防病原菌对食品的污染和减少人群的暴露概率，其中，制定科学的食品微生物标准就是一个重要方面。

为了降低食源性疾病的死亡率，减少有害微生物造成的经济损失和严重的社会影响，迫切需要规范中国已有的食品微生物检验采样方法、采样量、检验量、操作过程和检测方法，制定和修订与国际接轨的主要食品中有害微生物的检测方法和限量标准，因此国家卫生和计划生育委员会等有关部门在充分梳理分析中国现行有效的食品卫生标准、食品质量标准、行业标准、农产品质量标准基础上，优先解决目前中国各标准间重复、交叉、矛盾或缺失等问题，并参考相关国际组织致病菌风险评估结果和标准规定，借鉴美国、欧盟、澳大利亚和新西兰、日本、加拿大等国家和地区食品中致病菌限量标准规定，并依据中国食品中致病菌的监测结果，充分考量致病菌或其代谢产物对健康造成实际或潜在危害的证据以及原料、状况、加工过程、贮藏、销售和食用过程中致病菌状况的变化，食品的消费人群，致病菌指标应用的成本/效益分析等因素，遵循“先进性、实用性、统一性、规范性”的原则，根据中国的国情，注重标准的可操作性，形成了一套国家食品中致病菌的限量标准，卫生部于 2013 年 12 月发布了 GB 29921—2013《食品安全国家标准　食品中致病菌限量》，该标准是中国首次制定，也是食品安全基础标准的重要组成部分。按照《中华人民共和国食品安全法》和《食品安全标准与监测评估“十三五”规划(2016—2020 年)》的要求，为了进一步完善中国食品安全国家标准体系，适应行业的发展以及监管部门的使用需求，根据最新的风险监测和风险评估结果，结合国际上近年来食源性致病菌标准的修订动态及 GB 29921—2013《食品安全国家标准　食品中致病菌限量》执行过程中遇到的问题，启动了该标准的修订，于 2021 年 9 月 7 日发布，自 2021 年 11 月 22 日起实施。

本次修订标准为 GB 29921—2021《食品安全国家标准　预包装食品中致病菌限量》，标准名称由《食品安全国家标准　食品中致病菌限量》修改为《食品安全国家标准　预包装食品中致病菌限量》，整合了乳制品和特殊膳食用食品中的致病菌限量要求，增加了食品类别(名称)说明的附录，对乳制品、肉制品、水产制品、即食蛋制品、粮食制品、即食豆类制品、巧克力类及可可制品、即食果蔬制品、饮料、冷冻饮品、即食调味品、坚果与籽实类食品、特殊膳食用食品等 13 类食品中的沙门菌、单核细胞增生李斯特菌、致泻大肠埃希菌、金黄色葡萄球菌、副溶血性弧菌、克罗诺杆菌属(阪崎克罗诺杆菌)等 6 种致病菌指标和限量进行了调整。

该标准适用于预包装食品，不适用于执行商业无菌要求的食品、包装饮用水、饮用天然矿泉水。罐头类食品等需要达到商业无菌要求的食品应执行商业无菌要求，不在本标准中规定致病菌限量。包装饮用水、饮用天然矿泉水暂不纳入本标准，并根据需要在相应的食品安全国家标准和产品标准中进行致病菌的管理。

4.3.4　食品添加剂标准

4.3.4.1　食品添加剂概述

《中华人民共和国食品安全法》规定：“食品添加剂，指为改善食品品质和色、香、味以及为防腐、保鲜和加工工艺的需要而加入食品中的人工合成或者天然物质，包括营养强化剂。”食品添加剂本身不是以食用为目的，也不是作为食品的原料物质，其自身并不一定含有营养物质，但是它在增强食品营养功能、延长食品食用期等方面具有重要作用。食品添加剂作为食品中一类特殊的添加物，已经越来越多地应用于食品生产加工，由于它们大多属于化学合成物或动植物提取物，其安全卫生问题历来为世界各国和国际组织所重视。自中华人民共和国成立以来，中国先后制定并实施了一系列关于食品添加剂的法规与标准。这些法规标准均要求：不得对消费者产生急性或潜在的危害；不得掩盖食品本身或加工过程中的质量缺陷；不得有助于食品的假冒伪劣；不得降低食品本身的营养价值。目前，中国已经批准的食品添加剂包括 23 大类 2 000 多个品种。

4.3.4.2　中国食品添加剂使用标准

GB 2760—2014《食品安全国家标准　食品添加剂使用标准》是中国的强制性食品添加

剂使用标准。该标准依据联合国粮食及农业组织和世界卫生组织下的食品添加剂联合专家委员会(JECFA)风险评估报告科学调整了使用范围及用量,代替了GB 2760—2011《食品安全国家标准 食品添加剂使用标准》,与2011版相比,该食品添加剂标准增补了卫生部2010年16号公告至国家卫生和计划生育委员会2014年17号公告的食品添加剂规定,将食品营养强化剂和胶基糖果中基础剂物质及其配料名单调整由其他相关标准进行规定,同时修改了“带入原则”,并增加了“附录A中食品添加剂使用规定索引”等内容。该标准规定了食品添加剂的使用原则、允许使用的食品添加剂品种、使用范围及最大使用量或残留量,适用于所有食品添加剂的生产、经营和使用者。

GB 2760—2024《食品安全国家标准 食品添加剂使用标准》已由中华人民共和国国家卫生健康委员会和国家市场监督管理总局于2024年2月8日联合发布,并于2025月2月8日正式实施。与GB 2760—2014《食品安全国家标准 食品添加剂使用标准》相比,GB 2760—2024《食品安全国家标准 食品添加剂使用标准》增加了国家卫生健康委员会(原国家卫生和计划生育委员会)2015年1月至2023年12月有关食品添加剂规定的公告;修改了2.1食品添加剂的定义,增加了营养强化剂;将原标准中2.5“国际编码系统(INS)”和2.6“中国编码系统(CNS)”合并为2.5“食品添加剂编码”,并修改了其定义描述;删除了原标准中4“食品分类系统”中“如允许某一食品添加剂应用于某一食品类别时,则允许其应用于该类别下的所有类别食品,另有规定的除外”,将其在附录A中A.3体现;增加了第8章“食品添加剂的功能类别”和第9章“附录A中食品添加剂使用规定索引”,并修改了附录A食品添加剂的使用规定。

4.3.4.3 食品营养强化剂使用标准

营养强化剂是为了增加食品的营养成分(价值)而加入食品中的天然或人工合成的营养素和其他营养成分,如乳铁蛋白、酪蛋白磷酸肽、乳酸锌、柠檬酸钙等。《中华人民共和国食品安全法》规定营养强化剂属于食品添加剂,并制定了专门的标准对食品营养强化剂的使用进行了规定。中国最早的强化食品政策是有关碘盐的管理办法。1979年12月21日国务院批准同意卫生部、轻工业部、商业部、粮食部、全国供销合作总社共同拟定的《食盐加碘防治地方性甲状腺肿暂行办法》,这是中国第一部强化食品法规。

进入20世纪80年代以后,随着国民生活水平的提高,人们对食品质量有了更高要求,市场上出现了一些保健食品、强化食品及婴幼儿配方食品等。1982年《中华人民共和国食品卫生法(试行)》首次在法规中提到食品强化剂,是中国首部涉及食品强化剂的法规。目前中国现行的强制性营养强化剂使用标准为GB 14880—2012《食品安全国家标准 食品营养强化剂使用标准》,该标准是对GB 14880—1994《食品营养强化剂使用卫生标准》中营养强化剂的使用规定和历年卫生部批准的食品营养强化剂使用情况进行汇总、梳理以及科学分类。与旧标准相比,新标准增加或规范了营养强化剂、营养素、其他营养成分、特殊膳食用食品的术语和定义。此外,新标准还增加了营养强化剂的主要目的、使用营养强化剂的要求以及可强化食品类别的选择要求;在风险评估的基础上,结合本标准的食品类别(名称),调整、合并了部分营养强化剂的使用品种、使用范围和使用量,删除了部分不适宜强化的食品类别;增加了可用于特殊膳食用食品的营养强化剂化合物来源名单和部分营养成分的使用范围和使用量;增加了食品类别(名称)说明等内容。标准中规定了食品营养强化的主要目的、使用营养强化剂的要求、可强化食品类别的选择要求以及营养强化剂的使用规定,标准适用于食品中营养强化剂的使用,而国家法律、法规和(或)标准另有规定的除外。

4.3.5 婴幼儿和其他特定人群的主辅食品安全标准

4.3.5.1 婴幼儿食品安全标准

(1)婴幼儿食品概述　婴幼儿是指 0～36 月龄的人群,婴儿是指 0～6 月龄,较大婴儿是指 6～12 月龄,幼儿是指 12～36 月龄。婴幼儿食品是专供婴幼儿食用的食品,主要包括婴幼儿配方食品和婴幼儿辅助食品两大类。

母乳是婴幼儿最理想的食品,在母乳不足或无母乳时,婴幼儿配方食品是母乳的最佳替代品,适于出生 0～36 月龄婴幼儿食用。其中,婴儿配方食品的营养成分能满足出生 0～6 月龄婴儿生长发育的营养需要,较大婴儿和幼儿配方食品适于 6～36 月龄婴幼儿食用,但需适当添加辅食才能满足婴幼儿的营养需要。

按配方的不同,婴幼儿配方食品主要有配方乳粉、配方豆粉及特殊配方食品。配方乳粉通常以牛乳(或羊乳)为基础,参考健康母乳成分组成或根据婴幼儿的生长发育特点配制而成。配方豆粉通常以大豆蛋白为主要原料配制而成,适用于对牛奶蛋白过敏和(或)对乳糖不耐受的婴幼儿。特殊配方食品则是专门针对早产儿、低体重儿或代谢紊乱的婴幼儿特殊营养需要而设计的配方。婴幼儿辅助食品,又叫婴幼儿补充食品或婴幼儿断奶期(转奶期)食品,根据原料、适用年龄段和包装形式的不同,大致可分为两大类——婴幼儿谷物食品和罐装婴幼儿食品。婴幼儿谷物食品是以谷类或豆类为基础加工成粉状、薄片状或饼干等食品,用水、牛乳或其他适宜的液体调稀或冲调成糊状喂食,该类食品适合于婴儿断乳期食用;罐装婴幼儿食品是以各种蔬菜、水果、鱼、禽、肉、肝等为原料加工制成的汁、泥、酱、糊状类即食食品。

(2)婴幼儿食品标准概况　出生至 3 周岁的婴幼儿是人一生中身心健康发展的重要时期,因此婴幼儿的合理营养对奠定其一生的体格和智能极为重要。不同于一般食品,婴幼儿食品有其特殊的营养和卫生要求,必须符合相应的法规标准。婴幼儿食品相关法规标准的制定和执行是保证婴幼儿食品质量安全的基石。

婴幼儿食品标准体系主要由基础通用标准、产品标准、检验方法标准、原辅材料标准、包装材料标准和标签标准等组成。中国现行涉及的婴幼儿产品标准主要有 GB 10765—2021《食品安全国家标准　婴儿配方食品》、GB 10767—2021《食品安全国家标准　幼儿配方食品》。这两项标准在总结既往标准实施情况的基础上,参考 CAC 标准和中国居民膳食营养素参考摄入量,科学规定了其原料、适用范围、能量和各种必需营养成分、可选择成分的含量以及污染物、真菌毒素、微生物的限量要求,符合标准要求的婴幼儿奶粉可满足婴幼儿生长发育的营养需求和食品安全。针对某些患有特殊疾病、代谢紊乱或吸收障碍的婴儿,中国在参考国际标准和国外发达国家标准的基础上,根据临床营养研究进展,制定并公布了 GB

25596—2010《食品安全国家标准　特殊医学用途婴儿配方食品通则》，适用于早产儿、低出生体重儿、苯丙酮尿症等特殊患儿，保证他们健康成长。该标准的出台弥补了中国类似标准缺失而造成的临床营养或监管的空白。此外，针对婴幼儿断奶期，中国制定了两项辅助食品标准，包括 GB 10769—2010《食品安全国家标准　婴幼儿谷类辅助食品》和 GB 10770—2010《食品安全国家标准　婴幼儿罐装辅助食品》。上述食品安全国家标准符合中国婴幼儿生长发育特点，与国际婴幼儿食品的标准体系一致。

(3)婴幼儿食品标准与国外标准的比对　CAC 标准是各国制定本国标准的重要参考依据和基础。由于不同国家婴幼儿的营养状况和当地营养水平不同，各国根据本国国情制定该国的具体标准。以 GB 10765—2021《食品安全国家标准　婴儿配方食品》为例，在制定过程中参考各国标准及实施情况，结合中国婴儿营养状况，进行了风险评估，同时参考中国母乳中的营养成分和比例以及中国居民膳食营养素参考摄入量，对大部分营养素规定了严格的上下限，使标准更加符合中国婴儿的营养需求。中国标准立足于保障中国婴幼儿营养需求，考虑行业生产和监管能力等实际情况，部分指标要求比国际标准更严格。如乳糖，国际食品法典标准对婴儿配方食品中的乳糖含量没有要求，中国标准要求乳基婴儿配方食品中乳糖含量必须占碳水化合物含量的 90%以上；如硒，CAC 标准要求婴儿配方食品中硒含量为 1～9 μg/100 kcal(1 cal＝4.18 J)能量，而且上限的“9”为指导上限水平，不是限量值，欧盟的要求与国际食品法典一致，澳大利亚、新西兰为 1～5 μg/100 kcal 能量，中国是 3.0～8.6 μg/100 kcal 的能量。

除已制定的 5 项婴幼儿食品产品标准外，中国还制定了与之相配套的相关标准，满足婴幼儿食品安全管理需要，主要包括检验方法标准，这些与婴幼儿食品中各成分指标、污染物指标、微生物限量指标相对应的检验方法标准，已经以食品安全国家标准的形式发布。GB 14880—2012《食品安全国家标准　食品营养强化剂使用标准》，该标准规定了在婴幼儿奶粉中可以添加的 30 余种营养素及其化合物来源 120 余种，这些化合物来源都是国际上广泛使用的、有充足的风险评估依据的安全可靠的化合物，在给婴幼儿食品提供全面平衡营养素的同时，不会对婴幼儿产生任何危害；GB 2760—2024《食品安全国家标准　食品添加剂使用标准》，该标准规定了可以在婴幼儿奶粉中使用的添加剂及其使用量，其主要功能是酸度调节剂、增稠剂、乳化剂等；标签要求，中国婴幼儿奶粉的标签应符合 GB 13432—2013《食品安全国家标准　预包装特殊膳食用食品标签》要求。

4.3.5.2　其他特定人群食品安全标准

特殊医学用途配方食品是针对进食受限、消化吸收障碍、代谢紊乱或其他特定疾病状态人群的营养需要专门加工配制而成的配方食品。国外长期使用的资料表明，特殊医学用途配方食品在患者治疗、康复及机体功能维持过程中起着极其重要的营养支持作用。由于中国此前一直没有相关标准，此类产品的生产、销售与管理缺乏法律法规依据。随着中国人口老龄化和医疗保险压力的增大，为满足社会需求，完善中国食品安全标准体系，指导和规范中国特殊医学用途配方食品的生产、流通和使用，促进中国相关产品研发和应用，有必要建立与国际接轨的食品安全国家标准体系。因此，经过长期研究，中国制定并发表了特殊医学用途配方食品系列标准。其中 GB 29922—2013《食品安全国家标准　特殊医学用途配方食品通则》主要针对 1 岁以上人群使用，该标准主要参考了欧盟指令中对于特殊医学用途配方食品的分类，将其分成 3 类，即全营养配方食品、特定全营养配方食品和非全营养配方食品。全营养配方食品主要针对有医学需求且对营养素没有特别限制的人群，如体质虚弱者、严重营养不良者等。患者可以在医生或临床营养师的指导下，根据自身状况，选择使用全营养配方食品；特定全营养配方食品是在满足上述全营养配方食品的基础上，根据特定疾病对部分营养素的限制或需求增加而进行适当调整后的产品；GB 25596—2010《食品安全国家标准　特殊医学用途婴儿配方食品通则》主要针对 0～1 周岁的婴儿使用。为了严格控制特殊医学用途配方食品的生产，保证特殊医学用途配方食品的质量和安全，中国配套制定了 GB 29923—2023《食品安全国家标准　特殊医学用途配方食品良好生产规范》，对特殊医学用途配方食品的生产过程提出了要求，中国目前已经形成了“1 个规范标准＋2 个产品标准”的特殊医学用途配方食品标准体系，涵盖从出生到老年的产品类别，可很好地满足市场和消费者的需求。从标准体系来看，已经与国际和发达国家接轨。

4.3.6　食品标签标准

根据 GB 7718—2011《食品安全国家标准　预包装食品标签通则》中的定义，食品标签是指预包装食品容器上的文字、图形、符号，以及一切说明物。“一切说明物”包括吊牌、附签或商标。食品标签可以理解为是在食品包装容器上或附于食品包装容器上的一切附签、吊牌、文字、图形、符号等说明物，它是对食品质量特性、安全特性、食用说明的描述。

食品标签可分为两种形式：一种是把文字、图形、符号印制或压印在食品的包装盒、袋、瓶、罐或其他包装容器上；另一种是单独印制纸签、塑料薄膜签或其他制品签，粘贴在食品包装容器上。无论采用哪种形式，都是食品制造者、包装者（或分装者）或经销者向消费者的承诺。

食品标签提供了食品的内在质量信息、营养信息、时效信息和食用指导信息，是进行食品贸易及消费者选择食品的重要依据，可以起到维护消费者知情权，保护消费者健康和利益的作用，同时也是保证公平贸易的一种手段。通过实施食品标签标准，有利于市场正当竞争，促进企业自律，防止利用标签进行欺诈。

4.3.6.1　食品标签标准概况

以前，中国部分食品企业违规滥用食品标签现象较严重，这不仅给消费者造成经济利益损失，而且对消费者的安全和企业的发展也构成了威胁。为了防止消费者被不真实的产品标签误导，加快食品工业的发展和与国际接轨的步伐，2005 年 10 月 1 日，国家实施了 GB 7718—2004《预包装食品标签通则》和 GB 13432—2004《预包装特殊膳食用食品标签通则》两项食品标签强制性国家标准，使食品标签标示的内容向着无限接近食品真实属性的目标迈出了关键的一步。

GB 7718—2004《预包装食品标签通则》是对 1987 年 5 月中国首次制定的 GB 7178—87《食品标签通用标准》的第二次修订，GB 13432—2004《预包装特殊膳食用食品标签通则》是对 1993 年实施的与之相配套的 GB 13432—92《特殊营养食品标签》的首次修订。当时，这两个标准的出台一定程度上改变了食品标签混乱的状况，有效保障了广大消费者的权益，并促进了食品工业的健康有序发展。

随着食品工业的进一步发展，这两个标准有些地方已经不适合食品行业的发展需要，有必要进行修订，因此 2011 年又一次对 GB 7718—2004《预包装食品标签通则》进行了修订，GB 7718—2011《食品安全国家标准　预包装食品标签通则》充分考虑了 GB 7718—2004《预包装食品标签通则》的实施情况，细化了《中华人民共和国食品安全法》及其实施条例对食品标签的具体要求，增强了标准的科学性和可操作性。修改了标准的适用范围、“预包装食品”和“生产日期”的定义，增加了“规格”定义、“规格”标示方式和“不应标注或者暗示具有预防、治疗疾病作用的内容，非保健食品不得明示或者暗示具有保健作用”的内容，取消了保存期的定义。并参照国际食品法典标准，增加了食品致敏物质推荐性标示要求，便于消费者根据自身情况科学选择食品；细化了食品添加剂标示要求，明确食品添加剂标示应符合食品添加剂使用标准中的食品添加剂通用名称。

为确保特殊膳食用食品标签标准与现行特殊膳食用食品产品标准和相关标准相衔接，根据《中华人民共和国食品安全法》和《食品安全国家标准管理办法》，国家卫生和计划生育委员会组织修订了 GB 13432—2004《预包装特殊膳食用食品标签通则》，于 2013 年颁布了新的 GB 13432—2013《食品安全国家标准　预包装特殊膳食用食品标签》。新标准涵盖了对预包装特殊膳食用食品标签的一般要求，明确了特殊膳食用食品的定义和分类，规定了特殊膳食用食品标签中具有特殊性的标识要求，特殊膳食用食品标签不应涉及疾病预防、治疗功能。对于符合该标准含量声称要求的营养成分可以进行功能声称，应选择 GB 28050—2011《食品安全国家标准　预包装食品营养标签通则》中的功能声称标准用语；不强制要求标示配方中氨基酸的种类和含量。GB 13432—2013《食品安全国家标准　预包装特殊膳食用食品标签》是在原 GB 13432—2004《预包装特殊膳食用食品标签通则》执行的基础上，根据中国特殊膳食用食品产业发展实际，结合公众对特殊膳食用食品标签标识需求进行修订的，以提高标准的科学性和标签的指导意义。注重与法律法规和其他食品及标签标准的衔接和配套，确保政策的连贯性和稳定性，并借鉴了国际组织和其他国家管理经验，以完善特殊膳食用食品标准标签要求，使消费者拥有知情权和选择权，便于特殊膳食用食品的国际贸易。

食品营养标签是向消费者提供食品营养信息和特性的说明，也是消费者直观了解食品营养组分、特征的有效方式。引导消费者合理选择预包装食品，促进公众膳食营养平衡和身体健康，保护消费者合法权益。现阶段中国居民还存在既有营养不足，又有营养过剩的问题，特别是脂肪和钠（食盐）的摄入较高，是引发慢性病的主要因素。GB 28050—2011《食品安全国家标准　预包装食品营养标签通则》要求预包装食品必须标示营养标签内容，一是有利于宣传普及食品营养知识，指导公众科学选择膳食；二是有利于促进消费者合理平衡膳食和身体健康；三是有利于规范企业正确标示营养标签，科学宣传有关营养知识，促进食品产业健康发展。

《中华人民共和国食品安全法》规定，预包装食品的包装上应当有标签。标签应当标明下列事项：名称、规格、净含量、生产日期；成分或者配料表；生产者的名称、地址、联系方式；保质期；产品标准代号；贮存条件；所使用的食品添加剂在国家标准中的通用名称；生产许可证编号；法律、法规或者食品安全标准规定应当标明的其他事项。对于专供婴幼儿和其他特定人群的主辅食品，其标签还应当标明主要营养成分及其含量。食品安全国家标准对标签标注事项另有规定的，从其规定。

4.3.6.2 中国现行的食品标签标准

1. GB 7718—2011《食品安全国家标准 预包装食品标签通则》

与 GB 7718—2004《预包装食品标签通则》相比，它的主要变化包括修改了适用范围；修改了预包装食品和生产日期的定义，增加了规格的定义，取消了保存期的定义；改变了食品添加剂的标示方式；增加了规格的标示方式；调整了生产者、经销者的名称、地址和联系方式的标示方式；要求强制标示内容所在文字、符号、数字的高度不小于 1.8 mm 的包装物或包装容器的最大表面积；增加了食品中可能含有致敏物质时的推荐标识要求。下面就其重点内容做介绍。

(1)预包装食品标签通则中使用的术语和定义

①预包装食品。预先定量包装或者制作在包装材料和容器中的食品，包括预先定量包装以及预先定量制作在包装材料和容器中且在一定量限范围内具有统一的质量或体积标识的食品。

②食品标签。食品包装上的文字、图形、符号及一切说明物。

③配料。在制造或加工食品时使用的，并存在(包括以改性的形式存在)于产品中的物质，包括食品添加剂。饮料中的水不能省略，是主要配料之一。“以改性形式存在”是指制作食品时使用的原料、辅料经过加工后，形成的产品改变了原来的性质。如用淀粉生产谷氨酸钠，经过化学变化，把淀粉转化为谷氨酸钠。

④加工助剂。加工辅助物，本身不作为食品配料用，仅在加工、配制或处理过程中，为实现某一工艺目的而使用的物质或物料(不包括设备和器皿)。“加工助剂”与“配料”的区别在于：配料存在于最终产品中，加工助剂一般不存在于最终产品中，但难免有残留物或衍生物；配料是加工食品时必需的原料和辅料，而加工助剂仅是为满足特定工艺而使用的物质，如过滤用的硅藻土、脱模用的食品用石蜡等。

⑤生产日期(制造日期)。食品成为最终产品的日期，也包括包装或灌装日期，即将食品装入(灌入)包装物或容器，形成最终销售单元的日期。

⑥保质期。预包装食品在标签指明的贮存条件下，保持品质的期限。在该期限内，产品完全适于销售，并保持标签中不必说明或已经说明的特有品质。

⑦规格。同一预包装内含有多件预包装食品时，对净含量和内含件数关系的表述。

⑧主要展示版面。预包装食品包装物或包装容器上容易被观察到的版面。

(2)预包装食品标签及标注的基本要求

①应符合法律法规的规定，并符合相应食品安全标准的规定。

②应清晰、醒目、持久，确保消费者在购买时易于辨认和识读。

③应通俗易懂且有科学依据，不得标示涉及封建迷信、色情内容，不得贬低其他食品，也不得违背营养科学常识。

④应真实、准确，不得以虚假、夸大、使消费者误解或欺骗性的文字、图形等方式介绍食品，也不得利用字号大小或色差误导消费者。

⑤不应直接或以暗示性的语言、图形、符号，误导消费者将购买的食品或食品的某一性质与其他产品混淆。

⑥不应标注或者暗示具有预防、治疗疾病作用的内容，非保健食品不得明示或者暗示具有保健作用。

⑦不应与食品或者其包装物(容器)分离。

⑧应使用规范的汉字(商标除外)。具有装饰作用的各种艺术字，应书写正确，易于辨认。

可以同时使用拼音或少数民族文字，但拼音不得大于相应汉字；可以同时使用外文，但应与中文有对应关系(商标、进口食品的制造者和地址、国外经销者的名称和地址、网址除外)。所有外文不得大于相应的汉字(商标除外)。

⑨当预包装食品包装物或包装容器最大表面面积大于 35 cm^2 时，强制标示内容的文字、符号、数字的高度不得小于 1.8 mm。

⑩若一个销售单元的包装中含有不同品种、多个独立包装且可单独销售的食品，每件独立包装的食品标识应当分别标注。

⑪若外包装易于开启识别或透过外包装物能清晰地识别内包装物(容器)上的所有强制标示内容或部分强制标示内容，可不在外包装物上重复标示相应内容，否则，应在外包装物上按要求标示所有强制标示内容。

(3)食品标签强制性标示内容及标注要求

直接向消费者提供的预包装食品标签标示应包括食品名称、配料表、净含量和规格、生产者和(或)经销者的名称、地址和联系方式、生产日期和保质期、贮存条件、食品生产许可证编号、产品标准代号及其他需要标示的内容。

①食品名称。在食品标签的醒目位置，应清晰地标示反映食品真实属性的专用名称。当国家标准、行业标准或地方标准中已规定了某食品的一个或几个名称时，应选用其中一个或等效的名称；当无国家标准、行业标准或地方标准规定的名称时，应使用不使消费者误解或混淆的常用名称或通俗名称。标示“新创名称”“奇特名称”“音译名称”“牌号名称”“地区俚语名称”或“商标名称”时，应在所示名称的同一展示版面标示国家标准或行业标准中规定的名称或常用名称/通俗名称；当“新创名称”“奇特名称”“音译名称”“牌号名称”“地区俚语名称”或“商标名称”含有易使人误解食品属性的文字或术语(词语)时，应在所示名称的同一展示版面邻近部位使用同一字号标示食品真实属性的专用名称；当食品真实属性的专用名称因字号或字体颜色不同易使人误解食品属性时，也应使用同一字号及同一字体颜色标示食品真实属性的专用名称；为避免消费者误解或混淆食品的真实属性、物理状态或制作方

法,可以在食品名称前或食品名称后附加相应的词或短语。如干燥的、浓缩的、复原的、熏制的、油炸的、粉末的、粒状的等。

②配料表。预包装食品的标签上应标示配料表。配料表中的各种配料应按要求标示具体名称,食品添加剂应按照要求标示名称。配料表应以“配料”或“配料表”为引导词。当加工过程中所用的原料已改变为其他成分(如酒、酱油、食醋等发酵产品)时,可用“原料”或“原料与辅料”代替“配料”或“配料表”,并按本标准相应条款的要求标示各种原料、辅料和食品添加剂。加工助剂不需要标示。各种配料应按制造或加工食品时加入量的递减顺序一一排列,加入量不超过2%的配料可不按递减顺序排列。如果某种配料是由两种或两种以上的其他配料构成的复合配料(不包括复合食品添加剂),应在配料表中标示复合配料的名称,随后将复合配料的原始配料在括号内按加入量的递减顺序标示。当某种复合配料已有国家标准、行业标准或地方标准,且其加入量小于食品总量的25%时,不需要标示复合配料的原始配料。食品添加剂应当标示其在GB 2760—2024《食品安全国家标准　食品添加剂使用标准》中的食品添加剂通用名称。食品添加剂通用名称可以标示为食品添加剂的具体名称,也可标示为食品添加剂的功能类别名称,并同时标示食品添加剂的具体名称或国际编码(INS号)。当采用同时标示食品添加剂的功能类别名称和国际编码的形式时,若某种食品添加剂尚不存在相应的国际编码或因致敏物质标示需要,可以标示其具体名称。食品添加剂的名称不包括其制法。加入量小于食品总量25%的复合配料中含有的食品添加剂,若符合GB 2760—2024《食品安全国家标准　食品添加剂使用标准》的带入原则且在最终产品中不起工艺作用的,不需要标示。在食品制造或加工过程中,加入的水应在配料表中标示。在加工过程中已挥发的水或其他挥发性配料不需要标示,可食用的包装物也应在配料表中标示原始配料,国家另有法律法规规定的除外。下列食品配料可以按表4-1的方式进行标示。

表4-1　配料类别及其标示方式

配料类别	标示方式
各种植物油或精炼植物油,不包括橄榄油	“植物油”或“精炼植物油”;如经过氢化处理,应标示为“氢化”或“部分氢化”
各种淀粉,不包括化学改性淀粉	“淀粉”
加入量不超过2%的各种香辛料或香辛料浸出物(单一的或合计的)	“香辛料”“香辛料类”或“复合香辛料”
胶基糖果的各种胶基物质制剂	“胶姆糖基础剂”“胶基”
添加量不超过10%的各种果脯蜜饯水果	“蜜饯”“果脯”
食用香精、香料	“食用香精”“食用香料”“食用香精香料”

③配料的定量标示。若在食品标签或食品说明书上特别强调添加了或含有一种或多种有价值、有特性的配料或成分,应标示所强调的配料或成分的添加量或在成品中的含量;若在食品的标签上特别强调一种或多种配料或成分的含量较低或无,应标示所强调的配料或

成分在成品中的含量；若食品名称中提及的某种配料或成分而未在标签上特别强调，则不需要标示该种配料或成分的添加量或在成品中的含量。

④净含量和规格。净含量的标示由“净含量、数字和法定计量单位”组成，如“净含量 400 g”。净含量应与食品名称排在包装物或容器的同一展示版面。容器中含有固、液两相物质的食品（如甜酒酿、糖水梨罐头），除标示净含量外，还应标示沥干物（固形物）的含量，用质量或质量分数表示。例如，糖水梨罐头：净含量 400 g，沥干物（或固形物）不低于 250 g（或不低于 62.5%）。同一预包装内若含有互相独立的几件相同的预包装食品，在标示净含量的同时还应标示食品的数量或件数，不包括大包装内非单件销售的小包装，如小块糖果。包装物（容器）中的净含量应采用法定计量单位进行标示。液态食品用体积标示；固态食品用质量标示；半固态或黏性食品用质量或体积标示。当净含量大于或等于 1 000 mL 时，用 L（升）标示；当净含量小于 1 000 mL 时，用 mL（毫升）标示；当净含量大于或等于 1 000 g 时，用 kg（千克）标示；当净含量小于 1 000 g 时，用 g（克）标示。净含量标注字符的最小高度要求见表 4-2。

表 4-2　净含量标注字符的高度要求

净含量（Q）范围	字符最小高度/mm
5 mL$<Q\leqslant$50 mL 或 5 g$<Q\leqslant$50 g	2
50 mL$<Q\leqslant$200 mL 或 50 g$<Q\leqslant$200 g	3
200 mL$<Q\leqslant$1 000 mL 或 200 g$<Q\leqslant$1 000 g	4
$Q>$1 000 mL 或 $Q>$1 000 g	6

⑤生产者、经销者的名称、地址和联系方式。应当标注生产者的名称、地址和联系方式。生产者名称和地址应当是依法登记注册、能够承担产品安全质量责任的生产者的名称、地址。有下列情形之一的，应按下列要求予以标示。

A. 依法独立承担法律责任的集团公司、集团公司的子公司，应标示各自的名称和地址。

B. 不能依法独立承担法律责任的集团公司的分公司或集团公司的生产基地，应标示集团公司和分公司（生产基地）的名称、地址或仅标示集团公司的名称、地址及产地，产地应当按照行政区划标注到地市级地域。

C. 受其他单位委托加工预包装食品的，应标示委托单位和受委托单位的名称和地址或仅标示委托单位的名称和地址及产地，产地应当按照行政区划标注到地市级地域；依法承担法律责任的生产者或经销者的联系方式应标示以下至少一项内容：电话、传真、网络联系方式等或与地址一并标示的邮政地址；进口预包装食品应标示原产国国名或地区区名（如香港、澳门、台湾），以及在中国依法登记注册的代理商、进口商或经销者的名称、地址和联系方式，可不标示生产者的名称、地址和联系方式。

⑥日期标示。应清晰标示预包装食品的生产日期和保质期。如日期标示采用“见包装物某部位”的形式，应标示所在包装物的具体部位。日期标示不得另外加贴、补印或篡改；当同一预包装内含有多个标示了生产日期及保质期的单件预包装食品时，外包装上标示的保

质期应按最早到期的单件食品的保质期计算。外包装上标示的生产日期应为最早生产的单件食品的生产日期或外包装形成销售单元的日期;也可在外包装上分别标示各单件装食品的生产日期和保质期;应按年、月、日的顺序标示日期,若不按该顺序标示,应注明日期标示顺序。

⑦贮存条件。预包装食品标签应标示贮存条件。

⑧食品生产许可证编号。预包装食品标签应标示食品生产许可证编号,标示形式按照相关规定执行。

⑨产品标准代号。在中国生产并在中国销售的预包装食品(不包括进口预包装食品)应标示产品所执行的标准代号和顺序号。

⑩其他标示内容。经电离辐射线或电离能量处理过的食品,应在食品名称附近标示“辐照食品”;经电离辐射线或电离能量处理过的任何配料,应在配料表中标明;转基因食品的标示应符合相关法律法规的规定;营养标签的标注,需参照 GB 28050—2011《食品安全国家标准　预包装食品营养标签通则》(GB 28050—2025《食品安全国家标准　预包装食品营养标签通则》于 2027 年 3 月 16 日实施)执行;特殊膳食类食品和专供婴幼儿的主辅类食品,应当标示主要营养成分及其含量,标示方式按照 GB 13432—2013《食品安全国家标准　预包装特殊膳食用食品标签》执行;其他预包装食品如需标示营养标签,标示方式参照相关法规标准执行;食品所执行的相应产品标准已明确规定质量(品质)等级的,应标示质量(品质)等级。

⑪标示内容的豁免。下列预包装食品可以免除标示保质期:酒精度大于等于 10%的饮料酒、食醋、食用盐、固态食糖类和味精。此外,当预包装食品包装物或包装容器的最大表面面积小于 10 cm^2 时,可以只标示产品名称、净含量、生产者(或经销商)的名称和地址。

⑫推荐标示内容。

批号:根据产品需要,可以标示产品的批号。

食用方法:根据产品需要,可以标示容器的开启方法、食用方法、烹调方法、复水再制方法等对消费者有帮助的说明。

致敏物质:以下食品及其制品可能导致过敏反应,如果用作配料,宜在配料表中使用易辨识的名称或在配料表邻近位置加以提示。

A. 含有麸质的谷物及其制品(如小麦、黑麦、大麦、燕麦、斯佩尔特小麦或它们的杂交品系)。

B. 甲壳纲类动物及其制品(如虾、龙虾、蟹等)。

C. 鱼类及其制品。

D. 蛋类及其制品。

E. 花生及其制品。

F. 大豆及其制品。

G. 乳及乳制品(包括乳糖)。

H. 坚果及其果仁类制品。

2. GB 28050—2011《食品安全国家标准　预包装食品营养标签通则》

GB 28050—2011《食品安全国家标准　预包装食品营养标签通则》于 2013 年 1 月实施,

适用于预包装食品营养标签上营养信息的描述和说明，不适用于保健食品及预包装特殊膳食用食品的营养标签标示。该标准规定了预包装食品营养标签的基本要求、强制标示内容、可选择标示内容、营养成分的表达方式及可豁免强制标示营养标签的预包装食品等内容。

食品营养标签是向消费者提供食品营养成分信息和特性说明的载体，是预包装食品标签的一部分。其具有诸多好处：帮助消费者了解食品营养特点；可作为消费者选购食品的指南；助力消费者平衡膳食，提升人们的营养水平；增加消费者的营养健康知识；引导企业生产更多符合营养要求的食品。食品营养标签包括营养成分表、营养声称、营养成分功能声称这三个方面，下面将进行逐一介绍。

(1)营养成分表　营养标签的核心内容，是标示食品营养成分名称、含量和所占营养素参考值(NRV)百分比的规范性表格。其中营养成分是指食品中的营养素和除营养素以外的具有营养和(或)生理功能的其他食物成分；营养素是指食物中具有特定生理作用，能维持机体生长、发育、活动、繁殖以及正常代谢所需的物质，包括蛋白质、脂肪、碳水化合物、矿物质及维生素等。营养素参考值(NRV)是指专用于食品营养标签，用于比较食品营养成分含量的参考值。《食品营养标签管理规范》规定，营养成分表中必须标注能量以及蛋白质、脂肪、碳水化合物、钠这四种核心营养素(1＋4)，除该四种核心营养素外，还可表示脂肪酸、膳食纤维、胆固醇、维生素、矿物质等其他营养素的含量信息。一般来说，核心营养素应是指对本国最具有公共卫生意义的营养素。美国规定了 15 种，澳大利亚规定了 6 种。在中国，能量和脂肪、蛋白质、碳水化合物、钠是最具有公共卫生意义的营养素。若缺乏这些营养素，可引起营养不良，影响儿童和青少年生长发育和健康；若过量，则会导致肥胖和慢性病的发生和发展。如食盐的摄入量在中国远高于推荐量(6 g/d)，导致了高血压等疾病日益增加。因此，中国目前规定蛋白质、脂肪、碳水化合物、钠这四种是核心营养素。表 4-3 就以某食品的营养成分表作为举例。

表 4-3　某食品的营养成分

项目	每 100 克(g)或 100 毫升(mL)或每份	营养素参考值(NRV)的质量分数/%
能量	2 009 kJ	24
蛋白质	6.7 g	11
脂肪	24.1 g	40
碳水化合物	59.0 g	20
钠	2 457 mg	123
维生素 A	72 μg RE	9
维生素 B_1	0.09 mg	6

营养成分表中的营养成分的标示是对食品中营养成分含量做出的确切描述。营养成分的含量以每 100 克(g)、100 毫升(mL)食品或每份食用量为单位，用具体数值表示，同时标示该营养成分含量占营养素参考值(NRV)的百分比。

食品营养标签的数据可通过计算或检测方法获取。计算法是根据食品原料的配比或其他可靠资料，如公认的食物营养成分数据、相似的同类食品等的成分数据计算出产品的营养成分含量，所得结果应可信。

中国食品标签营养素参考值，简称“营养素参考值”，是食品营养标签上用于比较食品营养素含量多少的参考标准，也是消费者选择食品时的营养参照尺度。营养素参考值依据中国居民膳食营养素推荐摄入量(RNI)和适宜摄入量(AI)而制定，用于比较和描述能量或营养成分含量的多少，如占营养素参考值(NRV)的质量分数。

(2)营养声称　是对食品营养特性的描述和声明，如能量水平、蛋白质含量水平。营养声称包括含量声称和比较声称。含量声称用于描述食品中能量或营养成分含量水平，用语包括“含有”“高”“低”或“无”等；比较声称是指将食品与消费者熟知的同类食品的营养成分含量或能量值进行比较，用语包括“增加”或“减少”等。需要注意的是，含量声称和比较声称均有要求和条件，如比较声称所涉及的能量或营养成分含量差异必须≥25%。

(3)营养成分功能声称　指某营养成分在维持人体正常生长、发育和正常生理功能等方面所起作用的声称。当能量或营养素含量符合有关要求时，根据食品的营养特性，可选用以下一条或多条功能声称的标准用语，且这些用语不得删改和添加。

①能量：人体需要能量来维持生命活动，机体的生长发育和一切活动都需要能量；适当的能量可以保持良好的健康状况，能量摄入过高、缺少运动与超重和肥胖有关。

②蛋白质：蛋白质是人体的主要构成物质，并为人体提供多种氨基酸；蛋白质是人体生命活动中必需的重要物质，有助于组织的形成和生长；蛋白质有助于构成或修复人体组织，是组织形成和生长的主要营养素。

③脂肪：脂肪提供高能量，每日膳食中脂肪提供的能量比例不宜超过总能量的30%；脂肪是人体的重要组成成分，可辅助脂溶性维生素的吸收，还能为人体提供必需脂肪酸。

④饱和脂肪：饱和脂肪可促进食品中胆固醇的吸收，饱和脂肪摄入过多有害健康，过多摄入饱和脂肪可使胆固醇增高，摄入量应少于每日总能量的10%。

⑤反式脂肪酸：每日摄入反式脂肪酸不应超过2.2 g，其摄入量应少于每日总能量的1%；过多摄入反式脂肪酸可使血液胆固醇增高，进而增加心血管疾病发生的风险。

⑥胆固醇：成人一日膳食中胆固醇摄入总量不宜超过300 mg。

⑦碳水化合物：碳水化合物是人类生存的基本物质和能量的主要来源，也是人类能量的主要来源；碳水化合物是血糖生成的主要来源；膳食中碳水化合物应占总能量的60%左右。

⑧膳食纤维：膳食纤维有助于维持正常的肠道功能，且属于低能量物质。

⑨钠：钠能调节机体水分，维持酸碱平衡，成人每日食盐的摄入量不超过6 g；钠摄入过高有害健康。

⑩维生素A：维生素A有助于维持暗视力，也有助于维持皮肤和黏膜的健康。

⑪维生素D：维生素D可促进钙的吸收；维生素D有助于骨骼和牙齿的健康，助力骨骼形成。

⑫维生素E：维生素E有抗氧化作用。

⑬维生素 B_1：维生素 B_1 是能量代谢中不可缺少的成分，有助于维持神经系统的正常生理功能。

⑭维生素 B_2：维生素 B_2 有助于维持皮肤和黏膜健康，也是能量代谢中不可缺少的成分。

⑮维生素 B_6：维生素 B_6 有助于蛋白质的代谢和利用。

⑯维生素 B_{12}：维生素 B_{12} 有助于红细胞形成。

⑰维生素 C：维生素 C 有助于维持皮肤和黏膜的健康、骨骼和牙龈的健康，能促进铁的吸收且具有抗氧化作用。

⑱烟酸：烟酸有助于维持皮肤和黏膜健康，是能量代谢中不可缺少的成分，也有助于维持神经系统的健康。

⑲叶酸：叶酸有助于胎儿大脑和神经系统的正常发育、红细胞形成，也有助于胎儿的正常发育。

⑳泛酸：泛酸是能量代谢和组织形成的重要成分。

㉑钙：钙是人体骨骼和牙齿的主要组成成分，许多生理功能也需要钙的参与；钙是骨骼和牙齿的主要成分，并维持骨密度；钙有助于骨骼和牙齿的发育，使其更坚固。

㉒镁：镁是能量代谢、组织形成和骨骼发育的重要成分。

㉓铁：铁是血红细胞形成的重要成分和必需元素，对血红蛋白的产生至关重要。

㉔锌：锌是儿童生长发育的必需元素，有助于改善食欲和维持皮肤健康。

㉕碘：碘是甲状腺发挥正常功能的必需元素。

此外，根据食品的营养标签可对食品进行各种评价，如满足型评价（即评价营养素是否能满足人体的需要）、风险型评价（评价营养素是否会对人体产生某种风险）、平衡型评价（评价营养素是否保持平衡）等。

3. GB 13432—2013《食品安全国家标准　预包装特殊膳食用食品标签》

GB 13432—2013《食品安全国家标准　预包装特殊膳食用食品标签》于 2015 年 7 月 1 日起代替了 GB 13432—2004《预包装特殊膳食用食品标签通则》。该标准适用于预包装特殊膳食用食品的标签（含营养标签），规定预包装特殊膳食用食品的标签既要符合 GB 7718—2011《食品安全国家标准　预包装食品标签通则》（GB 7718—2025《食品安全国家标准　预包装食品标签通则》于 2027 年 3 月 16 日实施）的基本要求，又要符合不涉及疾病预防、治疗功能，应符合预包装特殊膳食用食品相应产品标准中的标签、说明书的有关规定，且不得对 0～6 月龄婴儿配方食品中的必需成分进行含量声称和功能声称。

4. 有关食品标准对标签的特殊规定

在许多产品标准中，对标签的特殊标示内容做出了规定，一般多为对该产品的特征成分的含量进行标注，如 GB 19645—2010《食品安全国家标准　巴氏杀菌乳》规定，应在产品包装主要展示面上紧邻产品名称的位置，使用不小于产品名称字号且字体高度不小于主要展示面高度 1/5 的汉字标注“鲜牛（羊）奶”或“鲜牛（羊）乳”；GB 8537—2018《食品安全国家标准　饮用天然矿泉水》要求在产品标签上必须标明矿泉水水源地的名称及某些离子的含量范围等。这些标准的列表见表 4-4。

表 4-4 规定了特殊标示内容的产品标准

序号	标准编号	标准名称
1	GB 19645—2010	食品安全国家标准　巴氏杀菌乳
2	GB 25190—2010	食品安全国家标准　灭菌乳
3	GB 13102—2022	食品安全国家标准　浓缩乳制品
4	GB 8537—2018	食品安全国家标准　饮用天然矿泉水
5	GB 15266—2009	运动饮料
6	GB/T 18186—2000	酿造酱油
7	GB/T 18187—2000	酿造食醋

4.3.7 食品安全控制与管理标准

食品安全控制与管理作为保障食品安全的重要手段，变得越来越重要，国际组织和各国都在对建立科学有效的食品安全管理规范进行积极的探索。国际标准化工作发展的显著趋势是标准依据从传统的以产品标准、方法标准为主，逐渐向相当多的控制与管理标准转变。自 20 世纪 90 年代以来，中国已在部分食品行业中推广和应用 HACCP、GMP、ISO 9000 等管理体系标准，并制定了一系列的食品安全管理与控制标准以及操作规范，在保障食品安全方面发挥了重要作用。如何确保食品安全、最大限度地降低风险，已成为现代食品行业所追求的核心管理目标，也是各国政府加大对食品安全行政监督管理力度的重要方向。

食品安全控制与管理标准主要包括食品安全管理体系、食品企业通用良好操作规范(GMP)、良好农业规范(GAP)、良好卫生规范(good hygiene practice，GHP)、危害分析与关键控制点(HACCP)体系等。作为食品行业的指导性标准，食品安全控制与管理标准在食品安全控制领域和认证方面已经得到国内外的普遍认可，并对食品安全改进起着基础性作用，是食品安全控制的基础手段，可以多种形式满足食品行业需要，同时为政府主管部门对食品加工企业的监督和管理提供科学全面的法律依据。

目前，中国已经初步构建和形成食品安全法律法规体系、监管体系、标准体系和检测体系，从农田到餐桌为百姓提供了安全保障，这些体系的建立和完善为确保食品安全奠定了良好的基础。部分相关标准见表 4-5。

表 4-5 部分食品安全生产控制标准

序号	标准编号	标准名称
1	GB 14881—2013	食品安全国家标准　食品生产通用卫生规范
2	GB 31621—2014	食品安全国家标准　食品经营过程卫生规范
3	GB 12693—2023	食品安全国家标准　乳制品良好生产规范

续表 4-5

序号	标准编号	标准名称
4	GB 12695—2016	食品安全国家标准　饮料生产卫生规范
5	GB 8957—2016	食品安全国家标准　糕点、面包卫生规范
6	GB 19304—2018	食品安全国家标准　包装饮用水生产卫生规范
7	GB 31603—2015	食品安全国家标准　食品接触材料及制品生产通用卫生规范
8	GB 23790—2023	食品安全国家标准　婴幼儿配方食品良好生产规范
9	GB 8955—2016	食品安全国家标准　食用植物油及其制品生产卫生规范
10	GB 31646—2018	食品安全国家标准　速冻食品生产和经营卫生规范
11	GB 31647—2018	食品安全国家标准　食品添加剂生产通用卫生规范
12	GB 8953—2018	食品安全国家标准　酱油生产卫生规范
13	GB 8950—2016	食品安全国家标准　罐头食品生产卫生规范
14	GB 12696—2016	食品安全国家标准　发酵酒及其配制酒生产卫生规范
15	GB 17403—2016	食品安全国家标准　糖果巧克力生产卫生规范
16	GB 20941—2016	食品安全国家标准　水产制品生产卫生规范
17	GB 8952—2016	食品安全国家标准　啤酒生产卫生规范
18	GB 13122—2016	食品安全国家标准　谷物加工卫生规范
19	GB 17404—2016	食品安全国家标准　膨化食品生产卫生规范

4.3.8　食品产品安全标准

国家卫生和计划生育委员会于 2013 年启动了食品产品标准的清理工作，由国家食品安全风险评估中心负责组织管理与开展。目前，现行食品产品相关国家标准和行业标准涉及谷物及其制品、乳与乳制品、蛋与蛋制品、肉与肉制品、水产品及其制品、果蔬及其制品、食用油、油脂及其制品、饮料、酒类、豆类及其制品、食用淀粉及其衍生物、调味品和香辛料、坚果和籽类、罐头食品、焙烤食品、糖果盒巧克力、蜂产品、茶叶、辐照食品、保健食品和其他食品等食品。

通过系统分析这些标准，总结现行标准存在的问题，并提出清理建议。为避免出现由标准繁多导致的重复、交叉、矛盾等问题，食品安全国家标准在构建初始就注重通用性更强的基础标准，食品产品的安全标准则建议直接引用基础标准的指标，不再单独制定或重复列出基础标准已涵盖的内容。经过这次清理，形成的食品安全国家标准目录共计 156 项标准，其中 142 项在现行行业标准基础上进行修订、整合或者已列入食品安全国家标准制定和修订项目计划，14 项是建议新增的食品安全国家标准，主要包括果蔬酱、坚果及籽类酱、食品工业用盐、复合调味品料、香辛料通则、茶叶、可可豆及其可可制品、胶原蛋白等。截至目前，已颁布的部分食品产品安全标准见表 4-6。

表 4-6　中国的部分食品产品安全标准

序号	标准编号	标准名称
1	GB 19645—2010	食品安全国家标准　巴氏杀菌乳
2	GB 25190—2010	食品安全国家标准　灭菌乳
3	GB 19644—2010	食品安全国家标准　乳粉
4	GB 19301—2010	食品安全国家标准　生乳
5	GB 19302—2010	食品安全国家标准　发酵乳
6	GB 13102—2022	食品安全国家标准　浓缩乳制品
7	GB 11674—2010	食品安全国家标准　乳清粉和乳清蛋白粉
8	GB 25191—2010	食品安全国家标准　调制乳
9	GB 2730—2015	食品安全国家标准　腌腊肉制品
10	GB 10133—2014	食品安全国家标准　水产调味品
11	GB 19295—2021	食品安全国家标准　速冻面米与调制食品
12	GB 2757—2012	食品安全国家标准　蒸馏酒及其配制酒
13	GB 2758—2012	食品安全国家标准　发酵酒及其配制酒
14	GB 7099—2015	食品安全国家标准　糕点、面包
15	GB 7100—2015	食品安全国家标准　饼干
16	GB 17400—2015	食品安全国家标准　方便面
17	GB 14880—2012	食品安全国家标准　食品营养强化剂使用标准
18	GB 30604—2015	食品安全国家标准　食品营养强化剂 1,3-二油酸-2-棕榈酸甘油三酯
19	GB 31618—2014	食品安全国家标准　食品营养强化剂　棉子糖
20	GB 31617—2014	食品安全国家标准　食品营养强化剂　酪蛋白磷酸肽
21	GB 16740—2014	食品安全国家标准　保健食品
22	GB 28404—2012	食品安全国家标准　保健食品中 α-亚麻酸、二十碳五烯酸、二十二碳五烯酸和二十二碳六烯酸的测定

4.3.9 食品包装材料与容器卫生标准

食品包装是现代食品工业的最后一道工序。其主要目的是保障食品质量和卫生，不损失原始成分和营养，方便运输，促进销售，提高货架期和商品价值。同时，包装材料的选择和使用不当又可能会对食品安全产生不利影响。食品包装材料中的化学成分会向食品发生迁移，若迁移的量超过一定界限，其就会影响食品的安全性。《中华人民共和国食品安全法》对用于食品的包装材料和容器的定义为：包装、盛放食品或者食品添加剂用的纸、竹、木、金属、搪瓷、陶瓷、塑料、橡胶、天然纤维、玻璃等制品以及直接接触食品或者食品添加剂的涂料。近年来，随着人们对食品安全的日益关注，作为与食品直接接触的包装材料，其安全性也备受关注。

1. 食品包装、容器的分类

食品包装材料与容器按包装材料来源可分为塑料、纸制品和金属。塑料又可分为可溶性包装(速溶果汁)、收缩包装(腊肠、肉脯)、吸塑包装(糖果)、泡塑包装(糕点、巧克力)、蒙皮包装(香肠)、收伸薄膜包装、镀金属薄膜包装(罐头、饮料)等;纸制品可分为可供烘烤的纸浆容器、折叠纸盒和包装纸;金属包括镀锡钢板铁罐、易开罐及其他易开罐以及轻质铝罐头等。

按包装功能分类可分成方便包装(开启后可复关闭的容器、气雾罐、软管式和集合包装)、展示包装、运输包装、专用包装等。食品包装材料的安全性将直接影响食品质量,继而对人体健康产生影响。

2. 食品包装材料与容器卫生标准

中国已制定塑料、橡胶、涂料、金属、纸等 89 项食品容器、包装材料的法规,涉及 7 类国家食品卫生标准和 10 类检验方法。其中食品包装的国家卫生标准共有 62 项,控制指标分为特异性指标和非特异性指标两大类,如 GB 7718—2011《食品安全国家标准 预包装食品标签通则》。目前大部分标准正在修订与完善。

食品包装既要符合一般商品包装的标准和法规,又要符合与食品卫生与安全性有关的标准与法规。食品包装标准化就是对食品的包装材料、包装方式、包装标志及技术要求等的规定。虽然中国已经制定许多食品包装标准,但仍存在一些问题,具体如下。

①标准数量偏少。现行各类食品包装的树脂和成形品的卫生标准是各个检测机构进行产品质量检测的重要依据。由于新材料、新工艺不断涌现,这些标准已不能满足需求,如聚乙烯和聚丙烯混料产品、可降解材料聚乳酸以及智能包装、微波炉专用产品、冷冻食品包装等,都没有相关的国家标准。

②检验项目偏少。中国当前多数食品包装国家卫生标准是在 20 世纪 80 年代末至 20 世纪 90 年代初制定的,从根本上不能适应食品包装行业的发展需求。中国食品包装安全限量指标或者限量值过高,或者缺乏相应限量值及检测方法。例如,聚乙烯、聚丙烯、聚苯乙烯等成形品卫生标准都是在 20 世纪 80 年代制定的,仅对蒸发残渣、高锰酸钾消耗量、重金属、脱色试验几项指标进行检验。食品包装材料使用的油墨、胶黏剂和增塑剂等加工助剂存在较多问题。这些加工助剂既没有制定单独的卫生标准,又没有国家和行业产品标准。这种状况给食品包装材料带来了很大的安全隐患,已成为食品包装材料亟待解决的问题。

③标准体系不太规范。例如,包装牛奶的复合袋的标准众多,包括 GB 19741—2005《液体食品包装用塑料复合膜、袋》、QB/T 3531—1999《液体食品复合软包装材料》、GB/T 18192—2008《液体食品无菌包装用纸基复合材料》等,将来有可能出台专门针对牛奶包装袋的标准。从中国食品包装标准体系来看,由于在制定标准时没有在体系层面的规范,现行各类产品标准存在重复交叉与空白的现象。

4.4 食品产品标准

为解决中国食品产品标准体系中矛盾、交叉、重复的问题,食品产品标准清理工作正在进行。在已公布的国家食品安全产品标准的基础上，现行的各类产品质量标准还有700多项，主要分布于水产品标准、肉食品标准等几大类中。

4.4.1 水产品标准

4.4.1.1 水产品的分类

GB/T 41545—2022《水产品及水产加工品分类与名称》规定，中国的水产品可分为以下几大类。

(1)活、鲜品　包括海水鱼类、海水虾类、海水蟹类、海水贝类、其他海水动物、淡水鱼类、淡水虾类、淡水蟹类、淡水贝类、其他淡水动物。

(2)冻品　包括冻海水鱼类、冻海水虾类、冻海水贝类、其他冷冻海产品、冻淡水鱼类、冻淡水虾类、冻淡水贝类。

(3)干制品　包括鱼类干制品、虾类干制品、贝类干制品、藻类干制品和其他水产干制品。

(4)腌制品　包括腌制鱼、其他腌制品。

(5)灌制品　包括鱼罐头、其他水产品罐头。

(6)鱼糜及鱼糜制品　包括鱼糜、鱼香肠、鱼丸、鱼糕、鱼卷、鱼饼、鱼面、虾片、仿蟹肉、仿虾仁、仿扇贝柱。

(7)动物蛋白饲料　包括鱼粉、鱼浆(液体鱼蛋白饲料)。

(8)水产动物内脏制品　包括鲜海胆黄、海胆酱、盐渍海胆黄、鲟鳇鱼籽、鲑鱼籽、腌渍鲱鱼籽、虾籽、乌鱼蛋。

(9)助剂和添加剂　包括印染用褐藻酸钠、纺织浆纱用褐藻酸钠、食用褐藻酸钠、藻酸丙二酯、褐藻酸、铸造用藻胶、琼胶、卡拉胶、甲壳素、鱼胶、鱼油。

(10)水产类调味品　包括鱼露、蚝油、虾油、虾酱、虾味汤料、海藻汤料、其他水产类调味品。

(11)医药品　包括甘露醇、碘、角鲨烯、鱼脂酸丸、鱼肝油酸钠、蛋白胨、清鱼肝油、乳白鱼肝油、果汁鱼肝油、维生素AD胶丸、维生素E胶丸、维生素AD滴剂、维生素E滴剂、九合维生素丸、六合维生素丸、畜禽用鱼肝油、海马、海螵蛸。

(12)其他水产品　包括海藻凝胶食品、珍珠类。

4.4.1.2 水产品标准概况

中国是水产养殖大国，海水养殖产量曾长期占全球海水养殖总产量的80%以上，且水产品总产量自1990年来一直居世界首位。加强水产品质量安全管理具有保障消费者生命健康、提升水产品国际竞争力的重要意义。中国已初步建立以国家标准、行业标准为主体，地方标准、团体标准、企业标准相衔接、相配套的水产标准体系，内容包括水产品产地环境标准，生产技术标准，水产生产资料质量标准，水产品质量标准和水产品包装、贮存、运输标准等。其中渔药使用、药物残留限量、渔用饲料安全限量、水产品有毒有害物质限量等有关水产品质量安全的基础性标准的制定取得了突破性进展，标准实施的力度也进一步加大。目前，385 个国家和省级标准化示范区陆续建成，依照标准对水产品养殖水域的环境、渔药施用、饲料投喂、加工、包装、标识等实施全过程标准化管理，示范带动作用初见成效。

虽然中国水产品标准取得了一定的成绩，但存在一些问题：一是标准水平偏低；二是标准的实施情况差，企业标准化意识淡薄；三是标准的研究工作薄弱；四是水产品行业标准的制定和修订跟不上产品发展的步伐。针对这些存在的问题，我们要进一步加强水产品标准的制定与修订工作。

4.4.2 肉、乳食品标准

4.4.2.1 肉及肉制品标准概况

因各地区人民的食用习惯悬殊，肉制品品种极其丰富。中国肉制品标准以 20 世纪 80—90 年代的国家标准和行业标准居多，2000 年以后制定和颁布了一批新的标准，但数量不多。畜肉及其制品标准约 85 项，其中国家标准 50 余项，以肉品检测方法为主；行业标准 35 余项，以产品标准为主，其中分割鲜、冻瘦猪肉，鲜冻四分体带骨牛肉，熏煮火腿，火腿肠，肉干，肉脯和腌腊猪肉及相关的卫生标准 45 余项，禽肉类标准不多；有关畜禽肉产品检验、测定方法的标准 50 余项，如肉与肉制品的脂肪酸、pH、水分、维生素、铜、钙含量、游离脂肪，肉新鲜度等测定方法。

中国对具有全国代表性的肉制品已先后制定了相关的肉制品标准，如 GB/T 19480—2009《肉与肉制品术语》、GB/T 20711—2022《熏煮火腿质量通则》、GB/T 20712—2022《火腿肠质量通则》以及与肉制品理化指标检验方法相关的标准等；SB/T 10004—1992《中国火腿》、GB/T 23493—2022《中式香肠质量通则》、GB/T 23968—2022《肉松质量通则》、GB/T 31406—2015《肉脯》(GB/T 31406—2024《肉脯质量要求》于 2026 年 4 月 1 日实施)等。上述标准的实施对规范中国的肉制品市场，确保肉制品的安全将起着至关重要的作用。

食品安全是社会各方面高度关注的问题，肉制品安全是其中最突出的问题之一。为保障畜禽肉产品质量安全，中国已加快肉制品标准制定和修订的进程。畜禽肉制品标准的发展趋势是：20 世纪 90 年代前颁布的国家标准或行业标准应结合现在的实际情况尽快修订；侧重于食品安全的考虑，提升标准的先进性，与国际标准接轨；针对日益增加的畜禽肉制品和各地的特色产品，根据产品特性和共性，分大类制定相应的国家标准或行业标准，以提高标准的适用性。据了解，现已有近 50 项国家标准和 10 余项行业标准的制定与修订任务被列入计划。

4.4.2.2 乳制品标准概况

乳制品行业是发展极为迅速的一个行业。自改革开放以来，随着中国市场经济的发展，乳制品行业市场规模不断扩大，近五年的工业总产值以年均 5% 的速度快速增长，行业销售收入和利润总额连年递增。

目前，乳制品行业的整体运行态势虽然较好，但存在质量标准体系不健全、行业管理落后以及质量问题突出等瓶颈，这在一定程度上制约了中国乳制品行业的进一步良性发展。为提高中国乳制品企业的加工能力和管理水平，乳制品企业标准化势在必行。

按性状和成分划分，乳和乳制品可分为液态乳类、乳粉类、乳脂类、炼乳类、干酪类和其他乳制品类共六大类。每大类又进一步分为若干小类，液态乳类分为生乳（原料乳）、复原乳、原味乳、调制乳（包括调味乳和配方乳）和发酵乳[包括活性（发酵）乳和非活性（发酵）乳]；乳粉类分为全脂乳粉、脱脂乳粉和调制乳粉（包括调味乳粉、加糖乳粉和配方乳粉）；乳脂类分为稀奶油、奶油、无水奶油和调味奶油；炼乳类分为淡炼乳和调制炼乳（包括调味炼乳、甜炼乳和配方炼乳）；干酪类分为原干酪（包括特硬质干酪、硬质干酪、半硬质干酪、半软质干酪和软质干酪）和再质干酪；其他乳制品类分为乳清粉、乳糖和干酪素等。

中国乳制品标准制定较早，1986 年前乳制品国家标准有 20 项，包括产品标准和检测方法标准。产品标准集中在新鲜生牛乳卫生标准、酸牛乳、全脂无糖炼乳（淡炼乳）、消毒牛乳、全脂乳粉、稀奶油、奶油、脱脂乳粉、全脂加糖乳粉、全脂加糖炼乳（甜炼乳）、硬质干酪、粗制乳糖；检验方法标准有牛乳检验方法、乳粉检验方法、奶油检验方法、全脂加糖炼乳检验方法、全脂无糖炼乳检验方法、硬质干酪检验方法、粗制乳糖检验方法以及生鲜牛乳收购标准。上述标准在 1993 年前都是强制性国家标准。1993 年 10 月 20 日，国家技术监督局发布公告，将酸牛乳、全脂加糖炼乳（甜炼乳）、消毒牛乳、全脂乳粉、脱脂乳粉、全脂加糖乳粉、稀奶油、奶油、生鲜牛乳收购标准、牛乳检验方法、乳粉检验方法、全脂加糖炼乳检验方法、奶油检验方法等标准调整为推荐性国家标准；将全脂无糖炼乳、硬质干酪、粗制乳糖、全脂无糖炼乳检验方法、粗制乳糖检验方法、硬质干酪检验方法等标准调整为推荐性行业标准；废止了新鲜生牛乳卫生标准。从 1992 年开始，国家质量技术监督局陆续做了乳和乳制品国家标准修订计划，到 1999 年年底已经修订了酸牛乳、全脂无糖炼乳（淡炼乳）（行标）、消毒牛乳、全脂乳粉、脱脂乳粉、全脂加糖乳粉、奶油、全脂加糖炼乳（甜炼乳）等标准。修订后将全脂乳粉、脱脂乳粉、全脂加糖乳粉合并为一项标准；全脂无糖炼乳（淡炼乳）和全脂加糖炼乳（甜炼乳）合并为一项标准。

截至目前，中国已发布的乳制品产品相关标准包括 GB 19645—2010《食品安全国家标准　巴氏杀菌乳》、GB 19644—2010《食品安全国家标准　乳粉》、GB 13102—2022《食品安全国家标准　浓缩乳制品》等。此外，还有检验方法标准等共计 20 多项。但是中国的乳与乳制品的质量标准、检测方法标准等与发达国家还有很大的差距。为与国际接轨，我们必须完善和建立新的质量标准，尤其是国家标准要赶上或接近发达国家水平。

4.4.3 食用植物油标准

食用植物油是由大豆、花生、菜籽、棉籽、芝麻、米糠等原辅材料，经压榨或浸出、油脂精炼等工艺制备而成的食用油。食用植物油根据原辅料不同可分为大豆油、花生油、菜籽油、玉米油、棕榈油、橄榄油和棉籽油等。

食用植物油标准包括食用植物油及其制品标准、试验方法标准及其相关的卫生标准。目前，GB/T 1534—2017《花生油》、GB/T 1535—2017《大豆油》、GB/T 1537—2019《棉籽油》、GB/T 10464—2017《葵花籽油》、GB/T 19111—2017《玉米油》、GB/T 19112—2003《米糠油》、GB/T 1536—2021《菜籽油》构成了中国食用植物油全新的标准体系。新的食用植物油国家标准有两方面的特点：一是改变了以产品用途代替产品等级的做法，将单一品种的几个产品标准合二为一，理顺了食用植物油产品质量标准结构；二是改变了植物油产品标准过于分散、名称混乱、标准之间关联性差的状况。新的食用植物油标准体系最主要的变化是强制性条文指标和技术要求明确，提高了对植物油产品的质量和卫生安全要求；限定了食用植物油产品的酸值、烟点等指标，增加了过氧化值、溶剂残留量等指标，保证了产品的质量；对压榨成品油和浸出成品油的最低等级的各项指标提出了强制要求；增加了明示原料来源和加工工艺的标识要求，规定转基因、压榨、浸出产品和原料原产国必须标识，明确告知消费者，强调了标签的重要性，保护了消费者对产品的知情权；明确规定了产品不得混有其他食用油或非食用油，禁止添加任何香精和香料。新标准体系还重新明确了食用植物油产品的分类和等级要求。新标准体系根据产品的用途、加工工艺和质量要求的不同分为原油（又称毛油）和成品油（包括压榨成品油、浸出成品油）。新增的原油分类明确规定了不能直接食用，使原油贸易有标可依，可以有效防止原油直接进入市场，危害消费者。成品油分为一级、二级、三级、四级四个质量等级，分别相当于原来的色拉油、高级烹调油、一级油、二级油。

4.4.4 速冻食品标准

速冻食品又称急冻食品，是指在−30℃以下的低温环境中，食品能在 30 min 之内通过其最大冰晶生成带，中心温度达到−18℃，并在−18℃以下的环境中贮藏和流通的方便食品。速冻食品能最大限度地保持食品的色、香、味及营养价值，因其简洁便利、清洁卫生，越来越受到消费者的欢迎。速冻食品已经占据食品市场的重要一席，成为食品工业中的支柱产业。据不完全统计，目前中国速冻食品品种有 400 多种，行业规模以上加工企业达 2 000 多家，年产量达 2 000 万吨，年销售额为 2 000 亿元以上。

随着行业发展，中国速冻食品行业标准日益完善，已先后颁布了 GB 19295—2021《食品安全国家标准　速冻面米与调制食品》等多套专门性标准，对速冻食品生产、贮藏、运输、经营过程等各个环节都提出了相关要求，有效地规范了速冻食品生产活动，保障了速冻食品质量安全，促进了速冻食品贸易和市场统一，提高了速冻食品行业的国际竞争力。由于行业起步晚、发展速度快，速冻食品行业标准仍然存在许多问题，在一定程度上制约了该行业的发展，其主要表现在：个别指标过高，与中国国情不符；标准规定不明确，让劣质产品有机可乘；制标主体过多，标准相互矛盾；标准体系尚不完善，部分指标无标可依；标准实施状况较差，标准效能亟待提高。

4.4.5 饮料与酒的标准

饮料是指以水为基本原料，通过不同配方和制造工艺生产，供人们直接饮用的液体食品。除提供水分外，不同品种的饮料中含有不同的糖、酸、乳以及各种氨基酸、维生素、无机盐等成分，有些饮料还具有一定的营养价值。

饮料一般可分为含酒精饮料和无酒精饮料，无酒精饮料又称软饮料。GB/T 10789—2015《饮料通则》将软饮料又分为碳酸饮料（汽水）、果蔬汁类及其饮料、蛋白饮料、包装饮用水、茶（类）饮料、咖啡饮料、植物饮料、风味饮料、特殊用途饮料、固体饮料、其他类饮料。GB/T 17204—2021《饮料酒术语和分类》将酒分为发酵酒、蒸馏酒、配制酒，其中葡萄酒、啤酒等属于发酵酒，白酒则属于蒸馏酒。

4.4.5.1 饮料通则

经过1996年、2007年、2015年三次对已有标准的不断修订，形成了GB/T 10789—2015《饮料通则》。

饮料生产涉及的标准还有：GB 8537—2018《食品安全国家标准　饮用天然矿泉水》、GB 17323—1998《瓶装饮用纯净水》、GB/T 10792—2008《碳酸饮料（汽水）》、GB 15266—2009《运动饮料》、GB 7101—2022《食品安全国家标准　饮料》、GB 12695—2016《食品安全国家标准　饮料生产卫生规范》、GB/T 29602—2013《固体饮料》、GB/T 31121—2014《果蔬汁类及其饮料》、GB/T 21733—2008《茶饮料》、GB/T 31326—2014《植物饮料》、GB/T 30885—2014《植物蛋白饮料　豆奶和豆奶饮料》、GB/T 21731—2008《橙汁及橙汁饮料》、GB/T 30767—2014《咖啡类饮料》、GB/T 30884—2014《苹果醋饮料》、GB/T 31324—2014《植物蛋白饮料　杏仁露》等。

4.4.5.2 酒精饮料

中国是酒的故乡，也是酒文化的发源地，是酿酒最早的国家之一。GB/T 10781.1—1989《浓香型白酒》、GB/T 10781.2—1989《清香型白酒》、GB/T 10781.3—1989《米香型白酒》和GB/T 11859.1—1989《低度浓香型白酒》、GB/T 11859.2—1989《低度清香型白酒》、GB/T 11859.3—1989《低度米香型白酒》等一系列白酒国家标准于1989年发布实施。1994年制定饮料酒分类国标时，对各香型白酒的产品规格、工艺流程、原料、曲种、耗粮、产量等做了较全面的调查。经全国食品工业标准化技术委员会酿酒分委会推荐，国家轻工业局于2000年7月以国轻行〔2000〕249号文正式下达了标准的制定、修订计划，因此中国现行白酒国家标准的制定时间多集中在2000年以后，包括原产地域产品以及各香型的白酒的标准。

20世纪90年代，随着人们对健康、高品质生活的追求，葡萄酒的热度在中国得以升温。1994年，中国便已制定了GB/T 15037—1994《葡萄酒》，该标准规定了葡萄酒的术语、分类、技术要求、检验规则、标识、包装、运输、贮存等要求。这是基本与国际标准接轨的标准，但仅作为推荐标准。为促进出口与规范市场，2002年开始对其进行修订，形成了GB/T 15037—2006《葡萄酒》，并成为强制性标准，该标准给出了葡萄酒的定义，并按色泽将葡萄酒分为白葡萄酒、桃红葡萄酒和红葡萄酒；按含糖量将葡萄酒分为干葡萄酒、半干葡萄酒、半甜葡萄酒和甜葡萄酒；按二氧化碳含量将葡萄酒分为平静葡萄酒和起泡葡萄酒。葡萄酒的标准还有农业农村部的绿色食品系列等。

4.4.6 焙烤食品标准

焙烤食品是以小麦等谷物为主原料，经发面、高温焙烤熟化的一大类食品，又称烘烤食品。焙烤食品种类繁多，丰富多彩，按照发酵和膨胀程度可以分为：用培养酵母或野生酵母使之膨化的制品（包括面包、苏打饼干、烧饼等）；用化学方法膨松的制品（包括各种蛋糕、炸面包圈、油条、饼干等）；利用空气进行膨化的制品（天使蛋糕、海绵蛋糕等不用化学疏松剂的食品）；利用水分气化进行膨化的制品（主要指一些类似膨化食品的小吃）。按照生产工艺特点，焙烤食品可以分为面包类、松饼类、蛋糕类、饼干类和点心类。此外，焙烤食品也可按照生产地域、产业特点等分类。中国焙烤食品加工自 20 世纪末起呈现迅速发展的趋势，消费者对各种烘焙食品的需求不断增加，焙烤食品的品种也不断增多。

为规范糕点类食品的生产，卫生部于 1990 年制定并实施了《糕点类食品卫生管理办法》。此外，中国焙烤食品还有许多国家标准和行业标准，主要国家标准有 GB/T 19855—2023《月饼质量通则》、GB/T 20977—2007《糕点通则》(GB/T 2977—2024《糕点质是通则》于 2026 年 5 月 1 日实施)、GB 7099—2015《食品安全国家标准　糕点、面包》、GB 7100—2015《食品安全国家标准　饼干》，规定了月饼、糕点、面包、饼干的术语和定义、产品分类、技术要求、试验方法、检验规则、标签、包装、运输及贮存要求等。GB 7099—2015《食品安全国家标准　糕点、面包》还规定了糕点、面包的指标要求，食品添加剂、生产加工过程的卫生要求，包装、标识、贮存及运输要求和检验方法。此外，各种产品均分别具有一定数量的行业标准。

4.4.7 营养强化食品标准

中国最早的营养强化食品政策是有关碘盐的管理办法。1979 年 12 月 21 日，国务院批准同意卫生部、轻工业部、商业部、粮食部、全国供销合作总社共同拟定的《食盐加碘防治地方性甲状腺肿暂行办法》，这是中国第一部强化食品法规。

随着人们生活水平的提高，人们对食品质量有了更高要求，市场上出现了保健食品、强化食品及婴幼儿配方食品等。1982 年《中华人民共和国食品卫生法（试行）》首次提及食品强化剂，其中规定："专供婴幼儿的主、辅食品，必须符合国务院卫生行政部门制定的营养、卫生标准；食品不得加入药物，按照传统既是食品又是药品的以及作为调料或者食品强化剂加入的除外。"食品强化剂被定义为：为增强营养成分而加入食品中的天然的或者人工合成的属于天然营养素范围的食品添加剂。这部试行的卫生法规是中国首部涉及食品强化剂的法规。GB 14880—2012《食品安全国家标准　食品营养强化剂使用标准》对使用的营养强化剂的 10 多个品种的使用范围、使用量做了具体规定。

4.4.8 新食品原料、辐照食品与保健食品标准

4.4.8.1 新食品原料标准

新食品原料（原新资源食品）是指中国无食用习惯的动物、植物和微生物，从动物、植物、微生物中分离的在中国无食用习惯的食品原料；在食品加工过程中食用的微生物新品种，因

采用新工艺生产导致原有成分或者结构发生改变的食品原料等。截至 2017 年，卫生和计划生育委员会共公布 97 种新食品原料名单(不包含可食用菌种)，例如，乳木果油、竹叶黄酮、西蓝花种子水提物等。目前，中国对新食品原料暂无通用的规范标准，但是有个别种类新食品原料的推荐性标准，规定了某种新食品原料的术语和定义、产品分类、技术要求、试验方法、检验规则、标识、包装、运输和贮存等方面的内容，如 GB/T 35545—2017《低聚木糖》、QB/T 4576—2023《透明质酸钠》、QB/T 4321—2012《L-阿拉伯糖》等。

为加强对新食品原料的监督管理，保障消费者身体健康，根据《中华人民共和国食品安全法》，中国先后制定了《新资源食品管理办法》《新资源食品安全性评价规程》《新资源食品卫生行政许可申报与受理规定》《新食品原料安全性审查管理办法》，对新食品原料的申请、安全性评价和审批分别做出了规定。

4.4.8.2 辐照食品标准

所谓"辐照食品"是指通过辐照加工技术处理，以达到灭菌、保鲜的安全食品。它是核科技在食品领域的应用成果。辐照食品标准是食品辐照技术推广和应用的重要基础，也是提高辐照食品质量安全水平和市场竞争力的重要保障。近年来，中国辐照食品标准的制定工作取得了一定的成绩，逐步形成符合中国国情，与国际接轨的辐照食品标准体系的初步框架，为促进辐照食品的发展起到了积极的推动作用，对保障辐照产品的质量安全，提高市场竞争力，扩大出口贸易具有积极意义。

中国在 1984—1994 年共批准了 18 种辐照食品，1996 年又正式颁布了《辐照食品卫生管理办法》，1997 年公布了相关的辐照食品类别卫生标准，进一步鼓励对进口食物、食品原料以及中国的六大食品进行辐照处理。目前的辐照食品卫生标准主要有 GB 14891.1—1997《辐照熟畜禽肉类卫生标准》、GB 14891.2—1994《辐照花粉卫生标准》、GB 14891.3—1997《辐照干果果脯类卫生标准》、GB 14891.4—1997《辐照香辛料类卫生标准》、GB 14891.5—1997《辐照新鲜水果、蔬菜类卫生标准》、GB 14891.6—1994《辐照猪肉卫生标准》、GB 14891.7—1997《辐照冷冻包装畜禽肉类卫生标准》、GB 14891.8—1997《辐照豆类、谷类及其制品卫生标准》及其制品 8 类辐照食品卫生标准。

2010 年中国政府通过中央编办明确卫生部、环境保护部、质检部等 3 个部委对辐照食品的监管职责分工，形成跨部门协作机制，协调食品辐照的政策法规和管理以及各部委之间的信息交流。农业农村部辐照产品质量监督检验测试中心组织食品加工的研究和应用单位制定了多项辐照食品标准，17 项已被批准为国家标准，其中 GB 18524—2016《食品安全国家标准　食品辐照加工卫生规范》为食品辐照通用技术要求，标准编号为 GB/T 18525.1—2001《豆类辐照杀虫工艺》、GB/T 18525.2—2001《谷类制品辐照杀虫工艺》、GB/T 18525.3—2001《红枣辐照杀虫工艺》、GB/T 18525.4—2001《枸杞干、葡萄干辐照杀虫工艺》、GB/T 18525.5—2001《干香菇辐照杀虫防霉工艺》、GB/T 18525.6—2001《桂圆干辐照杀虫防霉工艺》、GB/T 18525.7—2001《空心莲辐照杀虫工艺》分别对豆类、谷类制品、红枣、枸杞干、葡萄干、干香菇、桂圆干和空心莲 7 种产品的辐照杀虫工艺进行了规定；GB/T 18526.1—2001《速溶茶辐照杀菌工艺》、GB/T 18526.2—2001《花粉辐照杀菌工艺》、GB/T 18526.3—2001

《脱水蔬菜辐照杀菌工艺》、GB/T 18526.4—2001《香料和调味品辐照杀菌工艺》、GB/T 18526.5—2001《熟畜禽肉类辐照杀菌工艺》、GB/T 18526.6—2001《糟制肉食品辐照杀菌工艺》、GB/T 18526.7—2001《冷却包装分割猪肉辐照杀菌工艺》分别对速溶茶、花粉、脱水蔬菜、香料和调味品、熟畜禽肉类、糟制肉食品、冷却包装分割猪肉的辐照杀虫工艺进行了规定;GB/T 18527.1—2001《苹果辐照保鲜工艺》、GB/T 18527.2—2001《大蒜辐照抑制发芽工艺》则为苹果辐照保鲜工艺和大蒜辐照抑制发芽工艺标准。其余辐照食品标准还有 NY/T 1206—2006《茶叶辐照杀菌工艺》、NY/T 1256—2006《冷冻水产品辐照杀菌工艺》等。目前,辐照食品的产品标准已列入食品安全标准的规划。

4.4.8.3 保健食品标准

关于保健食品的概念与界定,各国提法有所不同,但其实质含义一致。欧美国家统称为“健康食品”或“营养食品”。德国称之为“改善食品”,日本则称之为“功能食品”或者“特定保健食品”。中国一般统称保健食品,也曾被称为“功能食品”“营养保健食品”“疗效食品”“药膳食品”等。

GB 16740—2014《食品安全国家标准 保健食品》对在中华人民共和国境内生产和销售的保健(功能)食品的定义、产品分类、基本原则、技术要求、试验方法和标签要求进行了规定。GB 17405—1998《保健食品良好生产规范》规定了对生产具有特定保健功能食品企业人员、设计与设施、原料、生产过程、成品贮存与运输以及品质和卫生管理方面的基本技术要求。2008 年,中国颁布了 40 项推荐性保健食品标准,大多是关于保健食品中功能成分的测定方法标准。

4.4.9 无公害食品、绿色食品和有机食品标准

国家和社会高度关注食品的安全卫生及农产品质量安全。为提高农产品质量安全水平、增加农产品国际竞争力,实施了“无公害食品行动计划”,确立了“无公害食品、绿色食品、有机食品”三位一体、整体推进的发展战略,并建立健全了农产品质量安全管理体系。农产品质量安全标准是农产品生产经营者自控的准绳,也是消费者判断农产品质量是否安全的尺度,还是各级政府部门开展农产品产地认定、产品认证、例行监测和市场监督抽查的依据,为农产品质量安全监管提供了重要的技术支撑。

4.4.9.1 无公害食品标准

无公害农产品是指产地环境、生产过程和产品质量符合国家有关标准和规范的要求,经认证合格获得认证证书,并允许使用无公害农产品标志的未经加工或者初加工的食用农产品。

20 世纪中期,随着食品传统生产方式的逐步退出,工业化比例增加、国际贸易日益发展以及食品安全风险程度上升,许多国家引入“从农田到餐桌”的过程管理理念,将农产品认证作为确保农产品质量安全和降低政府管理成本的有效政策措施。2001 年,在发展高产、优质、高效、生态、安全农业的背景下,农业部提出了无公害农产品的概念,并组织实施“无公害食品行动计划”。各地自行制定标准,开展当地的无公害农产品认证。“无公害食品行动计

划”以全面提高中国农产品质量安全水平为核心,以农产品质量标准体系和质量检测检验体系建设为基础,以“菜篮子”产品为突破口,以市场准入为切入点,从产地和市场两个环节入手对农产品实施“从农田到餐桌”全过程质量安全控制。在此基础上,2003 年实现了“统一标准、统一标志、统一程序、统一管理、统一监督”的全国统一无公害农产品认证,推动了中国的无公害食品的发展。

目前,中国无公害食品的监督与管理主要依据《无公害农产品管理办法》《无公害农产品标志管理办法》《农产品包装和标识管理办法》《无公害农产品质量与标志监督管理规范》《无公害农产品质量安全风险预警管理规范》《无公害农产品产地认定程序》《无公害农产品认证程序》《无公害农产品认证产地环境检测管理办法》以及无公害农产品相关的标准。

无公害农产品标准体系包括无公害农产品产地环境要求标准、无公害农产品安全要求标准、无公害农产品质量标准及无公害农产品包装贮运标准等。

无公害农产品产地环境要求主要针对产地的空气、农田灌溉水质、渔业水质、畜禽养殖用水和土壤等的各项质量指标及浓度限值,制定监测和评价方法。NY/T 5295—2015《无公害农产品 产地环境评价准则》规定了无公害农产品产地环境评价的原则、程序、方法和报告编制。评价内容包括自然环境特征(自然地理、气候与气象、水文状况、土壤状况、植被及自然灾害等)、社会经济环境概况(行政区划、主要道路、工业布局和农田水利,农、林、牧、渔业发展状况等)、污染源情况(工业污染源分布、污染物排放情况、农业副产物处置与综合利用、农业投入品使用情况、农村生活废弃物排放情况等以及污染源对农业环境的影响和危害情况)、环境质量概况(水环境、土壤环境、环境空气)和农业生态环境保护措施。评价方法中的评价指标则依据产品种类,分别参照 NY/T 395—2012《农田土壤环境质量监测技术规范》、NY/T 396—2000《农用水源环境质量监测技术规范》、NY/T 397—2000《农区环境空气质量监测技术规范》、NY/T 388—1999《畜禽场环境质量标准》、NY/T 5361—2016《无公害农产品 淡水养殖产地环境条件》、NY 5027—2008《无公害食品 畜禽饮用水水质》、NY 5028—2008《无公害食品 畜禽产品加工用水水质》等标准。

无公害农产品生产质量安全控制技术规范为系列标准,共 13 个部分,该标准适合于无公害农产品生产、管理和认证。

4.4.9.2 绿色食品标准

绿色食品是指产自优良环境,按照规定的技术规范生产,实行全程质量控制,产品安全、优质,并使用专用标识的食用农产品及其加工品。在绿色食品标准体系中,现行有效标准为 126 项,包括绿色食品产地环境质量标准、生产技术标准、产品标准和包装贮藏运输标准四部分,贯穿绿色食品生产全过程。

绿色食品标准是指应用科学技术原理,结合绿色食品生产实践,借鉴国内外相关标准所制定的,在绿色食品生产中必须遵守,在绿色食品质量认证时必须依据的技术性文件。

绿色食品标准的作用:引导农业标准化生产模式;奠定绿色食品认证工作的技术基础;规范绿色食品生产管理行为;提高绿色食品生产技术水平;维护生产者和消费者权益;树立

中国出口农产品(食品)的良好声誉。

绿色食品标准的属性:绿色食品标准是推荐性农业行业标准。

1. 绿色食品产地环境标准

根据农业生态的特点和绿色食品生产对生态环境的要求,充分依据现有国家环保标准,对控制项目进行优选。分别对空气、农田灌溉水、养殖用水和土壤质量等基本环境条件做出了严格规定。现行标准为 NY/T 391—2021《绿色食品 产地环境质量》。

制定绿色食品产地环境标准的目的:一是强调绿色食品必须产自良好的生态环境地域,以保证绿色食品最终产品的无污染、安全性;二是促进对绿色食品产地环境的保护和改善。

绿色食品产地环境质量标准规定了产地的空气质量标准、农田灌溉水质标准、渔业水质标准、畜禽养殖用水标准和土壤环境质量标准的各项指标以及浓度限值、监测和评价方法,提出绿色食品产地土壤肥力分级和土壤质量综合评价方法。对给定的污染物,在全国范围内标准统一,必要时可增设项目,适用于绿色食品(AA 级和 A 级)生产的农田、菜地、果园、牧场、养殖场和加工厂。

2. 绿色食品生产技术标准

绿色食品生产过程的控制是绿色食品质量控制的关键环节。绿色食品生产技术标准是绿色食品标准体系的核心,包括绿色食品生产资料使用准则和绿色食品生产技术操作规程两部分。

绿色食品生产资料使用准则是指对在生产绿色食品过程中物质投入的原则性规定。它包括生产绿色食品的农药、肥料、食品添加剂、兽药和水产养殖药的使用准则,对允许、限制和禁止使用的生产资料及其使用方法、使用剂量、使用次数和休药期等做出明确规定。

绿色食品生产技术操作规程是指以上述准则为依据,按作物种类、畜牧种类和不同农业区域的生产特性分别制定,用于指导绿色食品生产活动,规范绿色食品生产技术的技术规定,同时依据上述基本准则,制定具体种植、养殖和加工对象的生产技术规程,包括农产品种植、畜禽饲养、水产养殖和食品加工等技术操作规程。

该类标准主要有:NY/T 392—2023《绿色食品 食品添加剂使用准则》、NY/T 393—2020《绿色食品 农药使用准则》、NY/T 394—2023《绿色食品 肥料使用准则》、NY/T 471—2023《绿色食品 饲料及饲料添加剂使用准则》、NY/T 472—2022《绿色食品 兽药使用准则》、NY/T 473—2016《绿色食品 畜禽卫生防疫准则》、NY/T 755—2022《绿色食品 渔药使用准则》等。

3. 绿色食品产品标准

根据国内外相关产品标准要求,秉持安全与优质并重、先进性与适用性相结合的原则,针对具体产品制定相应的品质与安全性项目和指标要求。该标准是绿色食品产品认证检验和年度抽检的重要依据,是衡量绿色食品最终产品质量的指标尺度。虽然它跟普通食品的国家标准一样,规定了食品的外观品质、营养品质和卫生品质等内容,但其卫生品质要求高于国家现行标准,主要表现在农药残留和重金属检测项目种类多、指标严,且主要原料必须来自绿色食品产地，按绿色食品生产技术操作规程生产。绿色食品产品标准反映了绿色食品生产、管理和质量控制的先进水平，突出了绿色食品产品无污染、安全的卫生品质。

现行绿色食品产品标准主要是农业农村部制定的行业标准，如 NY/T 2140—2015《绿色食品　代用茶》、NY/T 1325—2023《绿色食品　芽苗类蔬菜》、NY/T 2799—2023《绿色食品　畜肉》、NY/T 1512—2021《绿色食品　生面食、米粉制品》、NY/T 1047—2021《绿色食品　水果、蔬菜罐头》、NY/T 1039—2014《绿色食品　淀粉及淀粉制品》、NY/T 891—2014《绿色食品　大麦及大麦粉》、NY/T 892—2014《绿色食品　燕麦及燕麦粉》、NY/T 433—2021《绿色食品　植物蛋白饮料》、NY/T 657—2021《绿色食品　乳与乳制品》、NY/T 749—2023《绿色食品　食用菌》、NY/T 752—2020《绿色食品　蜂产品》、NY/T 842—2021《绿色食品　鱼》、NY/T 1040—2021《绿色食品　食用盐》、NY/T 435—2021《绿色食品　水果、蔬菜脆片》、NY/T 1709—2021《绿色食品　藻类及其制品》、NY/T 1712—2018《绿色食品　干制水产品》、NY/T 420—2017《绿色食品　花生及制品》等。

4. 绿色食品包装贮藏运输标准

绿色食品包装贮藏运输标准是指为确保绿色食品在生产后期包装和运输过程中不受外界污染而制定的系列标准。它主要包括 NY/T 658—2015《绿色食品　包装通用准则》和 NY/T 1056—2021《绿色食品　贮藏运输准则》两项。

该包装标准规定了进行绿色食品产品包装应遵守的原则，涵盖包装材料选用的范围、种类，包装上的标识内容等。该包装标准要求产品包装从原料、产品制造、使用、回收和废弃的整个过程都应有利于食品安全和环境保护，包括包装材料的安全、牢固性，节省资源、能源，减少或避免废弃物产生，易回收循环利用，可降解等具体要求和内容。

绿色食品贮藏运输标准对绿色食品贮运的条件、方法、时间做出规定，确保绿色食品在贮运过程中不遭受污染、不改变品质，且利于环保节能。

5. 绿色食品包装标签、监测标准

绿色食品包装标签除要求符合 GB 7718—2011《食品安全国家标准　预包装食品标签通则》外，还要求符合《中国绿色食品商标标志设计使用规范手册》规定，该手册对绿色食品的标准图形、标准字形、图形和字体的规范组合、标准色、广告用语以及在产品包装标签上的规范应用，均做了具体规定。

绿色食品的抽样、监测应按照 NY/T 896—2015《绿色食品　产品抽样准则》、NY/T 1055—2015《绿色食品　产品检验规则》、NY/T 1054—2021《绿色食品　产地环境调查、监测与评价规范》等，在国家定点监测机构进行检测。

初次申请绿色食品认证产品时，应参照中国绿色食品发展中心指定的《绿色食品产品适用标准目录》(2023 版)选择适用标准，该产品目录实施动态管理，不定时更新。如果申请认证的产品所含能量或营养素予以特别标称，如“低能量”“无糖” 和“低胆固醇”等，则应在“绿色食品产品抽样单”中注明须加检的项目及依据，绿色食品产品质量定点监测机构依据《食品营养标签管理规范》、GB 13432—2013《食品安全国家标准　预包装特殊膳食用食品标签》

等有关规定进行检测和判定。

4.4.9.3 有机食品标准

有机农业是指遵照特定的农业生产原则，在生产中不采用基因工程获得的生物及其产物，不使用化学合成的农药、化肥、生长调节剂、饲料添加剂等物质，遵循自然规律和生态学原理，协调种植业和养殖业的平衡，采用系列可持续的农业技术，以维持持续稳定的农业生产体系的一种农业生产方式。有机食品是根据有机农业和有机食品生产、加工标准或生产、加工技术规范而生产、加工，在生产加工中不使用化学农药、化肥、化学防腐剂和添加剂，也不用基因工程生物及其产物，产品符合国家标准或国家有机食品要求和标准，并通过国家有机食品认证机构认证的一切农副产品及其加工品，因此它是真正源于自然、富营养、高品质的安全环保生态食品。

国家认证认可监督管理委员会（以下简称国家认监委）负责全国有机产品认证的统一管理、监督和综合协调工作。地方各级市场监督管理部门和各地出入境检验检疫机构（以下统称地方认证监管部门）按照职责分工，依法负责所辖区域内有机产品认证活动的监督检查和行政执法工作。

1. 有机食品标准

（1）有机食品标准的内涵　有机食品标准是指应用生态学和可持续发展原理，结合世界各国有机食品的生产实践而制定的技术性文件。有机食品标准是一种质量认证标准，不同于一般的产品标准。一般的产品标准是指对产品的外观、规格以及若干构成产品内在品质的指标所做的定性和定量描述，并规定品质的标准检测方法。通过产品抽样检测，了解和控制产品的质量。有机食品标准则是指对一种特定生产体系的共性要求，不针对某个食品品种或类别，凡是遵守这种生产规范生产出来的农产品及其加工品都可以冠以“有机食品”的称谓进行销售，并可以在包装上印刷特定的有机产品质量证明商标。

总体来讲，它要求在有机食品的原料生产（包括作物种植、畜禽养殖、水产养殖等）、加工、贮藏、运输、包装、标识、销售等过程中不违背有机生产原则，保持有机完整性，从而生产合格的有机产品。有机食品是以有机农业生产体系为前提，有机农业是一种完全不用化学合成的肥料、农药、生长调节剂、畜禽饲料添加剂等物质，也不使用基因工程生物及其产物的生产体系。其核心是建立和恢复农业生态系统的生物多样性和良性循环，以推动农业的可持续发展。

（2）有机食品标准制定的原则　为消费者提供营养均衡、安全的食品；增强整个系统内的生物多样性；提升土壤生物活性，维持土壤长效肥力；在农业生产系统中依靠可更新资源，通过循环利用植物性和动物性废料，向土地归还养分，最大限度地减少不可更新资源的使用；促进土壤、水及空气的健康使用，最大限度地降低农业生产可能对其造成的各种污染；采取谨慎的方法处理农产品，在各个环节保障产品的有机完整性和主要品质；生产可完全生物降解的有机产品，以最小化各种形式的污染；提高生产者和加工者的收入，满足他们的基本需求，推动整个生产、加工和销售链都朝着公正、公平和生态合理的方向发展。

2. 中国的有机食品标准

现行有机食品标准为 GB/T 19630—2019《有机产品 生产、加工、标识与管理体系要求》，其内容涵盖有机食品的原料生产（包括作物种植、畜禽养殖、水产养殖等）、加工、贮藏、运输、包装、标识、销售等过程不违背有机生产原则，保持有机完整性，从而生产合格的有机产品。有机食品以有机农业生产体系为前提，即完全不用化学合成的肥料、农药、生产调节剂、畜禽饲料添加剂等物质，也不使用基因工程生物及其产物，其核心是建立和恢复农业生态系统的生物多样性和良性循环，以维持农业的可持续发展。

此外，农业农村部和各省区也制定了行业标准和地方标准，如 NY/T 1733—2009《有机食品 水稻生产技术规程》、DB11/T 896—2020《苹果生产技术规程》、DB 3701/T 115—2010《有机食品 茶生产技术规程》、DB11/T 1085—2022《梨生产技术规范》等。

(1)农作物有机生产标准

①有机产品标准中的基本概念。有机产品标准中的基本概念包括农业生产单元的认证范围和对象、有机田块的缓冲隔离带、有机产品和常规产品的平行生产、作物转换期、土壤培肥管理和农场生态保护计划、内部质量控制。

②有机种植标准基本要求。作物及品种应优先选择获得有机认证的种子和植物，所选作物及品种应适应当地的土壤与气候特点，具备对病虫害的抗性。

③作物生产的多样性。作物生产基于土壤及周围生态系统的结构和肥力，在将营养损失最小化的情况下，实现物种多样性。其包括豆科作物在内的多种作物轮作；在一年内尽量种植不同类型的作物，使土壤得到适当的覆盖；土壤培肥禁止使用任何人工合成的化学肥料；病虫杂草的管理严禁使用合成的农药、生长调节剂以及基因工程生物或其产品。

(2)动物有机饲养的标准　动物有机饲养的标准包括动物饲养方式、转换期、养殖动物来源、动物品种和育种、动物营养、动物健康、运输和屠宰等方面。

(3)有机食品加工和贸易　要求优化有机食品的加工和处理工艺，以保障产品质量和完整性，并尽量减少害虫的发生。有机产品的加工和处理应在时间或地点上与非有机产品的加工和处理分开。

(4)有机食品质量要求　根据食品行业（如粮油、肉与肉制品、蛋与蛋制品、水产品等）的不同特点，按照《中华人民共和国食品安全法》的要求及行业监测标准和有机食品加工的规定，拟定各自的质量检验项目，主要包括以下几项。

①理化检验、感官检验。相对密度、水分、灰分、蛋白质、脂肪、碳水化合物（还原糖、蔗糖、淀粉、食物纤维）、重金属（汞、砷、铅、镉、锡、氟）、色、香、味等指标检测。

②卫生检验。执行国家食品卫生检验方法和理化检验标准，涉及农药残留量测定，包括有机磷农药残留量、六六六、DDT 等；食品添加剂的检验，包括亚硝酸盐与硝酸盐、亚硫酸盐、山梨酸、苯甲酸、禁用防腐剂、人工合成色素等。

③微生物的检验。执行国家食品卫生微生物学检验标准，包括细菌总数、大肠菌群、沙门菌、病原性大肠埃希菌、副溶血性弧菌、葡萄球菌等。

4.4.10 地理标志产品标准

地理标志产品是指产自特定地域，所具有的质量、声誉或其他特性本质上取决于该产地的自然因素和人文因素，经审核批准以地理名称进行命名的产品，如山西老陈醋等。地理标志农产品与无公害农产品、绿色食品、有机农产品统称为“三品一标”。“三品一标”是政府主导的安全优质农产品公共品牌，是当前和今后一个时期农产品生产消费的主导产品。纵观“三品一标”的发展历程虽各有其产生的背景和发展基础，但都是农业发展进入新阶段的战略选择，是传统农业向现代农业转变的重要标志。其中，无公害食品特点是保障农产品质量安全；绿色食品特点是精品定位，全程控制；有机食品旨在满足特定消费和服务出口需要；地理标志产品着重保障区域特色。

农业农村部负责全国农产品地理标志的登记工作，农业农村部农产品质量安全中心负责农产品地理标志登记的审查和专家评审工作。省级人民政府农业行政主管部门负责本行政区域内农产品地理标志登记申请的受理和初审工作。农业农村部设立的农产品地理标志登记专家评审委员会，负责专家评审。申请地理标志登记的农产品，应当符合下列条件：称谓由地理区域名称和农产品通用名称构成；产品有独特的品质特性或者特定的生产方式；产品品质和特色主要取决于独特的自然生态环境和人文历史因素；产品有限定的生产区域范围；产地环境、产品质量符合国家强制性技术规范要求。农产品地理标志是集体公权的体现，企业和个人不能作为农产品地理标志登记申请人。符合下列条件的单位和个人可以向登记证书持有人申请使用农产品地理标志：生产经营的农产品产自登记确定的地域范围；已取得登记农产品相关的生产经营资质；能够严格按照规定的质量技术规范组织开展生产经营活动；具备地理标志农产品市场开发经营能力。使用农产品地理标志应当按照生产经营年度与登记证书持有人签订农产品地理标志使用协议，在协议中载明使用的数量、范围及相关的责任义务。

现行有效的地理标志产品标准主要是2005年以后公布实施的推荐性国家标准或地方标准，共计500余种。如GB/T 22111—2008《地理标志产品　普洱茶》、GB/T 19586—2008《地理标志产品　吐鲁番葡萄干》、GB/T 20560—2006《地理标志产品　郫县豆瓣》、GB/T 19266—2024《地理标志产品质量要求　五常大米》、GB/T 18623—2011《地理标志产品　镇江香醋》、GB/T 18650—2008《地理标志产品　龙井茶》、GB/T 19777—2013《地理标志产品　山西老陈醋》、GB/T 19506—2009《地理标志产品　吉林长白山人参》、GB/T 19088—2024《地理标志产品质量要求　金华火腿》、GB/T 18356—2007《地理标志产品　贵州茅台酒》、GB/T 19694—2008《地理标志产品　平遥牛肉》、DB14/T 728—2020《地理标志产品　太谷饼》等。

4.5 食品检验方法标准

食品检验方法标准是指对食品的质量要素进行测定、试验、计量所做的统一规定，包括感官、物理、化学、微生物学、生物化学等方面的分析和检验。

食品检验方法有感官分析法、物理分析法、化学分析法、仪器分析法等。感官分析法是利用人的感觉器官(如眼、耳、口、鼻等)对食品的特性进行分析判断的一种方法;物理分析法是针对食品的一些物理特性的检验,如密度、折光度、旋光度等;化学分析法以物质的化学反应为基础,多用于常规检验,如营养成分的检验;仪器分析法以物质的物理或物理化学性质为基础,利用光电仪器来测定物质的含量,多用于微量成分的分析,如利用专用的自动分析仪分析蛋白质、脂肪、糖、纤维等。

在已公布的食品安全检验方法标准中,涉及部分理化指标和部分微生物指标。理化指标包括水分、密度、灰分、蛋白质、脂肪、总糖、还原糖、粗纤维、氨基酸、淀粉、蔗糖、酸度、碱度、酒精度、色度、浊度、维生素等以及食品添加剂、各类食品的特征性指标。涉及食品安全检验方法部分理化指标和微生物要求有铅、总砷及无机砷、铜、锌、镉、总汞及有机汞、氟、有机磷农药残留量、黄曲霉毒素、菌落总数、大肠菌群、沙门菌、致病菌等。

4.5.1 食品理化检验方法标准

食品理化检验主要是指利用物理、化学以及仪器等分析方法,对食品中的各种营养成分、添加剂、矿物质等进行检验;同时对食品中基于各种原因而携带的有害有毒化学成分进行检验。

食品理化分析的内容丰富、范围广泛。在各种食品中,许多组分具有共性,但也有一些组分则是不相同的,特别是不同种类的食品具有不同的特性。食品理化检验方法标准研究大致分为三个方面:在基础方面,涉及样品前处理的分离提取、纯化、浓缩(富集)和食品分析误差及理论统计处理;在分析方法方面,涉及新的检测方法研究、新项目分析方法的研究、经典方法的改进研究以及简便快速方法的研究;在分析仪器的应用方面,近几年,食品分析仪器的应用逐渐增加,食品理化检测的定量分析也随之得到发展。

目前,中国已颁布的食品卫生理化检验方法标准含 GB 5009 系列多个标准,部分标准见表 4-7。

表 4-7 部分食品卫生理化检验方法标准

序号	标准编号	标准名称
1	GB 5009.3—2016	食品安全国家标准 食品中水分的测定
2	GB 5009.4—2016	食品安全国家标准 食品中灰分的测定
3	GB 5009.12—2023	食品安全国家标准 食品中铅的测定
4	GB 5009.15—2023	食品安全国家标准 食品中镉的测定
5	GB 5009.16—2023	食品安全国家标准 食品中锡的测定
6	GB 5009.17—2021	食品安全国家标准 食品中总汞及有机汞的测定
7	GB 5009.5—2016	食品安全国家标准 食品中蛋白质的测定
8	GB 5009.33—2016	食品安全国家标准 食品中亚硝酸盐与硝酸盐的测定

续表4-7

序号	标准编号	标准名称
9	GB 5009.93—2017	食品安全国家标准　食品中硒的测定
10	GB 5009.94—2012	食品安全国家标准　植物性食品中稀土元素的测定
11	GB 5009.123—2023	食品安全国家标准　食品中铬的测定
12	GB 5009.139—2014	食品安全国家标准　饮料中咖啡因的测定
13	GB 5009.148—2014	食品安全国家标准　植物性食品中游离棉酚的测定
14	GB 5009.190—2014	食品安全国家标准　食品中指示性多氯联苯含量的测定
15	GB 5009.204—2014	食品安全国家标准　食品中丙烯酰胺的测定
16	GB 5009.6—2016	食品安全国家标准　食品中脂肪的测定
17	GB 5009.223—2014	食品安全国家标准　食品中氨基甲酸乙酯的测定

2015年，农业部对现行食品中农药残留检测方法进行了清理，对当时正在广泛使用、适用性和操作性较强的标准予以保留，对检测范围或检测对象有重复、交叉的检测方法予以整合。现行标准包括GB 23200.8—2016《食品安全国家标准　水果和蔬菜中500种农药及相关化学品残留量的测定　气相色谱-质谱法》、GB/T 20769—2008《水果和蔬菜中450种农药及相关化学品残留量的测定　液相色谱-串联质谱法》等。

4.5.2　食品微生物检验方法标准

食品卫生微生物检验旨在正确、客观地揭示食品的卫生状况，加强食品卫生的管理，保障人们的健康，并为防止某些传染病的发生提供科学依据。它的主要检测对象包括细菌总数、大肠菌群、致病菌等。

目前，中国已颁布的食品安全微生物检验标准共30多个，包括GB 4789.1—2016《食品安全国家标准　食品微生物学检验 总则》，GB 4789.10—2016《食品安全国家标准　食品微生物学检验 金黄色葡萄球菌检验》，GB 4789.18—2024《食品安全国家标准　食品微生物学检验 乳与乳制品采样和检样处理》等，详见表4-8。

表4-8　食品微生物检验方法标准目录

序号	标准编号	标准名称
1	GB 4789.1—2016	食品安全国家标准　食品微生物学检验　总则
2	GB 4789.2—2022	食品安全国家标准　食品微生物学检验　菌落总数测定
3	GB 4789.4—2024	食品安全国家标准　食品微生物学检验　沙门氏菌检验
4	GB 4789.5—2012	食品安全国家标准　食品微生物学检验　志贺氏菌检验
5	GB 4789.7—2013	食品安全国家标准　食品微生物学检验　副溶血性弧菌检验
6	GB 4789.9—2014	食品安全国家标准　食品微生物学检验　空肠弯曲菌检验
7	GB 4789.10—2016	食品安全国家标准　食品微生物学检验　金黄色葡萄球菌检验

续表4-8

序号	标准编号	标准名称
8	GB 4789.11—2014	食品安全国家标准　食品微生物学检验　β型溶血性链球菌检验
9	GB 4789.14—2014	食品安全国家标准　食品微生物学检验　蜡样芽胞杆菌检验
10	GB 4789.15—2016	食品安全国家标准　食品微生物学检验　霉菌和酵母计数
11	GB 4789.18—2024	食品安全国家标准　食品微生物学检验　准乳与乳制品采样和检样处理
12	GB 4789.30—2016	食品安全国家标准　食品微生物学检验　单核细胞增生李斯特氏菌检验
13	GB 4789.31—2013	食品安全国家标准　食品微生物学检验　沙门氏菌、志贺氏菌和致泻大肠埃希氏菌的肠杆菌科噬菌体诊断检验
14	GB 4789.28—2024	食品安全国家标准　食品微生物学检验　培养基和试剂的质量要求
15	GB 4789.39—2013	食品安全国家标准　食品微生物学检验　粪大肠菌群计数
16	GB 4789.26—2023	食品安全国家标准　食品微生物学检验　商业无菌检验
17	GB 4789.38—2012	食品安全国家标准　食品微生物学检验　大肠埃希氏菌计数
18	GB 4789.35—2023	食品安全国家标准　食品微生物学检验　乳酸菌检验
19	GB 4789.34—2016	食品安全国家标准　食品微生物学检验　双歧杆菌检验
20	GB 4789.3—2016	食品安全国家标准　食品微生物学检验　大肠菌群计数

4.5.3　食品安全性毒理学评价程序与方法

运用食品毒理学方法对食品进行安全性评价，能为正确认识和安全使用食品添加剂(包括营养强化剂)、开发食品新资源以及保健食品的开发，提供可靠的技术保障；也为准确评价和管控食品容器与包装材料、辐照食品、食品及食品工具与设备用洗涤消毒剂、农药残留及兽药残留的安全性，提供了可靠的操作方法。食品安全性毒理学评价程序与方法标准主要有以下三个。

(1)GB 15193.1—2014《食品安全国家标准　食品安全性毒理学评价程序》　该标准规定了食品安全性毒理学评价流程，用于评估食品生产、加工、保藏、运输和销售过程中涉及的可能对健康造成危害的化学、生物和物理因素的安全性。评价对象包括食品添加剂(含营养强化剂)、食品新资源及其成分、新资源食品、辐照食品、食品容器与包装材料、食品工具、设备、洗涤剂、消毒剂、农药残留、兽药残留、食品工业用微生物等。

(2)GB 15193.2—2014《食品安全国家标准　食品毒理学实验室操作规范》　该标准规定了食品毒理学实验室(包括实验动物房)的相关要求，适用于经卫生行政部门认可、具备食品安全性毒理学评价试验资质的单位。

(3)GB 15193.3—2014《食品安全国家标准　急性经口毒性试验》　该标准规定了经口急性毒性试验的基本技术要求。

目前中国已颁布的与食品毒理学评价方法相关的标准有多个，详见表4-9。

表 4-9 与食品毒理学评价相关的标准目录

序号	标准编号	标准名称
1	GB 15193.1—2014	食品安全国家标准 食品安全性毒理学评价程序
2	GB 15193.2—2014	食品安全国家标准 食品毒理学实验室操作规范
3	GB 15193.3—2014	食品安全国家标准 急性经口毒性试验
4	GB 15193.4—2014	食品安全国家标准 细菌回复突变试验
5	GB 15193.5—2014	食品安全国家标准 哺乳动物红细胞微核试验
6	GB 15193.6—2014	食品安全国家标准 哺乳动物骨髓细胞染色体畸变试验
7	GB 15193.8—2014	食品安全国家标准 小鼠精原细胞或精母细胞染色体畸变试验
8	GB 15193.9—2014	食品安全国家标准 啮齿类动物显性致死试验
9	GB 15193.10—2014	食品安全国家标准 体外哺乳类细胞 DNA 损伤修复(非程序性 DNA 合成)试验
10	GB 15193.11—2015	食品安全国家标准 果蝇伴性隐性致死性试验
11	GB 15193.12—2014	食品安全国家标准 体外哺乳类细胞 HGPRT 基因突变试验
12	GB 15193.13—2015	食品安全国家标准 90 天经口毒性试验
13	GB 15193.14—2015	食品安全国家标准 致畸试验
14	GB 15193.15—2015	食品安全国家标准 生殖毒性试验
15	GB 15193.16—2014	食品安全国家标准 毒物动力学试验
16	GB 15193.17—2015	食品安全国家标准 慢性毒性和致畸合并试验
17	GB 15193.19—2015	食品安全国家标准 致突变物、致畸物和致癌物的处理方法
18	GB 15193.20—2014	食品安全国家标准 体外哺乳类细胞 TK 基因突变试验
19	GB 15193.21—2014	食品安全国家标准 受试物试验前处理方法
20	GB 15193.22—2014	食品安全国家标准 28 天经口毒性试验
21	GB 15193.24—2014	食品安全国家标准 食品安全性毒理学评价中病理学检查技术要求
22	GB 15193.25—2014	食品安全国家标准 生殖发育毒性试验
23	GB 15193.26—2015	食品安全国家标准 慢性毒性试验
24	GB 15193.27—2015	食品安全国家标准 致癌试验

4.5.4 其他食品检验方法标准

为分析食品质量，除食品安全标准外，还有部分推荐性国家标准是关于食品感官分析方法的标准。食品检验检测方法标准涉及的感官指标有外观、色泽、香气、滋味（口味）、风味、形态(组织形状)、颜色等。

自 1988 年开始，中国相继制定和颁布了一系列感官分析方法的国家标准(表 4-10)。这些标准一般参照采用或等效采用相关国际标准(ISO)，具有较高的权威性和可比性，对推进和规范中国感官分析方法起着重要作用，也是执行感官分析的法律依据。部分感官分析方法标准见表 4-10。

表 4-10 部分感官分析方法标准

序号	标准编号	标准名称
1	GB/T 10220—2012	感官分析　方法学　总论
2	GB/T 10221—2021	感官分析　术语
3	GB/T 12310—2012	感官分析　成对比较检验
4	GB/T 12311—2012	感官分析　三点检验
5	GB/T 12312—2012	感官分析　味觉敏感度的测定
6	GB 12314—1990	感官分析方法　不能直接感官分析的样品制备准则
7	GB/T 12315—2008	感官分析　方法学　排序法
8	GB/T 39992—2021	感官分析　方法学"A"-"非 A"检验
9	GB/T 13868—2009	感官分析　建立感官分析实验室的一般导则
10	GB/T 15549—2022	感官分析　方法学　检测和识别气味方面评价员的入门和培训
11	GB/T 16291.1—2012	感官分析　选拔、培训与管理评价员一般导则 第 1 部分:优选评价员
12	GB/T 16860—1997	感官分析方法　质地剖面检验
13	GB/T 16861—1997	感官分析　通用多元分析方法鉴定和选择用于建立感官剖面的描述词
14	GB/T 17321—2012	感官分析　二-三点检验
15	GB/T 19547—2004	感官分析　方法学　量值估计法
16	GB/T 21172—2022	感官分析　产品颜色感官评价导则
17	GB/T 22366—2022	感官分析　方法学　采用三点强迫选择法(3-AFC)测定嗅觉、味觉和风味觉察阈值的一般导则
18	GB/T 25005—2010	感官分析　方便面感官评价方法
19	GB/T 25006—2010	感官分析　包装材料引起食品风味改变的评价方法
20	GB/T 29604—2013	感官分析　建立感官特性参比样的一般导则
21	GB/T 29605—2013	感官分析　食品感官质量控制导则

4.6 食品流通标准

食品流通是指以食品的质量安全为核心,以消费者需求为目标,围绕食品采购、贮存、运输、供应、销售等过程环节而进行的管理和控制活动。食品(特别是生鲜食品)在流通中对环境条件(如温度和湿度)要求极为严格,需要在尽可能短的时间内迅速配送到目的地,否则其营养、质量、安全状况将大打折扣,甚至会严重影响消费者的健康和权益。据统计,一些易腐食品(如奶制品、海鲜等)售价的七成用来补贴在流通过程中的货损支出。因此,食品流通问题已影响人类健康、社会稳定和经济发展。如何解决食品流通问题、保障人们身体健康,已成为当前中国的一项迫切任务。

食品流通包括商流和物流两个方面，包括运输、贮藏、装卸搬运、包装、流通加工、配送、信息处理以及销售等基本活动。食品流通过程与食品安全密切相关，涉及原料、加工工艺过程、包装、贮运及生产加工等相关因素（环境、物品、人员等），像在农产品流通中可能存在微生物、化学品污染等情况，所以需要建立"田间生产→收购→加工→流通→消费"的统一安全管理体系和标准体系。

4.6.1 运输工具标准

运输工具标准主要包括运输车辆、船、搬运车辆、装载工具等相关术语、类型代码、规格和性能标准以及相应的操作方法等。对运输工具实施标准化，有助于各种运输工具的配合与衔接，实现多种运输方式的联运，进而提高运输效率。

GB/T 14521—2015《连续搬运机械　术语》是针对运输机械类型、主要参数、装置和零部件、带式运输机、埋刮板运输机、板式输送机、流体输送机和提升机制定的系列标准。

4.6.2 站场技术标准

站场技术标准主要包括站台、堆场等技术规范和工艺标准。不同运输方式对站场要求各异，若缺乏规范，会在运输装卸时人力和物力的浪费，通过规范站台、堆场就可以确保不同运输方式能在统一的站台、堆场进行装卸作业，进而提高工作效率。

与站台技术相关的标准包括 GB/T 11601—2023《集装箱进出港站检查交接要求》和 GB/T 13145—2018《冷藏集装箱堆场技术管理要求》。

4.6.3 运输方式及作业规范标准

运输是一个系统工程，制定各种运输方式标准和作业规范，有利于运输的合理安排、协作、配合，充分发挥各种运输方式的运输潜力。

GB/T 6512—2012《运输方式代码》根据欧洲经济委员会国际贸易程序简化工作组（UN/ECE/WP. 4）的第 19 号推荐标准《运输方式代码》制定，在技术内容和结构上等同采用第 19 号推荐标准。GB/T 6512—2012《运输方式代码》规定了运输方式的基本分类、代码结构及表示运输工具类别的运输方式代码，适用于中国国际贸易有关文件（单证、报文）中使用标明运输方式的一切场合，也适用于中国行政、运输、商业等领域的业务所涉及的运输方式标识。

在运输作业规范方面，中国颁布了 GB/T 20014.11—2005《良好农业规范 第 11 部分：畜禽公路运输控制点与符合性规范》。

4.6.4 食品贮藏标准

贮藏和运输是流通过程中的两个关键环节，被称为"流通的支柱"。贮藏的概念包括商品的分类、计量、入库、保管、出库、库存控制以及配送等多种功能。中国与食品贮藏相关的标准主要有如下几个。

(1)仓库布局标准　GB/T 18768—2002《数码仓库应用系统规范》、GB 50072—2021《冷库设计标准》。

(2)贮藏保鲜技术规程　该项技术标准大多针对果蔬，如 GB/T 16862—2008《鲜食葡萄冷藏技术》、GB/T 17479—1998《杏冷藏》、GB/T 8559—2008《苹果冷藏技术》、GB/T 18518—2001《黄瓜　贮藏和冷藏运输》、GB/T 8867—2001《蒜薹简易气调冷藏技术》等，分别对贮藏前的处理、贮藏的温度、湿度和贮藏期限等进行了规定。

(3)堆码苫垫技术标准　对食品的堆垛方式和技术、货架以及苫盖和衬垫方式和技术等，都应制定相应的标准和操作规程。

4.6.5 食品包装工艺标准

包装工艺过程是指对各种包装原材料或半成品进行加工或处理，最终将产品包装成为商品的过程。包装工艺规程则是以文件形式呈现的包装工艺过程规范。食品包装工艺规程的标准化必须按"提高品质、严格控制有害物质含量"的有关标准，设计每道工序、确定每项工艺，并制定科学、严格和可行的操作规程。包装工艺标准化应包括产品和包装材料，按规定方式将其结合成可供销售的包装产品，然后在流通过程中保护内包装产品，并在销售和消费时得到消费者认可，其主要内容如下。

(1)容量标准化　容量即为每个包装中的产品数量。食品包装容量是标准化的重要内容，数量过多过少均不符合规范，不利于食品的贮藏、运输与销售。

(2)产品状态条件的标准化　包装产品的状态，如温度、物理外形或浓度等，都会影响食品的贮藏期，因此应该规范产品的状态条件。

(3)包装材料标准化　在选用合适、卫生的包装材料时，需将现场操作时的材料准备状态标准化，必要时将包装材料部件组装成形，以供产品充填。

(4)包装速度规范化　包装速度应该规范化，它是控制成本和质量的因素之一。包装速度取决于所采用工艺装备的自动化程度。

(5)包装步骤说明　包装步骤是指选定生产线的操作规程。

(6)质量　规定质量控制要求。

4.6.6 装卸搬运标准

目前中国已颁布的装卸方面的标准包括 GB/T 8487—2010《港口装卸术语》、GB/T 17382—2023《系列 1 集装箱　装卸和栓固》、GB 13561.1—2009《港口连续装卸设备安全规程　第 1 部分:散粮筒仓系统》、GB/T 13561.2—2008《港口连续装卸设备安全规程　第 2 部分:气力卸船机》、GB/T 13561.3—2009《港口连续装卸设备安全规程　第 3 部分:带式输送机、埋刮板输送机和斗式提升机》、GB/T 13561.6—2006《港口连续装卸设备安全规程

第 6 部分:连续装卸机械》以及 QB/T 2588—2012《制酒饮料机械　卸箱机》、QB/T 2589—2012《制酒饮料机械　装箱机》等,其中 GB/T 17382—2023《系列 1 集装箱　装卸和栓固》适用于各种地表运输中集装箱重箱和空箱。

搬运方面的标准包括 GB/T 12738—2006《索道　术语》、GB/T 17119—1997《连续搬运设备　带承载托辊的带式输送机　运行功率和张力的计算》、GB/T 19400—2003《工业用机器人　抓握型夹持器物体搬运　词汇和特性表示》。

4.6.7 食品配送标准

配送是指在经济合理区域范围内,根据用户要求,对物品进行拣选、加工、包装、分割、组配等作业,并按时送达指定地点的物流活动。配送由集货、配货、送货三部分有机结合而成,配送中的货物运输距离相对较短。配送与传统的"送货"存在明显的区别,配送业务活动包含分货、选货、加工、配发、配装等工作具有一定难度的作业。配送不仅是分发、配货、送货等活动的有机结合形式,还与订货、销售系统有密切相关。因此,必须依赖物流信息的作用,建立完善的配送系统,形成现代化的配送方式。

配送的一般流程为:进货→存贮→分拣→配货、配装→发送。进货是组织货源的过程,既可采取订货或购货的方式,又可采取集货或接货的方式。存贮是指按照用户要求并依据配送计划将购到或收集的各种货物进行检验,再分门别类地存贮在相应设施场所,以备挑选和配货。分拣和配货是同一流程中的两项紧密相连的活动,大多同时进行和完成,且多采用机械化和半机械化操作方式。送货是配送的终结环节,一般包括搬运、装配和交货等活动。

目前,中国颁布的配送方面的标准有 GB/T 18715—2002《配送备货与货物移动报文》。该标准适用于国内贸易和国际贸易,以通用商业管理为基础,而不局限于特定业务类型和行业,规定了在配送中心管辖范围内仓库之间发送的配送备货服务和所需货物移动所用报文的基本框架结构。

4.6.8 食品销售标准

食品销售是指将产品的所有权转让给用户的流通过程,也是以实现企业销售利润为目的的经营活动。产品只有经过销售,才能实现其价值,创造利润,达成企业的价值。销售涵盖包装、运输、贮藏、配送等环节,是流通的最后一个环节。而实现食品销售的重要因素就是市场。商务部等八部门联合组织制定了 GB/T 19220—2003《农副产品绿色批发市场》和 GB/T 19221—2003《农副产品绿色零售市场》两个国家标准。这两个标准均从场地环境、设施设备、商品管理、市场管理等方面对销售市场进行规定。农副产品绿色批发市场是指环境设施清洁卫生、交易商品符合标准的质量管理要求、经营管理具有较好信誉的农副产品批发市场;农副产品绿色零售市场是指环境设施清洁卫生、交易商品符合本标准的质量管理要求、经营管理具有较好信誉的农副产品零售市场。这两个绿色市场标准对市场流通标准体系建设和规范市场流通环节具有重要意义。

思考题

1. 简述中国食品标准的现状与存在的问题。
2. 中国的食品基础标准主要包括哪些内容?
3. 食品安全限量标准包括哪些方面的内容?
4. 构成食品标准的基本要素有哪几方面?
5. 中国现行的食品标签标准有哪些?

第 5 章

国际的食品法规与标准

5.1 国际的食品法典

5.1.1 国际的食品法典历史

食品法典是拉丁词汇的译义，涉及食品的一套标准和法规。早期的世界历史文献显示，一些当权者采用编撰法规的形式来保护消费者不会受食品销售中不良行为的侵害。例如，古亚西利亚的碑文上记载了正确称量和度量谷物的方法；古埃及书卷描述了某些食品的形态；古雅典人会检验啤酒和葡萄酒的纯度和卫生状况；古罗马人建立了完善的国家食品管理系统，防止消费者受到掺假或不良食品的危害。中世纪的欧洲，一些国家制定了各种有关蛋、香肠、奶酪、啤酒、葡萄酒和面包质量和安全的规定。有些古代条例至今仍在沿用。

19 世纪下半叶，世界上第一部食品法规已生效启用，基本的食品控制系统初步形成。在此期间，食品化学备受重视，人们开始根据食物简单成分的化学参数，确定食品纯度。1897—1911 年奥匈帝国时期，通过收集和发展不同食品的描述和标准，形成了《奥地利食品法典》。尽管该法典缺乏法律效力，但在法庭上需要确定某产品特性时可作为参考。“食品法典”一词就是来源于奥匈帝国的这部法规。

20 世纪早期，各国各自制定互不相同的食品标准和法规体系，这种状况不可避免地会带来贸易上的障碍。为解决这个问题，相关方组成各种贸易团体，向政府施压，要求协调不同的食品标准，以促进符合规定质量和安全要求食品的正常贸易。例如，国际乳业联合会(IDF)从事国际乳与乳制品的标准化工作，为食品法典委员会的成立以及制标程序的制定提供了推动力。

20 世纪 40 年代后期，联合国粮食及农业组织(FAO)和世界卫生组织(WHO)成立，食品法规的发展方向成为国际社会关注的焦点。20 世纪 50 年代后，食品科技迅猛发展。随着各种高灵敏度分析仪器的出现，人们对食品本质有了更深入的了解，有关食品质量和相关危害因素的知识也不断丰富，这使得消费者增加了对所食用食品的担心。消费者已从先前所关心的“看得见”因素（如尺寸变化、虚假标签和劣质等）转移到“看不见”因素方面（如微生物、农药残留、环境污染物和食品添加剂等）。不断发展的消费者组织向国际组织和各国政府施加压力，要求保护消费者免受劣质和有害食品的损害。从事食品经营和贸易的人员、消费者以及各方专家都寄希望于FAO和WHO能够理顺各种阻碍贸易的各种因素，并为消费者提供充分的食品健康保障法规。

1953年，世界卫生大会参会者提出，食品中广泛使用化学物质已成为新的公共卫生问题，因此建议FAO和WHO开展有关研究，其中一项重点是研究食品添加剂的使用情况。1955年，FAO和WHO召开了第一次食品添加剂联合会议，会议期间成立了FAO/WHO食品添加剂联合专家委员会，这是FAO和WHO首次就食品安全标准问题进行研究合作。与此同时，一些国际非政府组织建立了许多产品专业委员会，开始研究特定食品类别的标准，如果汁、速冻蔬菜、水果以及乳制品等，这些工作为后续相关食品法典产品委员会的成立奠定了基础。

在食品法典建立过程中，1960年和1961年是两个具有历史意义的年份。1960年10月，第一届FAO欧洲地区会议提出了一个广泛认同的观点：“作为保护消费者健康，确保食品质量和减少贸易壁垒的重要手段，特别是在迅速形成的欧洲共同市场的形势下，需要就基本食品标准及有关问题（包括标签要求、检验方法等）达成国际协定。”该次会议还认为：“协调各种组织不断增加的食品标准计划将是十分重要的问题。”1961年11月，FAO第11次会议通过成立食品法典委员会的决议，并敦促WHO尽快与FAO共同建立FAO/WHO联合食品标准计划。1962年，FAO/WHO联合食品标准会议召开，决定成立国际食品法典委员会实施该计划，并共同制定食品法典。1963年5月，世界卫生大会第16次会议批准建立FAO/WHO联合食品标准计划，并通过了食品法典委员会章程。

至此，世界上第一个政府间协调国际食品标准法规的组织——国际食品法典委员会（Codex Alimentarius Commission，CAC）成立。CAC致力于国际食品法典的制定，密切关注世界范围内的食品质量与安全问题，推动各国际政府间组织和非政府组织所承担的所有食品标准工作之间的协调。食品法典已经成为消费者、食品生产者和加工者、各国食品管理机构和国际食品贸易的重要参照标准。

5.1.2 国际食品法典委员会

5.1.2.1 CAC的组织机构与职能

国际食品法典委员会由联合国粮食及农业组织和世界卫生组织于1962年联合成立，旨在建立一套食品安全和质量的国际标准、食品加工规范和准则，以保护消费者健康，促进国际食品公平贸易。

截至2023年，CAC已拥有188个成员国和1个成员国组织（欧盟），其成员国覆盖了世界人口的99.5%。CAC大会每两年召开一次，在罗马和日内瓦轮流举行。

CAC的组织机构包括执行委员会、秘书处、一般问题委员会、商品委员会、政府间特别工作组和地区协调委员会。法典委员会系统的程序规定，委员会成立两类分支机构：一类是法典工作委员会，负责标准草案的准备和呈交工作；另一类是法典协调委员会，负责协调区域或成员国间在该地区的食品标准，包括制定和协调地区标准。

CAC 的主要工作由其分委员会和其他分支机构来完成。负责标准制定的两大委员会分别是食品添加剂、污染物、食品标签、食品卫生、农药兽药残留、进出口检验和出证体系、分析和采样方法等一般专题委员会和鱼、肉、乳、油脂、水果、蔬菜等商品委员会。这两类委员会分别制定食品标准，并以“食品法典”的形式向所有成员国发布。地区性法典协调委员会负责与本地区利益相关的事宜，解决本地区存在的特殊问题。目前，已有欧洲、亚洲、非洲、北美及西南太平洋、中东、拉丁美洲和加勒比地区等地区性法典协调委员会。

在法典委员会的 28 个专业分委会中，8 个一般问题委员会的影响力最大。这些委员会与科研机构紧密配合，共同制定各类通用标准和推荐值，它们分别是食品卫生(美国)、食品标签(加拿大)、食品添加剂和污染物(荷兰)、兽药残留(美国)、分析方法和采样(匈牙利)以及进出口食品检验和认证体系(澳大利亚)委员会。

CAC 是《实施卫生与植物卫生措施协定》中指定的 SPS 措施领域的协调组织之一，承担着协调各成员在食品安全领域中的技术法规、标准制定工作的任务。CAC 为成员国和国际机构搭建了交流食品安全与贸易问题的信息平台，通过制定基于科学基础的食品标准、准则、操作规范及其他相关建议，推动食品贸易发展，保障消费者权益。其主要职能为以下几种。

①保护消费者健康，确保公平的食品贸易。

②促进国际组织、政府和非政府机构在制定食品标准方面的协调一致。

③通过或借助适当的组织，确定优先开始或指导草案标准的制定工作。

④将那些由其他组织制定的国际标准纳入 CAC 标准体系。

⑤根据制定情况，适时审查后修订已发布的标准。

5.1.2.2　CAC 的工作方式与程序

CAC 的主要工作通过执行委员会下属的三个法典委员及其分支机构开展。

(1)产品法典委员会　食品及食品类别的分委会负责垂直管理各种食品。

(2)一般法典委员会　处理与各种食品、各个产品委员会都有关的基本领域中的特殊项目，包括食品添加剂、农药残留、标签、检验和出证体系以及分析和采样等方面。

(3)地区法典委员会　负责处理区域性事务。

CAC 标准制定的工作程序包括 8 个步骤：制定新的标准计划；起草标准草案；征求成员国或有关国际组织的意见；CAC 分委会审议标准草案及反馈意见；CAC 委员会审议已经取得的进展，并就最后审议达成一致意见；再次征求成员国或有关国际组织的意见；CAC 分委会再次审议标准草案及反馈意见；标准的审议、批准、公布。对于某些紧急的特殊标准，CAC 可以采取加速程序，省略步骤，再次征求成员国或有关国际组织的意见；CAC 分委会再次审议标准草案及反馈意见。CAC 标准制定程序强调与成员国或国际组织的交流，以此确保标准的科学性和公正性。

5.1.3 国际食品法典

5.1.3.1 《食品法典》的定义

《食品法典》是为在国际食品和农产品贸易中为消费者提供更高水平的保护，并促进更公平交易活动而制定的一系列食品标准及相关规定。

5.1.3.2 《食品法典》的范围

《食品法典》以统一形式汇集了国际上已采用的全部食品标准，包括所有向消费者销售的加工、半加工食品或食品原料的标准以及食品卫生、食品添加剂、农药残留、污染物、标签及说明、采样与分析方法等方面的通用条款及准则。此外，《食品法典》还包括食品加工卫生规范和其他推荐性措施等指导性条款。

5.1.3.3 《食品法典》的性质

《食品法典》包括对食品的各种要求，旨在保障消费者获得完好、卫生、不掺假且标识正确的食品。所有食品法典标准均根据标准格式制定，并在适当条款中列出各项指标。一个国家可根据其领土管辖范围内销售食品的现行法令和管理程序，以“全部采纳”“部分采纳”和“自由销售”等几种方式采纳法典标准。

《食品法典》汇集了各项法典标准、各成员国或国际组织的采纳意见以及其他各项通知等内容，但《食品法典》不能代替各国法规。各国应采用互相比较的方式，总结法典标准与国内有关法规的实质性差异，并积极采用法典标准。

5.1.3.4 《食品法典》取得的成效

(1)成为唯一的国际参考标准　《食品法典》已成为全球消费者、食品生产加工者、各国食品管理机构以及国际食品贸易唯一且最重要的基本参照标准。该法典对食品生产加工者的观念以及最终消费者的意识已产生巨大影响，其影响遍及世界各地，为保护公众健康、维护公平食品贸易做出了不可估量的贡献。联合国粮农组织和世界卫生组织更是坚持不懈地致力于推动 CAC 所鼓励的食品相关科学技术的研究和讨论。正因为如此，国际社会对食品安全和相关事宜的认知已提升到前所未有的高度，在相关食品标准方面，《食品法典》也成为唯一且最重要的国际参考标准。

(2)得到国际和各国政府的认同　在全球范围内，随着广大消费者和多数政府对食品质量安全问题的认识不断提高，人们充分认识到选择好安全食品的必要性。消费者普遍要求政府通过立法来确保食品质量安全，规定只有符合质量安全标准的食品才能销售，同时要求政府制定食品中危害因素的最低限量。总之，通过对法典标准的详述及相关决策的考量，食品法典委员会实质上促使各国政府将食品质量安全问题提上议事议程，使其意识到如果不能满足消费者对食品安全的要求而可能产生的政治影响。

(3)增强对消费者的保护　CAC 工作的最基本准则已得到社会的广泛支持，人们有权利要求他们所食用的食品安全且高质量。1995 年，联合国大会的《保护消费者准则》声明，在制定食品相关政策和计划时，政府应考虑所有消费者对食品安全的需求，并应支持和尽可能地采纳联合国粮食及农业组织/世界卫生组织的食品法典标准。CAC通过主办一些国际会议和专业会议发挥了重要作用,这些会议本身也影响着委员会的工作。这些会议包括联合国大会、联合国粮农组织/世界卫生组织关于食品标准、食品中化学物质残留和食品贸易会议(同关税和贸易总协定合办)、联合国粮农组织/世界卫生组织关于营养的国际大会以及联合国粮农组织世界食品高峰会议。近几年,参加过这些国际性会议的各国代表均鼓励或承诺本国家采取确保食品质量安全的措施。

(4)促进社会组织的广泛参与　国际食品法典委员会推动了法典本身的发展。由于科研的持续发展和新产品的不断开发,制定食品法典已成为一项越来越艰巨的任务。食品标准的最终确定并编入法典,必须可靠且权威。制定食品标准的目的就是要保护消费者,确保并促进公平的食品贸易和其他贸易,这需要食品科技专家、消费者组织、食品加工和销售企业、食品监督机构人员以及贸易商共同努力。

5.1.3.5 《食品法典》的构成

国际食品法典委员会作为全球唯一的一个在食品安全领域的国际标准组织,一贯致力于在全球推广食品安全理念和知识,关注并加强对消费者的保护,消除国际贸易中的不平等行为。《食品法典》包括分配给消费者所有主要食品(加工、半加工食品)标准,涉及食品卫生、食品添加剂、农药残留、兽药残留、污染物、标签及说明、采样及分析方法等方面的通用条款及准则。此外,《食品法典》还包括食品加工的卫生规范和其他推荐性措施等指导性条款。

《食品法典》体系可分为通用标准和专用标准两大类。通用标准包括通用的技术标准、法规和良好规范等,由一般专题委员会负责制定;专用标准是针对某一特定或某一类别食品的标准,由各个商品委员会负责制定。

《食品法典》按具体内容可分为商品标准、技术规范、限量标准、分析与取样方法、一般导则及指南五大类。商品标准是指某一具体商品的质量标准;技术规范涉及具体的商品技术或卫生操作规范;限量标准是指有具体限量指标值的标准;分析与取样方法包括所有与分析有关的标准;一般导则及指南是指某一类食品或某一方面的指导性或原则性标准。

各卷总体包括了一般原则、一般标准、定义、法典、货物标准、分析方法和推荐性技术标准等内容,每卷所列内容都按一定顺序排列,以便参考。《食品法典》各卷标准分别用英文、法文和西班牙文出版。

5.1.3.6 《食品卫生通则》

《食品卫生通则》(CAC/RCP1-1969,Rev. 4—2003)包括《HACCP体系及其应用准则》,由CAC在1997年制定,1999年修订,《HACCP体系及其应用准则》于2003年修订。

(1)《食品卫生通则》制定目的　明确用于整个食品链(包括从初级生产到最终消费的整个过程)的基本卫生准则,以达到保障食品安全和适宜消费的目的;推荐采用基于HACCP的方法作为提高食品安全性的手段;说明应如何贯彻执行这些原则;为专用规范提供指导,可能是针对食品链某一环节的需要,如生产加工过程或零售商品等,从而强化该环节的卫生要求。

(2)《食品卫生通则》的应用范围　按照食品从初级生产到最终产品消费的食品链来制定，规定了食品生产必须具备必要的卫生条件，以生产安全且适合消费的产品，也为某些特殊环节应用的其他细则的制定提供了一个基本框架。在具体应用时，应结合《HACCP 体系及其应用准则》的内容及其他特定的卫生操作规范，必要时还要结合有关微生物标准准则。《食品卫生通则》提及的控制措施是国际公认的重要方法，是确保食品安全性和可食用性的必要的手段。

(3)《HACCP 体系及其应用准则》　HACCP 建立在科学和系统的基础上，是一种针对特定危害进行识别的控制方法，可确保食品的安全性。HACCP 是一种评估危害和建立控制体系的工具，旨在建立以预防为主，而不是依靠最终产品检验的控制体系。任何 HACCP 体系都具有适应变化的能力，如设备设计、加工方法或技术开发等方面取得进步时也能适用。

在将 HACCP 应用于食品链任何环节之前应依据《食品法典 · 食品卫生总则》中的操作规范以及适用的食品安全法规来运行，这是有效实施 HACCP 体系的必要条件。在危害鉴别、评估以及随后设计和应用 HACCP 体系的过程中，既要考虑原料、辅料、食品制作操作规范、控制危害的加工工序的作用等，又要考虑产品的最终使用目的、有关消费者种类以及与食品安全有关的流行病学依据。

HACCP 的成功应用需要管理层和所有生产者全面承诺并参与。HACCP 的实施还需要多方面的知识应用，包括农学、兽医、生产、微生物学、医学、公共卫生、食品工艺、环境卫生、化学和工程等领域的经验。HACCP 体系与其他质量管理体系（如 ISO 9000 系列）是兼容的，在这些食品安全管理系统中，HACCP 体系是优选系统。

5.2　国际标准化组织

5.2.1　国际标准化组织的概况

国际标准化组织（International Organization for Standardization，ISO）是目前世界上最大、最具权威的非政府性标准化专门机构，也是全球最大的国际标准制定和发行机构。国际标准化活动最早开始于电子领域，于 1906 年成立了最早的国际标准化机构——国际电工委员会（International Electrotechnical Commission，IEC）。其他技术领域的工作原先由成立于 1926 年的国家标准化协会的国际联盟（International Federation of the National Standardizing Associations，ISA）承担，重点聚集于机械工程方面。ISA 的工作由于第二次世界大战于 1942 年停滞。1946 年 10 月，来自 25 个国家标准化机构的代表在伦敦召开会议，讨论国际标准化的发展趋势，并决定成立一个新的国际标准化机构，命名为 ISO。ISO 来源于希腊语“ISOS”，即“EQUAL”平等之意。大会确定总部设在瑞士的日内瓦，并起草了 ISO 的第一个章程和议事规则。1947 年 2 月 23 日，国际标准化组织（ISO）正式成立。

ISO 宗旨是在世界范围内促进标准化工作的开展，以利于国际物资交流和互助，并扩大知识、科学、技术和经济方面的合作。其主要任务是制定国际标准，协调世界范围内的标准化工作，与其他国际性组织合作研究有关标准化问题。

5.2.2 国际标准化组织的组织结构

ISO 的组织结构包括全体大会、理事会、中央秘书处、技术管理局（委员会）、政策发展委员会、常务委员会等。

ISO 的组织机构分为非常设机构和常设机构。全体大会是 ISO 的非常设机构，全体大会召开时，所有 ISO 团体成员、通信成员、与 ISO 有联络关系的国际组织均派代表与会。大会的主要议程包括年度报告中涉及的有关项目的活动情况、ISO 的战略计划以及财政情况等。自 1994 年开始根据 ISO 新章程，ISO 全体大会改为一年一次，理事会是 ISO 常务领导机构。理事会下设 8 个工作委员会，包括执行委员会、技术委员会、合格评定委员会、消费者政策委员会、发展委员会、情报委员会、标准样品委员会、标准化管理委员会。其中技术委员会是 ISO 的标准制定机构，根据专业性质设定，各技术委员会根据工作需要下设若干技术委员会分会，现有 218 个技术委员会（Technical Committee，TC）和 600 多个分技术委员会（Subcommittee，SC），如 ISO/TC 34 是农产食品专业技术委员会分会，ISO/TC 176 是质量管理专业技术委员会分会等。

5.2.3 国际标准化组织的食品标准

国际标准化组织在食品标准化领域的活动，包括术语、分析方法和取样方法、产品质量和分级、操作、运输和贮存要求等方面。

（1）术语　术语和定义协议可视为国际标准化活动的首要要求，它确保所有相关组织都讲一致的语言。目前，许多国家采用了 ISO 标准词汇，并译成了其他语言。它有助于在全球范围内促进一致性，也更便于理解。

（2）分析方法和取样方法　物品和服务交换的先决条件是要有检验质量认可的分析方法和取样方法。要求国际标准具有质量测定——确定即将出售的产品质量；质量保证——验证交易的产品质量符合合同的有关协议条款；质量控制或管理——有关显著的变化、深加工或调整、调配等，以保证或改善质量，符合市场需要。

（3）产品质量和分级　每类产品都应有一个标准，用以充分和明确地判定或描述产品质量，从而使国际贸易更加便利。

（4）操作、运输和贮存要求　由 ISO 制定的产品标准包括了相关物品的操作、运输和贮存规定。同时 ISO 还有专门的技术委员会涉及包装和物品操作的标准化以及地面、空中和水上运输和集装箱化。

ISO 的食品标准主要由 ISO/TC 34 农产品、食品类，包括 14 个分支标准委员会及 4 个相关的技术委员会（TC），加上若干 ISO 指南及其他与食品实验室工作有关的标准分委员会组成，见表 5-1。与食品技术相关的标准，绝大部分由 ISO/TC 34 制定，少数标准由 ISO/TC 93 淀粉（包括衍生物和副产品）、TC 47 化学和 TCS 铁管、钢管和金属配件技术委员会制定。

表 5-1 与食品技术相关的 ISO 标准

类别	标准号	产品
TC 34 农产食品	TC 34/SC2	油料种子和果实
	TC 34/SC3	水果和蔬菜制品
	TC 34/SC4	谷物和豆类
	TC 34/SC5	乳和乳制品
	TC 34/SC6	肉和肉制品
	TC 34/SC7	香料和调味品
	TC 34/SC8	茶叶
	TC 34/SC9	微生物
	TC 34/SC10	动物饲料
	TC 34/SC11	动物和植物油脂
	TC 34/SC12	感官检验
	TC 34/SC13	脱水和干制水果和蔬菜
	TC 34/SC14	新鲜水果和蔬菜
	TC 34/SC15	咖啡
其他	TC 93	淀粉
	TC 147	水质量
	TC 47	化学
	TC 54	芳香油
	TC 69	统计方法的应用
	ISO-REMCO	关于标准物商讨
	ISO-指南 25	关于分析质量保证
	ISO/IEC17025:2017	测试和校准实验室能力的一般要求

5.2.4 国际标准化组织管理体系标准

5.2.4.1 ISO 9000 质量管理体系

1. ISO 9000 族标准产生的背景

20 世纪 50 年代末，美国发布了 MIL-Q-9858A《质量大纲要求》，成为世界上最早的有关质量保证标准。美国政府在采购军品时，不但提出了对产品特性的要求，还要求供应商按照《质量大纲要求》建立和实施质量保证体系。

20 世纪 70 年代初，借鉴军用质量保证标准的成功经验，美国国家标准学会(American National Standards Institute，ANSI)和美国机械工程师学会(American Society of Mechanical Engineers，ASME)分别发布了一系列有关原子能发电和压力容器生产方面的质量保证标准。20 世纪 70 年代末，一些发达国家纷纷借鉴美国经验，制定并发布了用于民用产品生产的质量管理和质量保证标准。

随着各国经济的相互合作和交流，对供方质量体系的审核逐渐成为国际贸易和国际合作的需求。世界各国先后发布了一些关于质量管理体系及审核的标准。然而，由于各国实施的标准不一致，给国际贸易事业带来了障碍，质量管理和质量保证的国际化成为当时世界各国的迫切需要。

国际贸易组织（WTO）于 1979 年通过了《技术性贸易壁垒协定》（TBT 协定）。协议条文中的一条重要原则是：为消除贸易壁垒，在实施包括检验、认证、认可等合格评定程序时，都要优先使用国际标准。激烈的市场竞争以及国际经济贸易事业的发展加速了 ISO 9000 族标准的产生和发展。

顾客要求产品具备满足其需求和期望的特性，这些需求和期望在产品规范中要表述清楚。若提供产品的组织的质量管理体系不完善，那么即便有规范，也不能保证产品始终满足顾客的需要。因此，这方面的关注也促使了质量管理体系标准的产生。

国际标准化组织（ISO）于 1979 年成立了质量管理和质量保证技术委员会（TC176），负责制定质量管理和质量保证标准。ISO 先后发布了 ISO 8402：1994《质量—质量管理和质量保证》、ISO 9000：2015《质量管理体系—基础和词汇》、ISO 9001：2015《质量管理体系—要求》、ISO 9002：1994《质量体系—生产和安装的质量保证模式》、ISO 9003：1994《质量体系—最终检验和试验中的质量保证模型》、ISO 9004：2018《质量管理—组织质量—实现持续成功指南》等标准，统称为 ISO 9000 系列标准。

ISO 9000 系列标准的颁布使各国的质量管理和质量保证活动统一在 ISO 9000 族标准的基础之上。该系列标准总结了工业发达国家先进企业的质量管理的实践经验，统一了质量管理和质量保证的术语和概念，在推动组织的质量管理、实现组织的目标、消除贸易壁垒、提高产品质量和顾客的满意程度等方面产生了积极的影响，得到了世界各国的普遍关注和采用。

2. ISO 9000 族标准的构成

ISO 9000 族标准由 ISO/TC 176（国际标准化组织质量管理和质量保证技术委员会）制定。该族标准可帮助组织实施并有效运行质量管理体系，是质量管理体系通用的要求或指南。它不受具体行业或经济部门限制，可广泛适用于各种类型和规模的组织，有助于在国内和国际贸易中促进相互理解和信任。

ISO 9000 标准系列实施后，在取得成绩的同时，根据反馈的信息，发现存在不少需要改进之处。1990 年 ISO/TC 176 决定对 1987 版的 6 项标准进行修订，发布了 1994 版标准。后来在总结 1994 版标准的基础上，正式提出了质量管理八项原则，作为 ISO 9000 族标准设计和修订的依据，并进行了重大修订，形成 2000 版 ISO 9000 族标准。自 2012 年开始，随着国际经济秩序的变化和质量管理日新月异的要求，ISO/TC 176 再次提出制定新版标准的修订目标和设计规范，以期形成统一管理体系标准结构框架，便于各类管理体系的整合。现行 ISO 9000 族标准的构成如表 5-2 所列。

表 5-2 ISO 9000 族标准的构成

核心标准	
ISO 9000	质量管理体系—基础和词汇
ISO 9001	质量管理体系—要求
ISO 9004	质量管理—组织质量—实现持续成功指南
ISO 19011	管理体系审核指南
支持性标准和文件	
ISO 10001	质量管理—顾客满意—组织行为规范指南
ISO 10002	质量管理—顾客满意—组织处理投诉指南
ISO 10003	质量管理—顾客满意—组织外部争议解决指南
ISO 10004	质量管理—顾客满意—监视和测量指南
ISO 10005	质量管理—质量计划指南
ISO 10006	质量管理—项目质量管理指南
ISO 10007	质量管理—技术状态管理指南
ISO 10008	质量管理—顾客满意—企业对消费者的电子商务交易指南
ISO 10012	测量管理体系—测量过程和测量设备的要求
ISO 10014	质量管理—实现财务和经济效益指南
ISO 10015	质量管理—培训指南
ISO/TR 10017	ISO 9001 统计技术指南
ISO 10018	质量管理—人员参与指南
ISO 10019	质量管理体系—咨询师的选择及其服务使用的指南
ISO/TS 10020	质量管理体系—组织变革管理过程
小册子	质量管理原则
	ISO 9000 族标准选择和使用
	小型企业应用指南
	综合管理体系的使用标准

ISO 9000 族标准经过修订后，形成了一组与质量管理体系密切相关的核心标准。

ISO 9000:2015《质量管理体系—基础和词汇》，融合了当前有关质量的基本概念、原则、过程和资源的框架来准确定义质量管理体系。

ISO 9001:2015《质量管理体系—要求》，应用了以过程为基础的质量管理体系的模式，规定了建立和实施质量管理体系的要求，是 ISO 9000 族标准中唯一可用于内部和外部评价组织是否满足顾客、法律法规和组织自身要求的标准。

ISO 9004:2018《质量管理—组织质量—实现持续成功指南》，关注组织满足顾客和其他有关相关方需求和期望的能力，为实现持续成功提供了信心，旨在系统地改进组织的整体绩效，包括体系的策划、实施、分析、评价和改进等有效且高效的管理内容。

ISO 19011:2018《审计管理制度指引》,提供了管理体系审核指南,包括审核原则、审核方案的管理和管理体系审核的实施,还对参与管理体系审核过程的人员的能力提供了评价指南,这些活动包括管理审核方案、审核员和审核组的人员。

3. ISO 9001 标准简介

ISO 9001 是 ISO 9000 族标准所包括的一组质量管理体系核心标准之一。ISO 9001 质量管理体系是目前应用范围最广、发证量最多的国际标准体系,自 1987 年问世以来,在 1994 年、2000 年、2008 年、2015 年经历了四次转版,于 2015 年 9 月 15 日正式发布 ISO 9001:2015《质量管理体系—要求》。该标准为各类组织提供了通用的质量管理框架和思路,助力组织建立满足顾客和法律法规要求的产品及服务的基本信心。

ISO 9001:2015 版标准结构采用高阶结构(HLS),包括前言、引言、范围、规范性引用文件、术语和定义以及组织环境、领导作用、策划、支持、运行、绩效评价、改进等 10 章内容。与 ISO 9001:2008 版标准相比,有以下显著的变化。

①更加强化了过程方法的应用,过程方法本身已成为标准的一个要素,见图 5-1。

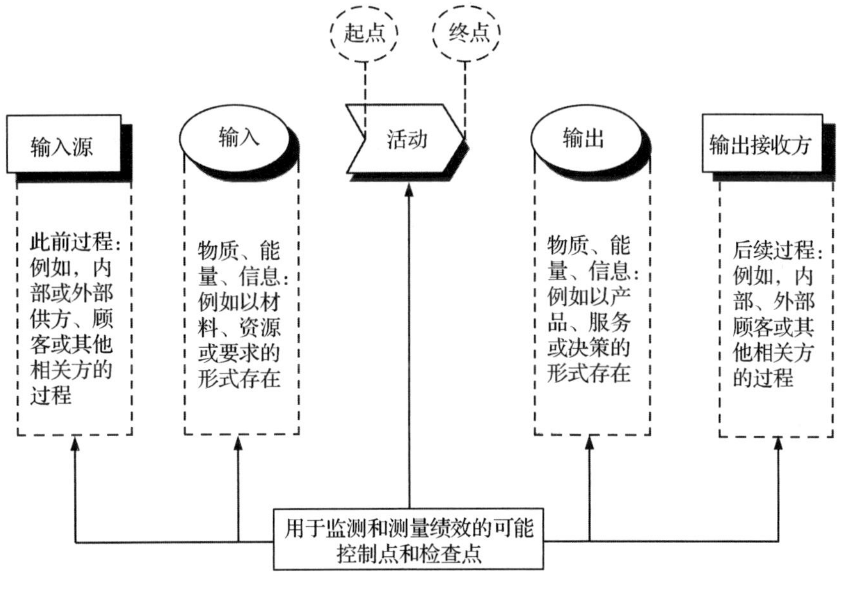

图 5-1 单一过程要素

②强调基于风险的方法运用,在 P-D-C-A 每个环节均强调了风险管理的要求,见图 5-2。

③取消了“预防措施”条款,因为整个质量管理体系本身就侧重于预防措施,风险的识别和管理体现了预防措施。

④文件化信息替代了文件和记录,不再区分文件和记录。

⑤重视相关方的要求,首次提出“供方财产的保护”。

⑥将采购和外包的控制合并为“产品和服务的外部提供控制”,体现了更加重视外包过程的控制,更加适合于服务业的应用。

⑦强调变更管理，因为有变更就有风险。

⑧取消了质量手册/文件化程序等强制性文件的要求，更加关注运作活动的结果，记录已全部用"活动结果 证据的文件化信息"代替，体系不再关注形式，而是聚焦结果。

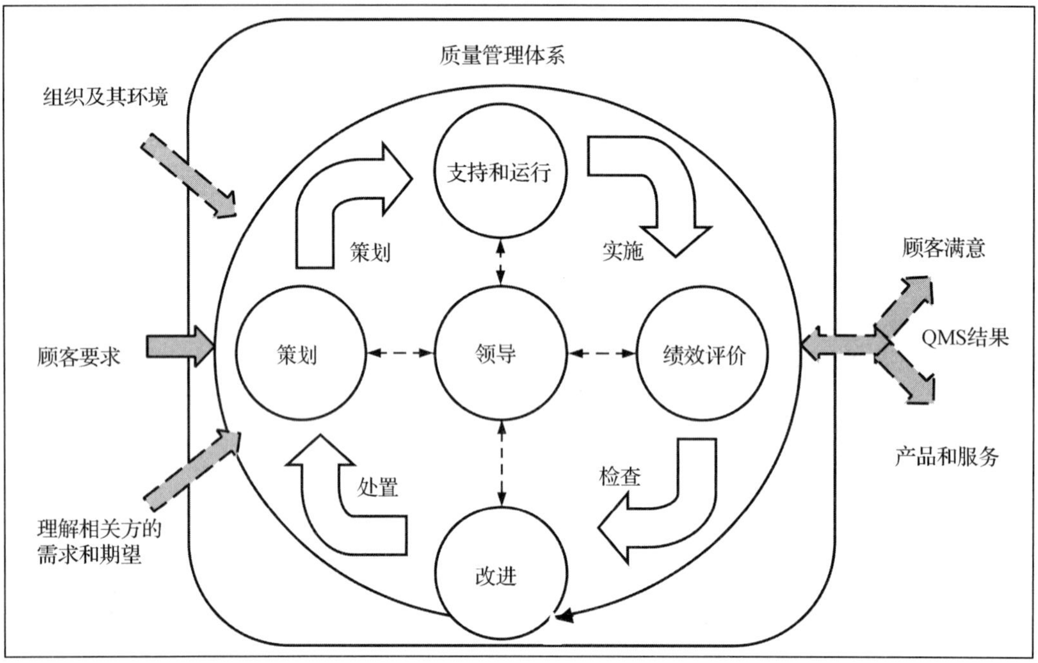

图 5-2　ISO 9001:2015 标准的基本结构适用于 PDCA 循环

5.2.4.2　ISO 14000 环境管理体系

1. ISO 14000 族标准产生的背景

1972 年，联合国在瑞典斯德哥尔摩召开了人类环境大会，并成立了一个独立的委员会，即"世界环境与发展委员会"。该委员会承担重新评估环境与发展关系的调查任务，在考证大量素材后，于 1987 年出版了"我们共同未来"的报告，这篇报告首次引入"持续发展"的概念，敦促工业界建立有效的环境管理体系。

从 20 世纪 80 年代起，美国和西欧一些公司为响应可持续发展的号召，减少污染，提升在公众中的形象以获得商品经营支持，开始建立各自的环境管理方式，这便是环境管理体系的雏形。1985 年荷兰率先提出建立企业环境管理体系的概念，1988 年试行实施，1990 年环境圆桌会议上专门讨论了环境审核问题。英国也在质量体系标准(BS 5750)基础上，制定 BS 7750 环境管理体系。英国的 BS 7750 和欧盟的环境审核实施后，欧洲许多国家纷纷开展认证活动由第三方予以证明企业的环境绩效。这些实践活动奠定了 ISO 14000 系列标准产生的基础。

1992 年，在巴西里约热内卢召开联合国环境与发展会议，会议发表了《里约环境与发展宣言》,通过了《21 世纪议程》等计划。这次大会的召开标志着全球谋求可持续发展的时代开始。各国政府领导、科学家和公众认识到要实现可持续发展的目标,就必须改变工业污染控制战略,从加强环境管理入手,树立污染预防(清洁生产)的新观念。企业通过"自我决策、自我控制、自我管理"的方式,将环境管理融入企业全面管理。

为此,国际标准化组织(ISO)于 1993 年 6 月成立了 ISO/TC 207 环境管理标准化技术委员会,正式开展环境管理系列标准的制定工作,旨在规划企业和社会团体等所有组织的活动、产品和服务的环境行为,支持全球环境保护工作。ISO/TC207 的成立一方面表明了世界都在关注环境保护,另一方面也预示着环境管理逐步走向标准化、规范化和国际化。

2. ISO 14000 族标准的构成

ISO 14000 族标准是国际标准化组织(ISO)继 ISO 9000 族标准之后推出的有关环境管理的系列标准。该系列标准由 ISO/TC 207 环境管理技术委员会制定,包括环境管理体系、环境审核、环境标志、环境行为评价、生命周期评估、术语和定义等国际环境管理领域的研究与实践的焦点问题,为各国政府及各类组织提供统一、一致的环境管理体系、产品的国际标准和严格、规范的审核认证办法,旨在规范企业和社会团体等所有组织的环境行为,以达到节省资源、减少环境污染、改善环境质量、促进经济持续、健康发展的目的。ISO 为 14000 系列标准从 14001 到 14100 共预留 100 个标准号,ISO 14000 系列标准号分配见表 5-3。

表 5-3 ISO14000 系列标准

类别	标准号	名称
SC1	14001—14009	环境管理体系(EMS)
SC2	14010—14019	环境审核(EA)
SC3	14020—14029	环境标志(EL)
SC4	14030—14039	环境行为评价(EPE)
SC5	14040—14049	生命周期评估(LCA)
SC6	14050—14059	术语和定义(T&D)
SC7	14064—14069	温室气体管理和相关活动
WG1	14060	产品标准中的环境指标

3. ISO 14001:2015 标准简介

在 ISO 14000 系列标准中,ISO 14001 环境管理体系标准最为重要,它是这一系列标准的核心,是组织建立环境管理体系和审核认证的最根本的准则。ISO 14001 标准实施的目的是帮助组织实现环境目标与经济目标的统一,支持环境保护和污染预防,这也是国际标准化组织起草和实施这一标准的根本出发点。同时该标准的实施有助于消除国际贸易中各国因环境问题而设置的非关税壁垒。

ISO 14001 标准于 1996 年进行首次发布,2004 年分别由 ISO 国际标准化组织对该标准进行了修订，目前最新版本为 ISO 14001：2015《环境管理体系—使用指导要求》，发布于2015年9月15日。其修改过程见图5-3。

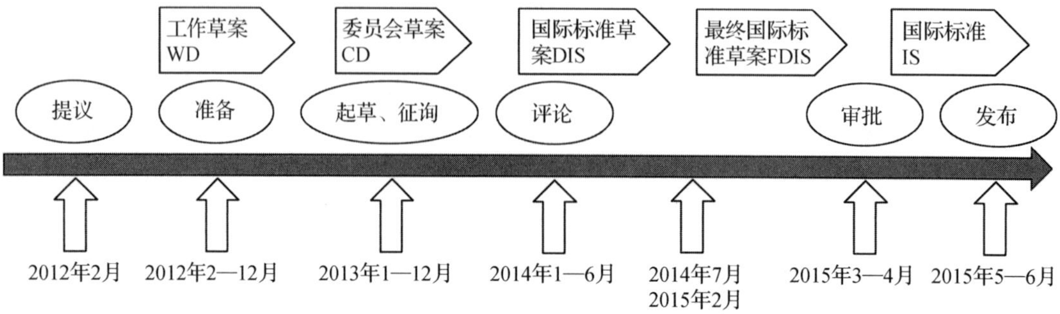

图5-3　ISO 14001:2015 标准的修改过程

ISO 14001:2015 版标准适用于任何规模、类型和性质的组织，并适用于组织基于生命周期观点所确定的其活动、产品和服务中能够控制或能够施加影响的环境因素。环境管理体系的运行模式围绕环境方针的要求展开环境管理，内容包括制定环境方针、实施并保持环境方针所要求的相关内容、对环境方针的实施情况与实现程度进行评审、予以保持等。环境管理所涉及的管理要素包括组织结构、计划活动、职责、程序、过程和资源等，ISO 14001 标准将它们系统化、结构化，提出环境管理模式。这种模式遵循了传统的 PDCA 管理模式：策划（PLAN）、实施（DO）、检查（CHECK）和改进（ACTION）。其中策划是指建立所需的环境目标和过程，以实现与组织的环境方针相一致的结果；实施是指实施所策划的过程；检查是指根据环境方针，包括其承诺、环境目标和运行准则，对过程进行监视和测量，并报告结果；改进是指采取措施以持续改进。

图5-4展示了本标准采用的结构如何融入 PDCA 模式，有助于新的使用者和现有的使用者理解系统方法的重要性。

ISO 14001:2015 版标准结构采用了高阶结构（HLS），除范围、规范性引用文件和术语外，标准正文的核心要素包括7个条款：组织所处的环境、领导作用、策划、支持、运行、绩效评价、改进。与 ISO 14001:2004 版标准比较，有以下显著的变化。

（1）提出战略环境管理的思维　ISO 14001:2015 版标准明确要求组织的环境管理体系应融入组织的战略过程的策划。标准中新增加的条款 4.1（理解组织所处的环境）和 4.2（理解相关方的需求和期望），要求从组织和环境两者的利益出发，识别并利用机遇。特别需要关注的是，与相关方的需求（包括法规要求）和期望有关的事项或变化的环境以及地区的、区域的和全球的可以影响组织或被组织影响的环境状况。一旦被确定为优先项，减少负面风险和开拓有益机遇的措施则应被融入环境管理体系运行的策划。

（2）引入"风险控制"的方案　基于风险的思维是 ISO 14001:2015 版标准的一大特点，其主要源于 HLS 中的要求。任何一个管理体系都应是一个预防性的管理工作，需在考虑风险的基础上建立。为此，2015 版标准新增条款 6.1（应对风险和机遇的措施），并且删除了

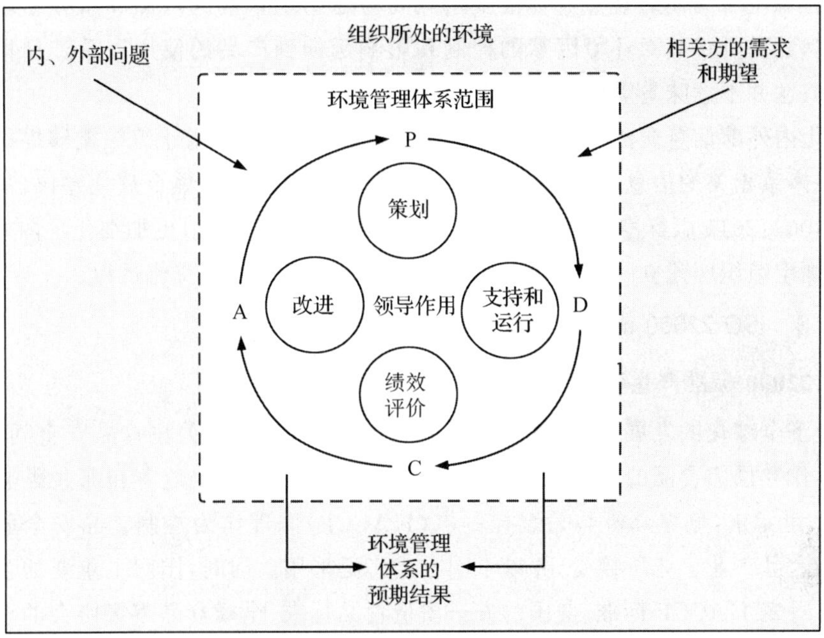

图 5-4　PDCA 与 ISO 14001 标准结构之间的关系

2004 版标准中的预防措施。在 EMS 领域，风险是指潜在的不利影响，其可能来自组织的环境因素、组织的合规义务以及组织识别的其他要求和问题(标准条款 4.1 和 4.2 条款)。

(3)强化领导作用　环境管理体系的成功实施取决于最高管理者领导下的组织各层次和职能的承诺，最高管理者的参与和承诺是成功的关键因素。为此，2015 版标准新增了条款 5.1(领导作用和承诺)，为那些处在领导岗位的人员(最高管理者)增加了特定的职责，以提高其在组织环境管理中的作用。

(4) 将“污染预防”扩展为“环境保护”　随着自然环境的不断恶化，人们对组织环境管理体系的期望发生了延伸，不仅是污染预防，更是超越污染预防，组织应有与其所处环境积极协调的意识，主动保护环境免受其活动、产品和服务所带来的损害和退化。

(5)强化提升环境绩效　环境绩效是与环境因素管理相关的绩效，不断改善组织的环境绩效应该是组织环境管理体系的重点和最终目的。因此，2015 版标准更加强调了这点，其主要体现在以下方面。

①明确了“提升环境绩效”是组织环境管理体系的预期结果之一。

②“持续改进”的定义更为简洁，明确地提出改进的对象为环境绩效。

③标准的多个条款中增加或更为明确了与环境绩效有关的要求，如 4.4(环境管理体系)、5.2(环境方针)、5.3(组织的角色、职责和权限)、9.1.1(监视、测量、分析和评价)、9.3(管理评审)、10.3(持续改进)等。

(6) 增加“生命周期观点”的要求　为防止环境因素被无意间转移到产品(服务)的其他阶段，2015 版标准引入了生命周期的概念，明确要求在环境因素确定(6.1.2)和运行控制

(8.1)时要考虑生命周期的观点。标准要求除要考虑组织采购的产品和服务中环境因素的要求外,组织还需要将其对环境因素的控制和影响延伸到产品的使用以及产品报废后的处理和处置,但这并不意味着需要进行一个全面的生命周期评价。

(7)细化内外部信息交流　信息交流是非常重要的过程,它能让组织能够提供并获得与其环境管理体系相关的信息,助力组织发现体系存在的问题及收集合理化建议,从而持续改进。ISO 14001:2015 版标准在 ISO 14001:2004 版标准的基础上,更加细化了内外部信息交流的要求,规定组织应建立一个兼顾内部交流和外部交流的信息交流过程。

5.2.4.3　ISO 22000 食品安全管理体系

1. ISO 22000 标准产生背景

随着经济全球化的发展、社会文明程度的提高,人们越来越关注食品安全问题,要求生产、制造、操作和供应食品的组织,证明自己有能力控制食品安全危害和那些影响食品安全的因素。20 世纪末,危害分析与关键控制点(HACCP)原理作为控制食品安全危害的有效工具被各国食品工业企业所接受,并以不同方式广泛采用。同时,国际上重要的食品安全管理标准还有丹麦 HACCP 标准、美国的安全质量食品标准、全球食品零售协会的全球食品安全倡议、英国零售商协会标准、法国和德国的国际食品标准以及欧洲零售商的欧洲良好农业规范等。各国繁多且不统一的标准使食品生产加工企业难以应对,妨碍了食品国际贸易的顺利进行,形成了难以逾越的“技术壁垒”。由于贸易的国际化和全球化,基于 HACCP 原理,开发一个国际标准也成为各国食品行业的强烈需求。

2001 年初,丹麦标准协会向 ISO/TC 34 食品生产秘书处提交了 ISO 22000 食品管理体系要求的提案,TC 34 的 14 个成员愿意参加 ISO 22000 食品安全管理体系要求新标准的制定工作,并建议为该标准起草成立一个工作组(ISO/TC 34/WG8)。这一标准将会与联合国有关组织已经推出的规则相协调,并与 ISO 有关导则相一致。FAO 与 WHO 联合成立的 CAC 共同参与 ISO 22000 族的开发,它负责食品卫生的危害分析与关键控制点系统,由于 ISO 与 CAC 之间紧密协作,ISO 22000 使 CAC 的 HACCP 和食品卫生通则的执行更加便利。2005 年 9 月 1 日正式发布 ISO 22000《食品安全管理》。

2. ISO 22000 族标准的构成

ISO 22000 是该标准族中的第一个文件,该标准族包括下列文件。

DIN ISO/TS 22004《食品安全管理体系—ISO 22000:2005 应用指南》。

ISO 22005:2007《饲料和食品链的可追溯性—系统设计和实施的一般原则与基本要求》。

ISO/TS 22002-1:2009《食品安全先决课程　第 1 部分:食品制造》。

ISO/TS 22002-2:2013《食品安全先决课程　第 2 部分:餐饮》。

ISO/TS 22002-3:2011《食品安全先决课程　第 3 部分:农业》。

ISO/TS 22002-4:2013《食品安全先决课程　第 4 部分:食品包装制造》。

DIN ISO/TS 22004《食品安全管理体系—ISO 22000:2005 应用指南》,为食品供应链内的各类组织提供了有用的建议。这些组织包括从饲料生产者、初级产品生产者、食品生产者、运输和仓储经营者及转包商到零售商和食品服务商,还包括设备、包装材料生产者、清洗服务商、添加剂和配料生产者等相关组织。

ISO 22000:2018 标准《食品安全管理体系—对食品链中任何组织的要求》于 2018 年 6 月 1 日已经正式发布。ISO 22000 是以 CAC 法典委员会在《食品卫生通则》附件中《危害分析及关键控制点 HACCP 体系及实施指南》为原理的食品安全管理体系标准。该标准的颁布取代了目前各国存在的大多数食品安全管理标准。中国也将 ISO 22000 转化为国家标准,并于 2006 年 3 月 1 日发布了 GB/T 22000—2006《食品安全管理体系　食品链中各类组织的要求》。

3. ISO 22000 食品安全管理体系标准简介

ISO 22000:2005《食品安全管理体系—对食品链中任何组织的要求》可作为技术性标准对企业建立有效的食品安全管理体系进行指导。这一标准可以单独用于认证、内审或合同评审,也可与其他管理体系,如 ISO 9001 组合实施。ISO 22000 采用了 ISO 9000 标准体系结构,在食品危害风险识别、确认以及系统管理方面,参照了食品法典委员会颁布的《食品卫生通则》中有关 HACCP 体系和应用指南部分。

ISO 22000:2005 的适用范围覆盖了食品链全过程,即种植、养殖、初级加工、生产制造、分销,直至消费者使用,其中也包括餐饮。此外,与食品生产密切相关的行业也可以采用这个标准建立食品安全管理体系,如杀虫剂、兽药、食品添加剂、储运、食品设备、食品清洁服务、食品包装材料等。

ISO 22000:2005 作为管理体系标准,要求组织应确定各种产品和(或)过程种类的使用者和消费者,并考虑消费群体中的易感人群;应识别非预期但可能出现以及产品不正确的使用和操作方法。一方面,通过事先对生产(经营)全过程的分析,运用风险评估方式,对确认的关键控制点进行有效的管理;另一方面,将“应急预案及响应”和“产品召回程序”作为系统失效的后续补救手段,以减少食品安全事件给消费者带来的不良影响。该标准还要求组织与可能影响其产品安全的上、下游组织进行有效的沟通,将食品安全保证的概念传递到食品链中的各个环节,通过体系的不断改进,系统性地降低整个食品链的安全风险。

①可以有效地识别和控制危害。它是指识别食品生产过程中可能发生的环节并采取适当的控制措施来防止危害发生。通过对加工过程的每一步进行监视和控制,降低危害发生的概率。

②可以有效地降低成本。传统的质量控制往往注重于最终产品的检验,但这不能达到消除食源性危害的目的。HACCP 是一种控制危害的预防性体系,也是一种用于保护食品,防止生物、化学、物理危害的管理工具。

③可以提高消费者的信任度,有助于提高食品企业的竞争力,促进贸易发展。

2015 年,ISO 22000 第一次修订,2018 年 6 月 18 日发布 2018 版新标准,ISO 22000:2018 标准采用了所有 ISO 标准通用的 ISO 高阶结构(high level structure,HLS)。由于遵

循与其他广泛应用的ISO标准(如ISO 9001和ISO 14001)相同的结构,它与其他管理体系的整合更为容易。采用HLS,带来了ISO 22000:2018中的一些变化,另外,还有一些针对食品安全管理和当前商业环境的变化,与ISO 22000:2005标准比较有明显的改变。

①标准采用高阶结构(HLS)。与其他管理体系标准结构相同,特别类似于ISO 9001:2015的标准结构,更便于各体系之间的整合,见表5-4。

表5-4　ISO 22000标准修改前后结构比较

ISO 22000:2018条款	ISO 22000:2005条款
1.范围	1.范围
2.规范性引用文件	2.规范性引用文件
3.术语和定义	3.术语和定义
4.组织的环境	4.食品安全管理体系
4.1　理解组织及其环境	—
4.2　理解相关方的需求和期望	—
4.3　确定食品安全管理体系的范围	4.1　总要求
4.4　食品安全管理体系	4.1　总要求
5.领导作用	5.管理职责
5.1　领导作用和承诺	5.1　管理承诺
5.2　食品安全方针	5.2　食品安全方针
5.3　组织的岗位、职责和权限	5.4　职责和权限 5.5　食品安全小组组长 7.3.2　食品安全小组
6.策划	—
6.1　应对风险和机遇的措施	—
6.2　食品安全目标及其实现的策划	5.2　食品安全方针
6.3　变更的策划	5.3　食品安全管理体系策划
7.支持	6.资源管理
7.1　资源	6.1　资源提供
7.1.1　总则	6.1　资源提供
7.1.2　人员	6.2　人力资源 6.2.1　总则
7.1.3　基础设施	6.3　基础设施
7.1.4　工作环境	6.4　工作环境
7.1.5　外部开发食品安全管理体系要素的控制	—
7.1.6　外部提供过程、产品和服务的控制	4.1　总要求
7.2　能力	6.2.2　能力、意识和培训
7.3　意识	6.2.2　能力、意识和培训

续表5-4

ISO 22000:2018 条款	ISO 22000:2005 条款
7.4 沟通	5.6 沟通
7.4.1 总则	5.6 沟通
7.4.2 外部沟通	5.6.1 外部沟通
7.4.3 内部沟通	5.6.2 内部沟通
7.5 成文信息	4.2 文件要求
8.运行	7.安全产品的策划和实现
8.1 运行策划和控制	7.1 总则
8.2 前提方案	7.2 前提方案
8.3 可追溯性	7.9 可追溯性系统
8.4 应急准备和响应	5.7 应急准备和响应
8.4.1 总则 8.4.2 紧急情况和事故的处理	5.7 应急准备和响应
8.5 危害控制	7.3 实施危害分析的预备步骤 7.4 危害分析 7.5 建立操作性前提方案 7.6 建立 HACCP 计划 8.2 控制措施组合的确认
8.5.1 危害分析预备步骤	7.3 实施危害分析的预备步骤
8.5.2 危害分析	7.4 危害分析 7.4.1 总则 7.4.2 危害识别和可接受水平的确定 7.4.3 危害评估 7.4.4 控制措施的选择和评估
8.5.3 控制措施和控制措施组合的确认	8.1 总则 8.2 控制措施组合的确认
8.5.4 危害控制计划(HACCP 计划/OPRP 计划)	7.5 操作性前提方案的建立 OPRP 7.6 HACCP 计划的建立
8.6 前提方案 PRPs 和危害控制计划信息更新	7.7 预备信息的更新、规定前提方案和 HACCP 计划文件的更新
8.7 监视和测量的控制	8.3 监视和测量的控制
8.8 前提方案 PRPs 和危害控制计划的验证	7.8 验证的策划 8.4.2 单项验证活动的评价
8.8.1 验证	7.8 验证的策划
8.8.2 验证活动结果的分析	8.4.3 验证活动结果的分析
8.9 不符合产品和过程的控制	7.10 不符合控制
8.9.1 总则	7.10 不符合控制
8.9.2 纠正措施	7.10.2 纠正措施

续表5-4

ISO 22000:2018 条款	ISO 22000:2005 条款
8.9.3　纠正	7.10.1　纠正
8.9.4　潜在不安全产品的处理	7.10.3　潜在不安全产品的处置
8.9.5　撤回/召回	7.10.4　撤回
9.食品安全管理体系绩效评价	—
9.1　监视、测量、分析和评价	—
9.1.1　总则	—
9.1.2　分析和评价	8.4.2　单项验证结果的评价 8.4.2　验证活动结果的分析
9.2　内部审核	8.4.1　内部审核
9.3　管理评审	5.8　管理评审
10.改进	8.5　改进
10.1　不符合和纠正措施	—
10.2　食品安全管理体系更新	8.5.2　食品安全管理体系的更新
10.3　持续改进	8.5.1　持续改进

从条款对照来看，ISO 22000 采取了 HSL 高级结构，能与 ISO 9001 更好地融合。

②基于风险的思维，特别强调运用风险评估来进行危害识别和管理。2018 版标准引言 0.3.3 保留 ISO 9001 提出的基于风险的思维，并将风险分为两个层级：一是组织层面的风险管理；二是食品安全危害控制。组织层面的风险管理其实是未来所有管理体系都要考虑的方向。风险具体表现为：战略选择错误、错过发展机会；组织结构设计不合理、机构臃肿、效率低下；资源配置不足；没有考虑相关方要求导致合作关系不紧密；人员能力不匹配；制度设计不合理；管理工具选择错误；法规考虑不充分，导致违规；等等。其可总结为系统性风险（经营性风险）和过程性风险（部门职能层面），管理这些风险所选用的工具则是多方面的。而食品安全危害控制则是指引发食品安全问题的生物、化学和物理性危害，风险表现为危害发生的概率和潜在后果的综合考量。控制这一层面的风险是食品安全管理体系的主要任务，风险管理基本遵循的是 HACCP 原则。

③强调 PDCA 过程管理方法的运用，覆盖食品安全管理全过程。我们可分两个层面来理解 PDCA。

一个层面是体系的 PDCA，包括体系策划、体系运行、体系检查和体系改进。“体系”本身是需要被管理的对象，管理“体系”比管理一个“过程”更为复杂。需要认清体系的作用（全员理解），给予体系明确的定位（需要领导明示），需要结合公司内外环境合理策划，需要领导强有力的介入（实际参与 PDCA 各环节），需要各要素被合理策划和有效执行（过程管理和人员的能力），需要对过程和体系绩效进行评价（数据分析）和不断改进，见图 5-5。

另一个层面是危害控制的 PDCA。新版的危害控制基本保留了旧版的预防控制理念，核心仍然是前提方案＋危害控制措施（HACCP 计划/OPRP 方案）的基本组合，但是新版经

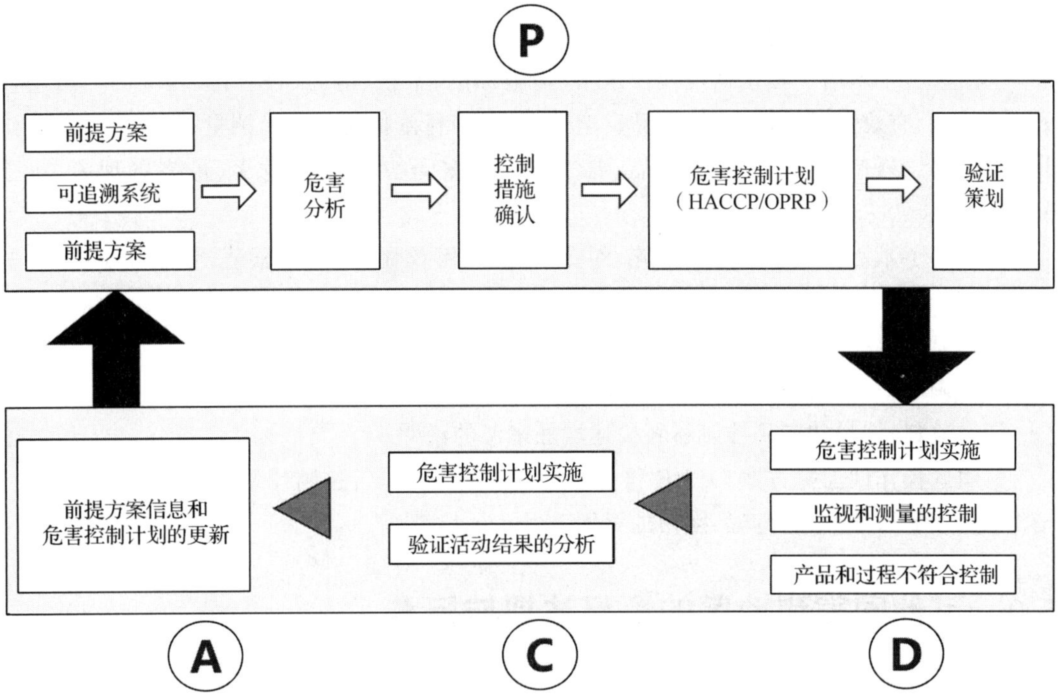

图 5-5 PDCA 与 ISO 22000:2018 标准体系结构之间的关系

过条款的调整，将旧版中措施的确认和体系的验证加以拆分，将控制措施的确认放在前面，措施实施后有效性验证放在后面，这样，总体逻辑就更清晰，也能更好地区分危害控制的 PDCA 和体系的 PDCA，见图 5-6。

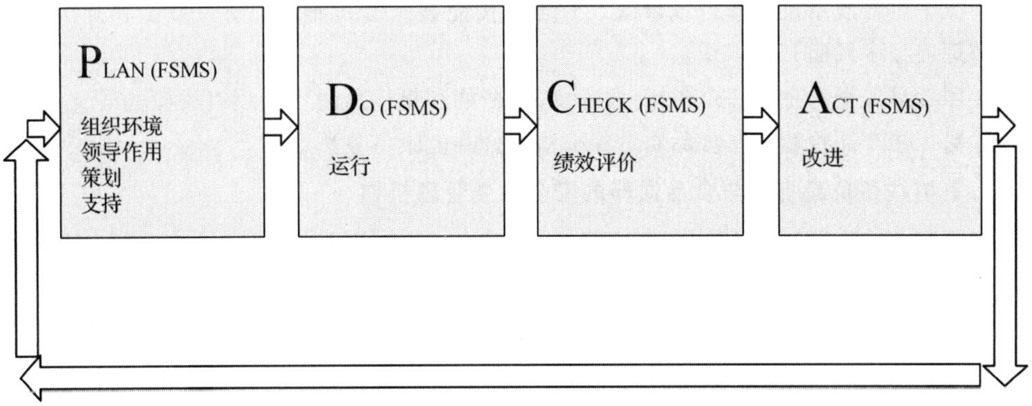

图 5-6 PDCA 与 ISO 22000:2018 标准中危害控制之间的关系

①清晰描述关键控制点（CCP）、前期方案（PRP）和操作性前提方案（OPRP）的区别与联系。

②工作环境。强调人为因素和物理因素。

③强调外包管理。重视外部组织的管理体系对组织自身食品安全的影响，包括对外部提供过程、产品和服务的控制。

④新增加了术语。其包括可接受水平、措施标准、审核、能力、符合性、污染、持续改进、文件化信息、有效性、饲料、食品、食品安全管理体系、利益相关、批次、测量、不符合、目标、组织、动物食品、外包、绩效、流程、产品、要求、风险、显著食品安全危害、最高管理者、可追溯性。

⑤修订了术语。其包括控制措施、纠正措施、关键控制点、关键限值、食品安全方针、监视、操作性前提方案、食品供应链、食品安全、食品安全危害、前提方案、确认。

⑥凸显领导在食品安全管理方面的重要性。

⑦强调对应急准备和响应程序的验证。

⑧对原料、辅料和产品接触材料描述增加来源的说明。

⑨明确操作性前提方案 OPRP 和 HACCP 计划均属危害控制计划。

⑩将产品撤回调整为产品撤回加召回。

5.3 其他国家和地区的食品法规与标准

5.3.1 美国的食品法规与标准

美国国会制定法令能保障食品供应安全，并建立全国性的保护机制。行政部门负责法令的实施，且有权颁布规章，以落实法令。美国的这些规章都会在《联邦记录》上发表，也有电子版。国会制定的法令虽然赋予管理机构很大的权力，但对其管理行为设置了限制措施。当出现需着重考量新技术、产品或健康风险时，管理机构可以有一定的灵活性，在没有新立法的情况下可对规章进行修订或修改。管理机构能够保持其先进的研究方法和分析方法，能在管理或技术层面开展工作。

美国食品安全的主要法令包括《联邦食品、药物和化妆品法》《联邦肉类检验法》《禽类产品检验法》《蛋产品检验法》《食品质量保障法》《公共健康事务法》等。

1. 美国联邦负责食品与食品原料的安全卫生管理机构

食品安全检验局(Food Safety and Inspection Service，FSIS)隶属美国农业部，负责国内和进口肉类、禽类及部分在州间流通的蛋制品的安全卫生管理，野味除外。

食品药物监督管理局(Food and Drug Administration，FDA)隶属美国卫生部，其工作范围是在州间市场流通的国内及进口食品(除肉、禽和部分蛋制品外)，还有野味、食品添加剂、动物饲料和兽药的管理。

环境保护局(Environmental Protection Agency，EPA)负责对农药生产、销售颁发许可证，并且制定食品农药、兽药残留的最大允许限量(FDA 与 FSIS 在其管辖范围内对有关商品检测农药的残留水平)，此外，EPA 还负责对水中和食源性有毒化学物制定相关条例和研究方案。

2. 疾病控制与预防中心

疾病控制与预防中心(Centers for Disease Control and Prevention,CDC)隶属美国卫生部,帮助联邦收集食源性疾病的数据,调查疾病暴发情况,监控预防和控制效果,确定预防策略,支持食源性疾病的监控和暴发后的处理工作。

美国农业部(United States Department of Agriculture,USDA)农业科学研究院(Agricultural Research Service,ARS)负责国家教育工作,确定和发展合作机构与经济研究所进行食品安全研究。

美国农业部动植物卫生检验局(U. S. Department of Agricultural's Animal and Plant Health Inspection Service,APHIS)对动植物疾病进行监控、跟踪并进行风险评估。

国家海洋渔业局(National Marine Fisheries Service,NMFS)隶属商业部进行义务性海产品检验和等级计划,以确保海产品的质量与安全(海产品加工的相关规定为 FDA 的管辖范围)。

3. 美国监控食品卫生与安全的联邦法规

美国《联邦法规》(Code of Federal Regulations,CFR)是联邦政府发布的永久性法规。美国《联邦法规》共分 50 章,涉及联邦规定的各个领域。其中与食品有关的章节主要是第 9 章"植物与动物产品"与第 21 章"食品与药品"。

5.3.2 欧盟食品法规与标准

1. 欧洲标准概述

在欧洲经济共同体建立的初期,食品安全措施构成了欧盟立法的一部分,不过,这些措施主要基于部门制定。随着各国经济在单一市场内的不断统一,农场和食品加工的发展以及新的包装与流通形式的出现,欧盟有必要制定新的综合统一措施和标准。

2002 年 2 月 21 日《欧盟食品法》生效,这是欧盟历史上首部通用食品法。欧盟新法的关键目标是建立通用定义,包括食品的定义,并制定重要的食品法指导准则及合理目标,以确保食品高度健康和安全。

欧盟委员会追求的目标是制定《欧盟食品法》,食品安全能达到最高的标准和较高的透明度,在食品政策上重新赢得消费者的信任。除建立欧洲食品安全局外,欧盟委员会的《欧盟食品法》还包括以下要素:一是确定对饲料和食品"从农田、家畜圈到消费者餐桌"的整个食品链的通则和要求,除主要概念外,特别提出普遍性的准则(即预防措施的原则、食品和饲料的可追溯性、食品和饲料的安全要求、食品和饲料企业的责任);二是规定对危及健康的保护措施(如驾驭危机、拓宽快速预警机制和处理机制,防止不安全食品和饲料的流通)。

欧洲经济共同体理事会、委员会制定并发布了一系列监管食品生产、食品进口与投放市场的卫生规范和要求,以确保食品的卫生与安全。欧盟的卫生规范要求通过欧盟官方公报以欧盟指令或欧盟决议的形式发布,通常包括以下几类。

①对动物疾病控制的规定。

②对控制食品中农、兽药物残留的规定。

③对食品生产、投放市场的卫生规定。

④对检验实施控制的规定。

⑤对第三国食品准入的控制规定。

⑥对出口国官方兽医证书的规定。

⑦对食品的官方监控规定。

2. 欧盟标准

欧洲标准和欧洲经济共同体各成员国国家标准是欧洲经济共同体标准体系中的两级标准，其中欧洲标准是欧洲经济共同体各成员国统一使用的区域性标准，对国际贸易有着重要的作用。1967 年，欧洲三个共同体执行机构合并，建立了欧洲经济共同体。为实现技术标准的统一，促进成员国之间标准化协作，欧洲经济共同体成立了欧洲标准化委员会(Comité Européen de Normalisation，CEN)。

3. 欧洲标准化委员会食品标准

欧洲标准主要有欧洲标准化委员会(CEN)、欧洲电工标准化委员会(European Committee for Electrotechnical Standardization，CENELEC)和欧洲电信标准化协会(European Telecommunications Standards Institute，ETSI)负责制定，这三个组织按照 83/189/EEC 指令被正式认可为标准化组织，分别负责不同领域的标准化工作。其中 CEN 制定标准范围最大，食品标准、卫生保健标准等就在其中。CEN 的组织体系由全体会员大会、管理局、技术局、认证局、技术委员会和管理中心构成。截至 2023 年 12 月底，CEN 共设有 250 个技术委员会，制定欧洲标准 8 500 个、协调文件 10 个、暂行标准 500 个，在欧盟各成员国的国家标准中，欧洲标准所占的比例高达 85%以上。目前，CEN 的目标是尽可能地使其制定的标准成为国际标准，欧洲标准能有广阔的前景和市场。已有 45%的 CEN 标准被 ISO 采用为国际标准。

欧洲标准有三个类型。一是欧洲标准(European Standard，EN)，由 CEN、CENELEC、ETSI 按照其标准的制定程序制定，经正式投票表决通过的标准。每一项标准正式发布实施后，各成员国必须在 6 个月内将其采用为国家标准，并撤销与该标准相抵触的国家标准，并且各成员国在本国出版欧洲标准时，对欧洲标准内容和结构不得做任何修改。二是协调文件(Harmonization Document，HD)，在制定欧洲标准遇到或成员国难以避免的偏差时，就要采用协调文件的形式。每个协调文件均必须在国家级采用，一般有两种方式：作为相关国家标准；向公众通告协调文件的题目和编号。形式虽然有别，但成员国必须废止有关与协调文件不一致的本国国家标准。三是欧洲暂行标准(European Pre-standard，ENV)，是在技术发展快或急需标准的领域临时应用的预期标准。与正式标准相比，暂行标准制定速度快，但制定的标准均是技术发展相当迅速的领域。各成员国对暂行标准也要像欧洲标准和协调文件一样对待，在暂行标准没有转化为欧洲标准前，各成员国的国家标准不必废除。

自 1998 年以来，CEN 强化了在食品领域的分析方法标准化工作，业务范围涉及辐照食品的测试方法，与食品接触的物品、微生物、转基因食品、动物饲料等，为工业、消费者和欧洲法规制定者提供了有价值的经验。欧洲食品和饲料安全问题的频频发生导致了欧洲食品安全局的诞生，CEN 在食品安全方面发挥了积极的作用，提出了欧洲食品标准化战略和措施以及意见与建议。

5.3.3 日本食品法规与标准

1. 日本进口检疫与食品卫生制度

(1)动物检疫　日本从外国进口动物，以牛、马、猪、兔等家畜及各种家禽为主。日本动物检疫的指导原则是《家畜传染病预防法》以及依据国际兽疫事务局等国际机构发布的世界动物疫情通报制定该法的实施细则(即禁止进口的动物及其产地名录)。凡属该细则规定的动物及其制品，即使有出口国检疫证明，也一概禁止入境。如牛、羊、猪等偶蹄动物，因易感染口蹄疫，日本对其进口十分警惕。日本认为，全世界仅有韩国、菲律宾、美国等 32 个国家和地区属于无口蹄疫的“清洁地区”，可以正常进口。此外，包括中国在内的 9 个国家的猪、牛、羊肉及肉制品要经过指定设备加热消毒处理后才可进口。

日本的动物检疫措施极其严格，报检和检疫周期长，增加了商品进口成本，使进口商难以承受，变相限制了动物及其产品的进口。日本进口商自海外进口动物及其产品须提前向动物检疫所申报，并附有出口国的检疫证明。一般来说，牛、马、猪等须提前 90～120 d 申报，鸡、鸭、狗等须提前 40～70 d 申报。当进口动物时，由检疫人员登船检查确认，检查无问题后，检疫所发给进口商“进口检疫证明书”，作为进口申报书的附件办理进口申报手续。

(2)植物防疫　日本进口植物防疫的指导原则是《植物防疫法》。与动物检疫类似，日本依据有关国际机构或学术界有关报告的世界植物病虫害分布情况，制定《植物防疫法实施细则》(即《禁止进口的植物及其产地名录》)。凡属日本国内没有的病虫害，来自或经过其发生国家的有关植物和土壤均严禁进口。

货物经植物防疫所检查确认无病虫害后，颁发“植物检查合格证明书”。进口商进行进口申报时，将该证明作为进口申报书的附件。禁止进口植物获得农林水产大臣特别许可方能进口。获准进口时，日本进口商须将进口许可书寄送给出口商，令其粘贴在该商品上。入境时，与一般植物同样办理检疫。对于某些仅凭进口时的检疫无法判断病虫害的植物，日本要求置于专门场所隔离栽培一定时间接受检查。

日本于 1996 年通过了新修订的《植物防疫法》，首次提出了非检疫性有害生物名录，凡是未列入这个名单的植物有害生物都是检疫性有害生物，这就大大增加了检疫性有害生物的种类，对农产品的进口限制显而易见。此外，日本还要求出口国对异常珍珠线虫、甜菜胞囊线虫、香蕉穿孔线虫、尖镰孢病菌、菜豆萎蔫病菌、西瓜果斑病菌、玉米细菌性萎蔫病菌、玉米细菌性枯萎病菌、蚕豆染色病毒和蚕豆真花叶病毒的寄主植物的繁殖材料进行产地检疫。对一些特定植物的进口，要求出口国在签发植物健康证书时说明该批货物在产地检疫时未发现植物检疫性有害生物。这一措施增加了出口商的费用和出口农产品的成本。日本把中国列为桔小实蝇、瓜果蝇、苹果蠹蛾、玉米细菌性枯萎病的疫区，中国的柑橘、苹果、葡萄、番茄、梨、桃、西瓜、南瓜、黄瓜等新鲜瓜果及种用玉米禁止输入日本。

(3)食品卫生防疫　日本的进口食品卫生检疫主要有命令检查、检测检查和免检。

命令检查即强制性检查，是指对于某些易于残留有害物质或易于沾染有害生物的食品要逐批进行100%的检查制度。

检测检查是指由卫生检疫部门根据自行制定的计划，一定时间和范围内，对不属于命令检查的进口食品进行的日常抽检，由卫生检疫部门自负费用、自行实施。若在检测检验中发现来自某国的某种食品含有违禁物质，则以后来自该国的同类食品可能需要接受命令检查。

进口食品添加剂、食品器具、容器、包装等同样需要接受卫生防疫检查。

2. 日本肯定列表制度

(1)肯定列表制度概述　"肯定列表制度"是日本为加强食品中农业化学品残留管理而采取的一项新举措，于2006年5月29日起执行。在该制度下，日本对所有农业化学品(个别豁免物质除外)在所有食品中的残留均制定了严格的限量要求：对有科学依据的物质则制定限量要求；对无科学依据的物质则一律采用0.01 mg/kg的标准；对未列出的加工食品，如干燥蔬菜、浓缩果汁等，按鲜样进行判定。

日本大部分食品(60%左右)依赖进口。目前世界上通用的农业化学品大约有700种，而日本制定限量标准的农业化学品仅有300多种(主要是在日本注册登记的农业化学品)，其余400种尚无限量要求。对于进口食品中可能含有的这部分农业化学品，日本尚无明确的监管措施，这给日本食品安全带来严重威胁。

日本近年来频频发现进口农产品中农业化学品残留超标，出现了未登记农药的违法使用情况，这使得日本消费者对食品安全极度不信任。为扭转这种局面，日本于2002年成立了直属于内阁的食品安全委员会，加强和协调相关机构对食品安全的管理。同时，农林水产省修改了相关的农药取缔法，加强对未登记农药的取缔和处罚。厚生劳动省于2003年修订了《食品卫生法》，并以该修订案为依据，在农业化学品残留管理引入"肯定列表制度"。

(2)"肯定列表制度"的主要内容　"肯定列表制度"是日本为加强食品(包括可食用农产品)中农业化学品(包括农药、兽药和饲料添加剂)残留管理而制定的一项新制度。

日本实施"肯定列表制度"的法律依据是《食品卫生法2003修订案》中的第十一条第三款。该条款可以简要表述为对于已建立最高残留限量标准的化学物质，其在食品中含量不得超过最高残留限量标准；对于未制定限量标准的农业化学品，其含量不得超过厚生劳动省确定的一律标准0.01 mg/kg，但经厚生劳动省确定的豁免物质不受该限制。根据这一条款制定的"肯定列表制度"，主要包括以下三方面的内容。

①"豁免物质"，即在常规条件下其在食品中残留对人体健康无不良影响的农业化学品。对于这部分物质，无任何残留限量要求。日本确定的豁免物质有65种，主要是维生素、氨基酸、矿物质等营养性饲料添加剂及一些天然杀虫剂。

②对于在豁免清单之外且无最大残留限量标准的农业化学品，采用"一律标准"，即其在食品中残留量不得超过0.01 mg/kg标准。

③针对具体农业化学品和具体食品制定的"最大残留限量标准"，包括以下三种类型。

A. 在所有食品中均“不得检出(not detected,ND)”的农业化学品,共 15 类 16 种。

B. 针对具体农业化学品和具体食品制定的“暂定标准”(provisional MRLs),44 552 条。

C. 未制定暂定标准但在“肯定列表制度”生效后仍然有效的现行标准,9 995 条。

(3)“肯定列表制度”与现行制度的区别 日本现行标准共计 9 325 条,仅涉及 254 种农业化学品和 165 种食品。日本现行管理制度只禁止农业化学品含量超过最大残留限量标准的食品销售,对于未制定最大残留限量标准的农业化学品残留无明确要求。因此,按照日方现行规定,对于没有制定限量标准的农兽药,即使发现某种食品中含有该物质,也允许其在日本销售。

“肯定列表制度”则覆盖了所有农业化学品和食品:有“最大残留限量标准”的遵从“最大残留限量标准”,无“最大残留限量标准”的遵从 0.01 mg/kg“一律标准”。其中已规定的最大残留限量标准数量 54 785 条,涉及的农业化学品 795 种,涉及的食品种类 256 种。因此,“肯定列表制度”比现行制度覆盖面广得多,要求也严得多。

思考题

1. 简述国际标准化组织的组织结构。
2. 简述国际食品法典体系构成。
3. 简述食品卫生通则的主要内容。
4. 简述 HACCP 体系基本原理。
5. 简述 ISO 22000:2018 标准的主要内容。

第6章

食品认证管理

6.1 概　　述

6.1.1 认证认可的基本概念

1. 认证

(1)认证的定义　认证是国际上广泛应用的合格评定活动的一种类型。根据ISO/IEC指南2:2004《标准化及相关活动　通用词汇》中的定义,认证是指由第三方对产品、过程或服务符合规定要求给出书面证明(合格证书)的程序。《中华人民共和国认证认可条例》规定,认证是指由认证机构证明产品、服务、管理体系符合相关技术规范、相关技术规范的强制性要求或者标准的合格评定活动。

(2)认证分类　按强制程度分为强制性认证和自愿性认证两种。强制性认证包括中国强制性产品认证和官方认证。中国强制产品认证又称"3C"认证,是中国国家强制要求的,对在中国大陆市场销售的产品实行的一种认证制度。无论国内生产还是国外进口,凡列入CCC目录且在国内销售的产品均需获得CCC认证,除特殊用途的产品外(符合免于CCC认证的产品)。CCC认证是由国家认可的认证机构实施的产品认证。官方认证即市场准入性的行政许可,是国家行政机关依法对列入行政许可目录的项目所实施的许可管理,凡是需经官方认证的项目,必须获得行政许可方可准予生产、经营、仓储或销售。自愿认证是某组织根据组织本身或顾客、相关方的要求自愿申请的认证。如质量管理体系认证、环境管理体系认证、HACCP认证、有机产品认证、农产品地理标志认证等在中国均为自愿认证。

按其对象可分为管理体系认证和产品认证。管理体系认证的对象是生产企业的管理体系,如食品安全管理体系、质量管理体系、环境管理体系等,体现的是企业保证产品质量安全的能力,如 ISO 9001 标准认证和 HACCP 体系认证等。产品认证的对象是特定的产品或服务,如无公害农产品、绿色食品、有机产品的认证等都属于产品认证范畴。

2. 认可

根据 1SO/IEC 指南 2:2004《标准化及相关活动　通用词汇》中的定义,认可是指权威机构对有能力执行特定任务的机构或个人给予正式承认的过程。

《中华人民共和国认证认可条例》规定,认可是由认可机构对认证机构、检查机构、实验室以及从事审核、评审等认证活动人员的能力和执业资格予以承认的合格评定活动。认可机构是由国务院认证认可监督管理部门确定,除经确定的认可机构外,其他任何单位不得直接或者变相从事认可活动。在中国,权威机构是指“中国合格评定国家认可委员会”,它是由国家认证认可监督管理委员会批准设立并授权的国家认可机构,统一负责对认证机构、实验室和检查机构等相关机构的认可工作。

中国合格评定国家认可委员会组织机构包括全体委员会、执行委员会、认证机构技术委员会、实验室技术委员会、检查机构技术委员会、评定委员会、申诉委员会、最终用户委员会和秘书处。中国合格评定国家认可委员会委员由政府部门、合格评定机构、合格评定服务对象、合格评定使用方和专业机构与技术专家等 5 个方面,总计 64 个单位组成。

6.1.2　认证认可的意义和发展历程

认证认可是国际通行的规范市场和促进经济发展的主要手段,也是企业和组织提高管理和服务水平、保证产品质量、提升市场竞争力的可靠方式之一。同时,它还是国家从源头上确保产品质量安全、规范市场行为、引导消费、保护环境、保障人民生命健康、保护国家利益和安全、促进对外贸易的重要屏障,在国家经济建设和社会发展中起着日益重要的作用,也是大多数国家对涉及安全、卫生、环保等产品的服务和管理体系进行有效监管的重要手段。在国际贸易中,一些国家和区域经济组织还将认证认可作为技术性壁垒措施,用以保护自身经济利益。

认证工作始于 1903 年,英国商人组成商业联盟联谊会的民间组织,为保持联盟品牌,确定商品标准,以“风筝”作为标志,并于 1922 年按英国商标法注册,至今在国际上仍享有较高声誉。认证制度的发展经历了两个阶段:一是以本国法规标准为依据的产品认证制度的“国家认证制”;二是多个国家之间的以区域标准为依据的“区域认证制”(如以欧洲标准为依据建立的欧洲电器产品、汽车等区域性认证制)。自 20 世纪 80 年代以来,国际标准化组织(ISO)和国际电工委员会(IEC)积极倡导和推行“国际认证制”——在全世界范围内多国参加的以国际标准为依据的一种认证制度。

国家认可制度的建立于 1985 年,最先从英国开始。在英国贸工部的授权下,成立了第一个对认证(包括产品、管理体系)机构进行认可的英国皇家认可委员会(United Kingdom Accreditation Service,UKAS)。20 世纪 90 年代,欧洲认可组织(European Accreditation,EA)、太平洋认可合作组织(Pacific Accreditation Cooperation,PAC)、亚太实验室认可合作组织(Asia Pacific Laboratory Accreditation Cooperation,APLAC)、国际认可论坛(International Accreditation Forum,IAF)、国际实验室认可合作组织(International Laboratory Accraditation Cooperation,ILAC)等区域和国际认可组织相继成立,为建立国际认可互认制度奠定了坚实的基础。其中IAF是有关国家的认可机构及相关利益方自愿参加的国际性多边认可合作组织,是一个在全球范围内得到普遍认同的国际性组织。

中国的认证工作始于20世纪70年代末80年代初。1991年5月,国务院颁布了《中华人民共和国产品质量认证管理条例》,标志着中国产品质量认证工作步入法治化轨道。1993年,中国等同采用了ISO 9000系列标准,建立了符合国际惯例的认证制度。2001年8月,国务院组建国家认证认可监督管理委员会,授权其统一管理、监督和综合协调全国认证认可工作,并于2003年9月3日公布了《中华人民共和国认证认可条例》,同年11月1日起实施;2016年2月6日根据《国务院关于修改部分行政法规的决定》进行第一次修订,2020年11月29日根据《国务院关于修改和废止部分行政法规的决定》进行第二次修订。

6.1.3 认证认可的法律依据

认证认可涉及的法律主要包括认证认可、质量、计量及检验检疫等相关法律,如《中华人民共和国食品安全法》《中华人民共和国农产品质量安全法》《中华人民共和国产品质量法》《中华人民共和国国境卫生检疫法》《中华人民共和国进出境动植物检疫法》《中华人民共和国进出口商品检验法》《中华人民共和国认证认可条例》《安全生产许可证条例》等;涉及的行政法规主要包括《强制性产品认证管理规定》(国家质量监督检验检疫总局令 第117号)、《强制性产品认证标志管理办法》《认证证书和认证标志管理办法》(国家质量监督检验检疫总局令 第162号)、《认证机构、检查机构、实验室取得境外认可机构认可备案管理办法》《良好实验室规范(GLP)及评价程序的有关文件》《有机产品认证管理办法》(国家质量监督检验检疫总局令 第155号)、《食品检验机构资质认定管理办法》(国家质量监督检验检疫总局令 第165号)、《强制性产品认证机构、检查机构和实验室管理办法》(国家质量监督检验检疫总局令 第65号)、《检验检测机构资质认定管理办法》(国家质量监督检验检疫总局令 第163号)等。这些法律法规、部门规章和行政规范性文件为建立全国统一、内外一致的认证认可工作体制提供了政策和法律保障。

6.1.4 中国的认证认可机构

认证机构是指对产品、服务、管理体系按照相关技术法规、相关技术规范的强制性要求或标准进行合格评定活动的机构。在中国境内从事与认证有关经营性活动的机构必须得到国家认证认可监督管理委员会的批准,并依法取得法人资格后,方可从事批准范围内的认证活动。未经批准,任何单位和个人不得从事认证活动。认证机构分为分支机构、分包认证机构和办事机构三种。

分支机构是指认证机构在其法人登记依据之外设立的从事认证经营活动的机构,分支机构不具有独立的法人资格。分包认证机构是指分包其他认证机构认证业务的机构，具有独立法人资格。办事机构是指认证机构在法人登记依据之外设立的，用于从事其经营范围内的业务联系、市场调研、技术交流等业务活动的机构，且不得从事认证经营性活动。境外认证机构在中国设立的代表机构属于该类机构。

《中华人民共和国认证认可条例》规定，取得认证机构资质应当符合下列条件：取得法人资格；拥有固定的场所和必要的设施；具备符合认证认可要求的管理制度；注册资本不得少于人民币 300 万元；拥有 10 名以上相应领域的专职认证人员。从事产品认证活动的认证机构，还应具备与相关产品认证活动相适应的检测、检查等技术能力。

1. 国家认证认可监督管理委员会

中国国家认证认可监督管理委员会（中华人民共和国国家认证认可监督管理局）(Certification and Accreditation Administration of the People's Republic of China，CNCA）由国务院决定组建并授权，履行行政管理职能，统一管理、监督和综合协调全国认证认可工作的主管机构。从组织机构上看，CNCA 直属部门有办公室、机关党委、政策与法律事务部、认可监管部、认证监管部、注册管理部、实验室与检测监管部、国际合作部、财务管理部、科技与标准管理部；CNCA 的直属单位有国家认监委机关服务中心、国家认监委信息中心及国家认监委认证认可技术研究所；CNCA 的管理单位有中国认证认可协会、中国合格评定国家认可中心、中国信息安全认证食品标准与法规中心、中国检验认证（集团）有限公司等。

2. 中国合格评定国家认可委员会

中国合格评定国家认可委员会（China National Accreditation Service for Conformity Assessment，CNAS）根据《中华人民共和国认证认可条例》，由 CNCA 批准设立并授权，于 2006 年 3 月 31 日正式成立，负责统一对认证机构、实验室和检验机构等相关机构进行认可工作。

CNAS 的组织机构包括全体委员会、执行委员会、认证机构专门委员会、实验室专门委员会、检验机构专门委员会、评定专门委员会、申诉专门委员会、最终用户专门委员会和秘书处。

中国已加入认证认可领域全部 20 个国际或区域合作组织，全方位参加了 9 个国际检测认证多边互认体系，并签署了 4 个国际和区域认可多边互认协议。中国颁发的认证认可证书、检测报告成为多个国家市场准入的凭证。

6.2　食品安全管理体系认证

6.2.1　ISO 22000:2018 食品安全管理体系认证

食品安全与食品消费时安全危害的存在状况有关。由于食物链的任何环节均可能引入食品安全危害，所以应对整个食物链进行充分控制。采用食品安全管理体系是组织的一项战略决策，有助于提高食品安全的整体绩效。组织实施食品安全管理体系的潜在益处是：稳定提供满足顾客要求以及适用法律法规要求的安全食品、产品和服务的能力；有效应对与组织目标相关的风险；证实符合规定的食品安全管理体系要求的能力。

为规范食品安全管理体系认证工作，根据《中华人民共和国食品安全法》《中华人民共和国认证认可条例》《认证机构管理办法》等法律法规，制定《食品安全管理体系认证实施规则》(CNCA-N-007:2021)。该规则规定了从事食品安全管理体系认证的认证机构实施认证的程序与管理的基本要求，是认证机构从事认证活动的基本依据。在中华人民共和国境内从事食品安全管理体系认证活动的认证机构应遵守本规则。

认证程序包括认证申请、认证受理、签订认证合同、审核方案和审核策划、现场审核、认证决定等。为验证危害分析的输入持续更新、危害水平处于确定的可接受水平之内、操作性前提方案计划和 HACCP 计划得以实施且有效，特别是产品的安全状况等情况，适用时在现场审核或相关过程中需要对认证范围内覆盖的产品进行抽样验证，以验证产品的安全性。

认证机构可根据有关指南、标准、规范或相关要求策划安全性验证活动。安全性验证可采用以下三种方式。

①委托具备相应资质能力的检测机构完成。

②由现场审核人员进行风险评估，现场见证认证委托人实施的产品安全性检验。

③由现场审核人员确认并收集 12 个月内由具备资质的第三方检验检测机构出具的检验报告。当认证机构认为检验项目不足以验证产品的安全性时，应采取相应的处理措施。

6.2.2 危害分析与关键控制点体系认证

危害分析与关键控制点体系(HACCP)是指对食品加工、运输以及销售整个过程中的各种危害进行分析和控制，从而保证食品达到安全。

危害分析和关键控制点由食品的危害分析(hazard analysis，HA)和关键控制点(critical control point，CCP)两部分组成。运用食品加工、食品微生物学、食品质量控制和危害评价等有关原理和方法，对食品原料直至最终产品等全过程实际存在的潜在性危害进行分析判断，找出影响最终产品质量的关键控制环节，并采取相应控制措施防止危害的发生，确保食品在生产、加工、制造、准备和食用等过程中的安全。

HACCP 作为一个系统化的方法，不是依赖对最终产品的检测来确保食品的安全，而是将食品安全建立在对加工过程的控制上，以防止食品产品中的可知危害或将其减少到一个可接受的程度。

2002 年，由国家认证认可监督管理委员会先后发布了《食品生产企业危害分析与关键控制点(HACCP)管理体系认证管理规定》和关于在出口罐头、水产品、肉及肉制品、速冻蔬菜、果蔬汁、速冻方便食品等 6 类出口食品企业开展强制性 HACCP 体系认证的规定。

2009 年，国家质检总局、国家标准化管理委员会共同颁布了 GB/T 27341—2009《危害分析与关键控制点(HACCP)体系　食品生产企业通用要求》，该标准旨在以科学性和系统性为基础，关注食品的安全性，运用 HACCP 原理，将食品安全风险预防、消除或降低到可接受的水平。

2015 年修订颁布的《中华人民共和国食品安全法》第四十八条规定，国家鼓励食品生产经营企业符合良好生产规范要求，实施危害分析与关键控制点体系，提高食品安全管理水平。

2021 年，国家认监委会发布了《危害分析与关键控制点(HACCP)体系认证实施规则》(CNCA-N-001:2021)，制定新的认证依据:《危害分析与关键控制点(HACCP)体系认证要求(V1.0)》。适用时，为满足进口国(地区)的需求，认证机构可将国际食品法典委员会(CAC)制定的《食品卫生通则》作为补充依据。

HACCP 认证使用统一的认证标识。HACCP 认证标识标有中文“危害分析与关键控制点”字样和英文“HACCP”字样。认证机构和获证组织可在认证证书、印刷品、网站和其他宣传资料中使用 HACCP 认证标识，如图 6-1 所示。获证组织不得在产品、产品标签及产品内、外包装上使用 HACCP 认证标识。

图 6-1 HACCP 认证标识

6.3 产品认证

无公害农产品、绿色食品、有机农产品和农产品地理标志统称“三品一标”。“三品一标”是政府主导的安全优质农产品公共品牌，是当前和今后一个时期农产品生产消费的主导产品。纵观“三品一标”发展历程，虽有其各自产生的背景和发展基础，但都是农业发展进入新阶段的战略选择，是传统农业向现代农业转变的重要标志。

无公害农产品的发展始于 21 世纪初，是在适应入世和保障公众食品安全的大背景下推出的，农业农村部为此在全国启动实施了“无公害食品行动计划”；绿色食品产生于 20 世纪 90 年代初期，是在发展高产、优质、高效农业的大背景下推出的；有机食品是国际有机农业宣传和辐射带动的结果；农产品地理标志则是借鉴欧洲发达国家的经验，为推进地域特色优势农产品产业发展的重要措施。农业部门推动农产品地理标志登记保护的主要目的是挖掘、培育和发展独具地域特色的传统优势农产品品牌，保护各地独特的产地环境，提升独特的农产品品质，增强特色农产品市场竞争力，促进农业区域经济发展。

6.3.1 无公害食品认证

从事无公害农产品生产的单位或者个人应当严格按规定使用农业投入品，禁止使用国家禁用、淘汰的农业投入品。凡符合无公害农产品认证条件的单位和个人，可以提出无公害农产品产地认定和产品认证申请，并提交申请书及相关材料。2018 年，为贯彻落实中共中央办公厅、国务院办公厅《关于创新体制机制推进农业绿色发展的意见》关于改革无公害农产品认证制度的要求，加快推进建立食用农产品合格证制度。“无公害农产品产地认定证书”和“无公害农产品证书”的有效期为 3 年。若证书持有人在证书期满后需要继续使用，应当在有效期满 90 日前按照本程序重新办理。

无公害农产品标识是加施于获得农业农村部无公害农产品认证的产品或产品包装上的证明性标识。印制在包装、标签、广告、说明书上的无公害农产品标识图案，不能作为无公害农产品证明性标识使用。无公害农产品标识使用是政府对无公害农产品质量的保证和对生产者、经营者及消费者合法权益的维护，是县级以上农业部门对无公害农产品进行有效监督和管理的重要手段。所有以“无公害农产品”称谓进入市场流通的所有获证产品，均需在产品或产品包装上加贴使用标识，如图 6-2 所示。

图 6-2　无公害农产品标识

6.3.2　绿色食品认证

绿色食品是遵循可持续发展原则，按照特定生产方式生产，经专门机构认定，许可使用绿色食品标识商标的无污染、安全、优质、营养类食品。发展绿色食品从保护和改善生态环境入手，以开发无污染食品为突破口，将保护环境、发展经济、增进人们健康紧密地结合起来，促成环境、资源、经济和社会发展的良性循环。绿色食品必须同时具备以下条件。

①产品或产品原料产地必须符合绿色食品生态环境质量标准。

②农作物种植、畜禽饲养、水产养殖及食品加工必须符合绿色食品的生产操作规程。

③产品必须符合绿色食品质量和卫生标准。

④产品外包装必须符合国家食品标签通用标准，符合绿色食品特定的包装、装潢和标签规定。

绿色食品标识如图 6-3 所示，该图形由三部分构成，上方的太阳、下方的叶片和蓓蕾。标识为正圆形，意为保护、安全。整个图形表达了阳光下的和谐生机，提醒人们保护环境，创造自然界新的和谐。AA 级绿色食品标识与字体为绿色，底色为白色；A 级绿色食品标识与字体为白色，底色为绿色，意为绿色食品是出自纯净、良好生态环境，是安全、无污染的食品，

A级绿色食品标识　　AA级绿色食品标识

图 6-3　绿色食品标识

能给人们带来蓬勃的生命力。

绿色食品标识商标作为特定的产品质量证明商标，已由中国绿色食品发展中心在国家市场监督管理总局注册，其商标专用权受《中华人民共和国商标法》保护。标识使用期为3年，到期后必须重新检测认证。这样既有利于约束和规范企业的经济行为，又有利于保障广大消费者的利益。

6.3.3 有机食品认证

有机食品的认证应按照GB/T 19630—2019《有机产品 生产、加工、标识与管理体系要求》《有机产品认证管理办法》和《有机产品认证实施规则》(CNCA-N-009:2019)的要求开展。

中国有机产品认证标志/标识标有中文“中国有机产品”字样和英文“ORGANIC”字样，如图6-4所示。

图6-4 有机食品标识

认证机构应按照《认证证书和认证标志管理办法》和《有机产品认证管理办法》的规定使用国家有机产品标志/标识。

(1)认证标志的管理 中国有机产品认证标志/标识应当在认证证书限定的产品类别、范围和数量内使用。认证机构应当按照国家认监委统一的编号规则，对每枚认证标识进行唯一编号(以下简称有机码)，并运用有效防伪、追溯技术，确保发放的每枚认证标识能够溯源到其对应的认证证书、获证产品及其生产、加工单位。获证产品的认证委托人应当在获证产品或者产品的最小销售包装上，加施中国有机产品认证标识、有机码和认证机构名称。

(2)有机认证证书的有效期 允许持证者在其产品上使用有机认证标志/标识的授权书的有效期一般为1年，在此期间，认证机构应对有机认证证书和认证标志/标识的所有权、使用和宣传展示情况进行跟踪管理，确保使用有机标志/标识的产品与认证证书规定范围一致(包括标志/标识的数量)。认证机构应及时获取有关变更信息，并采取适当措施进行管理，以确保获得认证的单位或个人符合认证的要求；对于违反《有机产品认证管理办法》规定的，认证机构应及时撤销或暂停其认证证书，要求其停止使用认证标志/标识，并对外公布处理情况。

思考题

1. 中国的认证认可机构有哪些？简述认证认可的含义。
2. 简述食品安全管理体系认证的依据和流程。
3. 何为绿色食品、有机食品、无公害农产品？
4. 中国有机食品认证的依据是什么？
5. 中国实施食品产品认证的意义是什么？

参 考 文 献

[1] 艾志录,鲁茂林. 食品标准与法规[M]. 江苏:东南大学出版社,2006.

[2] 张建新,陈宗道. 食品标准与法规[M]. 北京:中国轻工业出版社,2005.

[3] 郭力生. 国际贸易新壁垒:技术法规与标准[J]. 中国检验检疫,2005(10):41-42.

[4] 胡秋辉,王承明. 食品标准与法规[M]. 北京:中国计量出版社,2006.

[5] 吴晓彤. 食品法律法规与标准[M]. 北京:科学出版社,2005.

[6] 贺东江. 社会主义市场经济条件下标准化工作的新制度经济学研究(上)[J]. 中国标准化,2012(12):83-89.

[7] 贺东江. 社会主义市场经济条件下标准化工作的新制度经济学研究(下)[J]. 中国标准化,2013(2):57-59.

[8] 龙红,梅灿辉. 我国食品安全预警体系和溯源体系发展现状及建议[J]. 现代食品科技,2012,28(9):1256-1260.

[9] 芦勇. 技术性贸易壁垒对我国国际贸易的影响及对策[J]. 中国商贸,2011(18):205-206.

[10] 李晓瑜,刘秀梅. 国内外食品强化管理法规标准比较研究[J]. 中国食品卫生杂志,2008,20(5):424-428.

[11] 杨丽,李哲敏. 我国食品安全标准体系建立与实施的建议[J]. 世界标准信息,2005(4):8-11.

[12] 唐建飞. WTO/TBT 协定框架下我国技术法规体系的立法完善[J]. 宏观经济研究,2012(9):76-81.

[13] 苏春,2006—2011 年全国食物中毒流行病学分析及防控措施[J]. 现代预防医学,2014,41(18):313-315.

[14] 周才琼,张平平. 食品标准与法规[M].3 版. 北京:中国农业大学出版社,2022.

[15] 张建新,陈宗道. 食品标准与法规[M]. 北京:中国轻工业出版社,2011.

[16] 刘少伟,鲁茂林. 食品标准与法规[M]. 北京:中国纺织出版社,2013.

[17] 胡秋辉. 食品标准与法规[M]. 北京:中国质检出版社, 2013.

[18] 刘颖,杜宗绪. 食品标准与法规[M]. 北京:对外经贸大学出版社, 2013.

[19] 胡颖廉. 改革开放 40 年中国食品安全监管体制和机构演进[J]. 中国食品药品监管，2018(10)：4-24.
[20] 彭玉. 我国食品安全监管体制改革探讨[J]. 现代食品，2015(23)：8-10.
[21] 陈永法，李倩怡，吴幼萍. 我国食品安全监管体制发展历程及改革现状探讨[J]. 食品工业科技，2014，35(11)：30-32，34.
[22] 申洪燕，郑平. 我国食品安全监管体制的缺陷与完善[J]. 食品安全导刊，2017(15)：26.
[23] 胡颖廉. 推进食品安全治理体系现代化[J]. 行政管理改革，2016(6)：35-38.
[24] 张秀芳. 中国食品安全法的演变过程及发展趋势探析[J]. 经济动态与评论，2017(1)：174-183，254-255.
[25] 陈谞. 以法治保障公众健康与安全：新修订《中华人民共和国食品安全法》再解读[J]. 中国食品药品监管，2018(5)：4-11.
[26] 张卫. 依法保障农产品质量安全切实守护人民群众“舌尖上的幸福”[J]. 中国食品，2022(19)：10-15.
[27] 王世平. 食品标准与法规[M]. 2 版. 北京：科学出版社，2010.
[28] 杨玉红. 食品标准与法规[M]. 北京：中国轻工出版社，2018.
[29] 张建新，陈宗道. 食品标准与法规[M]. 北京：中国轻工业出版社，2017.
[30] 吴晓彤，王尔茂. 食品标准与法规[M]. 北京：科学出版社，2010.
[31] 钱和，庞月红，于瑞莲. 食品安全法律法规与标准[M]. 2 版 . 北京：化学工业出版社，2020.
[32] 余以刚. 食品标准与法规[M]. 北京：中国轻工业出版社，2017.
[33] 王世平. 食品标准与法规[M]. 2 版 . 北京：科学出版社，2017.
[34] 王竹天，樊永祥. 清理完善食品安全标准体系研究[J]. 中国卫生标准管理，2015，5(10)：84-88.
[35] 周才琼，张平平. 食品标准与法规[M]. 北京：中国农业大学出版社，2017.
[36] 柳春红. 食品卫生学[M]. 北京：中国轻工业出版社，2021.
[37] 钱和，庞月红，于瑞莲. 食品安全法律法规与标准[M]. 2 版. 北京：化学工业出版社，2020.
[38] 徐学万，崔野韩，孙彩霞，等. 国际食品法典委员会标准发展及对我国的借鉴[J]. 农产品质量与安全，2010(1)：57-59.
[39] 王若聪. 国内外动物产品卫生质量管理及标准体系研究[D]. 兰州：甘肃农业大学，2006.
[40] 郑晓燕，张倩茹，艾启俊. 浅析我国食品安全管理体系(基于 ISO 22000 标准)认证的现状及存在问题[J]. 农产品加工，2017(16)：48-50，54.

[41] 信春鹰.《中华人民共和国食品安全法》释义[M]. 北京:法律出版社,2015.
[42] 张建新. 食品标准与法规[M]. 2 版. 北京:中国农业出版社,2014.
[43] 褚小菊,冯婧,陈秋玉. 基于 ISO 22000 标准的中国食品安全管理体系认证解析[J]. 食品安全质量检测学报,2014,5(4):1250-1257.